建筑工程施工组织

赵乃志　陈兰英　王孙骏　主编

化学工业出版社
·北京·

内容简介

本教材在编写过程中，坚持“以综合素质培养为基础，以职业能力培养为主线”的原则，进行了企业人才需求基本情况的调研和论证，以单位工程的施工组织设计为项目载体，基于完成项目中的任务进行教学单元的分解和建构，并据此进行教学设计、组织和实施。全书共7个学习模块，包括概述、施工项目队伍组织和技术准备、流水施工原理、网络计划技术、单位工程施工组织设计编制、施工现场准备和BIM在建筑工程施工组织中的应用等内容。

本书既可作为工程造价专业群、建筑工程技术专业、建设工程监理等相关专业学生的教材，也可作为建筑施工技术人员的参考书。

图书在版编目（CIP）数据

建筑工程施工组织 / 赵乃志，陈兰英，王孙骏主编．—北京：化学工业出版社，2024．5

ISBN 978-7-122-44832-3

Ⅰ．①建… Ⅱ．①赵… ②陈… ③王… Ⅲ．①建筑工程-施工组织 Ⅳ．①TU721

中国国家版本馆CIP数据核字（2024）第075754号

责任编辑：彭明兰　　文字编辑：冯国庆
责任校对：王鹏飞　　装帧设计：刘丽华

出版发行：化学工业出版社
（北京市东城区青年湖南街13号　邮政编码100011）
印　　刷：北京云浩印刷有限责任公司
装　　订：三河市振勇印装有限公司
787mm×1092mm　1/16　印张12½　字数290千字
2024年8月北京第1版第1次印刷

购书咨询：010-64518888　　售后服务：010-64518899
网　　址：http://www.cip.com.cn
凡购买本书，如有缺损质量问题，本社销售中心负责调换。

定　　价：49.00元

前言

本书是应江苏省工程造价省级高水平专业群建设的需求，根据工程管理类专业指导性教学计划及教学大纲编写的。通过对本书的学习，学生可系统地掌握如何根据具体的工程条件，以最优的方案解决建筑施工组织设计的问题，即如何从拟建工程的性质和规模、施工季节和环境、工期的长短、工人的素质和数量、机械的装备程度、材料供应情况等各种技术经济条件和技术统一的全局出发，从许多可行的方案中选定最优的方案，编制可行的施工组织设计。

本书在编写过程中，坚持“以综合素质培养为基础，以职业能力培养为主线”的原则，进行了企业人才需求基本情况的调研和论证，以单位工程的施工组织设计为项目载体，基于完成项目中的任务进行教学单元的分解和建构，并据此进行教学设计、组织和实施。全书共有7个模块，包括概述、施工项目队伍组织和技术准备、流水施工原理、网络计划技术、单位工程施工组织设计编制、施工现场准备和BIM在建筑工程施工组织中的应用等内容。本书既可作为工程造价专业群以及建筑工程技术专业、建设工程监理等相关专业学生的教材，也可作为建筑施工技术人员的参考书。

本书中的每个模块都包含思政内容相关案例，可供教学选用。

本书为江苏城乡建设职业学院工程造价省级高水平专业群立项建设项目，由校企教师团队共同合作编写。本书由江苏城乡建设职业学院赵乃志、陈兰英，上海建工五建集团有限公司王孙骏担任主编，江苏城乡建设职业学院陈良、谢瑞峰、周钰参加编写。全书具体分工如下：模块一至四及模块六由赵乃志编写；模块五由陈兰英、陈良、谢瑞峰、周钰编写；模块七由王孙骏编写。全书由赵乃志负责统稿，上海建工集团卞若宁教授级高级工程师审定。

本书在编写过程中，参考了大量书籍、文献，在此向相关编者表示感谢。由于编者的水平与经验有限，书中难免有不妥之处，敬请读者批评指正。

编者

2024 年 2 月于常州

目录

模块一
概　述 / 1

模块二
施工项目队伍组织和技术准备 / 13

模块三
流水施工原理 / 39

模块四
网络计划技术 / 64

模块一 概 述

- 思想及素质目标：
  1. 培养学生专业自豪感
  2. 培养学生遵纪守法的意识
- 知识目标：
  1. 了解建设项目的相关概念
  2. 了解建筑工程产品及其生产的特点
  3. 熟悉施工组织总设计的编制依据、内容与编制程序
  4. 熟悉单位工程施工组织总设计的编制依据、内容与编制程序
- 技能目标：

  能够查找编制施工组织设计的相关资料

任务一 建设项目概述

一、建设项目的概念和分类

1. 概念

建设项目是指按固定资产投资方式进行的一切开发建设活动，包括国有经济、城乡集体经济、联营、股份制、外资、港澳台（中国香港、澳门和台湾）投资、个体经济和其他各种不同经济类型的开发活动。建设项目是以工程建设为载体的项目，是作为被管理对象的一次

性工程建设任务。

建设项目以建筑物或构筑物为目标产出物，需要支付一定的费用、按照一定的程序、在一定的时间内完成，并应符合相关质量要求。建设项目又称工程建设项目，具体是指按照一个建设单位的总体设计要求，在一个或几个场地进行建设的所有工程项目之和，其建成后具有完整的系统，可以独立形成生产能力或者使用价值。通常以一家企业、一个单位或一个独立工程为一个建设项目。

2. 分类

建设项目可以按不同标准分类。

（1）按建设性质分类　基本建设项目按建设性质不同可分为新建项目、扩建项目、改建项目、迁建项目和恢复（重建）项目。

① 新建项目：指根据国民经济和社会发展的近远期规划，按照规定的程序立项，从无到有的建设项目。对原有的建设项目扩建，只有当新增加的固定资产价值超过原有全部固定资产价值（原值）3 倍以上时，才可算新建项目。

② 扩建项目：指企业为扩大生产能力或新增效益而增建的生产车间或工程项目，以及事业和行政单位增建业务用房等。

③ 改建项目：指为了提高生产效率、改变产品方向、提高产品质量以及综合利用原材料等，对原有固定资产或工艺流程进行技术改造的工程项目。

④ 迁建项目：指现有企事业单位为改变生产布局、考虑自身的发展前景或出于环境保护等其他特殊要求，搬迁到其他地点进行建设的项目。

⑤ 恢复（重建）项目：指原固定资产因自然灾害或人为灾害等原因已全部或部分报废，又在原地投资重新建设的项目。

基本建设项目按其性质分为上述五类，一个基本建设项目只能有一种性质，在项目按总体设计全部建成之前，其建设性质是始终不变的。

（2）按投资作用分类　基本建设项目按其投资在国民经济各部门中的作用，分为生产性建设项目和非生产性建设项目。

① 生产性建设项目：生产性建设项目是指直接用于物质资料生产或直接为物质资料生产服务的建设项目，包括工业建设项目、农业建设项目、基础设施建设项目、商业建设项目等。

② 非生产性建设项目：非生产性建设项目是指用于满足人民物质和文化、福利事业需要的建设和非物质生产部门的建设，包括办公用房、居住建筑、公共建筑、其他建设项目等。

（3）按建设项目建设总规模和投资的多少分类　按照国家规定的标准，基本建设项目划分为大型、中型、小型三类。

对工业项目来说，基本建设项目按项目的设计生产能力规模或总投资额划分。其划分项目等级的原则为：按批准的可行性研究报告（或初步设计）所确定的总设计能力或投资总额的大小，依据国家颁布的《基本建设项目大中小型划分标准》进行分类，即生产单一产品的工业项目，一般以产品的设计生产能力划分；生产多种产品的工业项目，一般按照其主要产品的设计生产能力划分；产品分类较多，不易分清主次，难以按产品的设计能力划分时，可按其投资总额划分。

按生产能力划分的建设项目，以国家对各行各业的具体规定作为标准；按投资额划分的基本建设项目，能源、交通、原材料部门投资额达到5000万元以上为大中型建设项目，其他部门和非工业建设项目投资额达到3000万元以上为大中型建设项目。

对于非工业项目，基本建设项目按项目的经济效益或总投资额划分。

（4）按行业性质和特点划分　根据工程建设的经济效益、社会效益和市场需求等基本特性，可以将其划分为竞争性项目、基础性项目和公益性项目三种。

① 竞争性项目：主要是指投资效益比较高、竞争性比较强的一般建设项目。

② 基础性项目：主要是指具有自然垄断性、建设周期长、投资额大而收益低的基础设施或需要政府重点扶持的一部分基础工业项目，以及直接增强国力的符合经济规模的支柱产业项目。

③ 公益性项目：主要包括科技、文教、卫生、体育和环保等设施，公、检、法等政权机关，以及政府机关、社会团体、办公设施、国防建设等项目。

二、建设项目的组成

（1）建设项目　建设项目是指按一个总体规划或设计进行建设的，由一个或若干个互有内在联系的单项工程组成的工程总和，如图1-1所示。

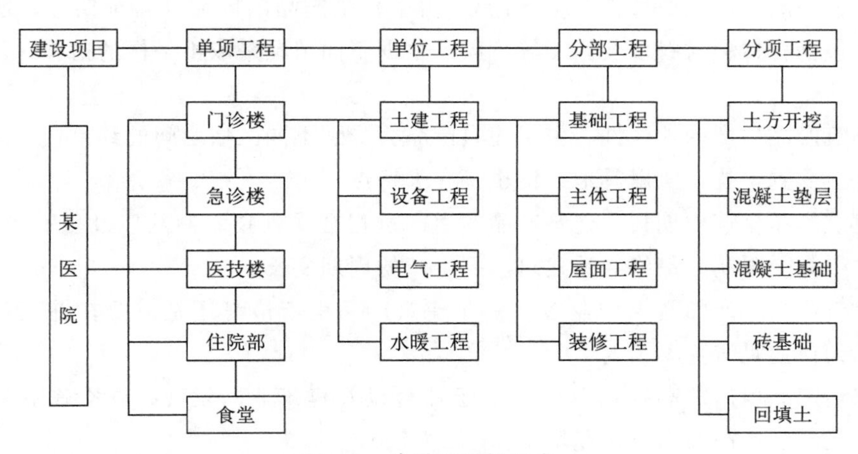

图1-1　建设项目的组成

（2）单项工程　单项工程是指具有独立的设计文件，建成后能够独立发挥生产能力或使用功能的工程项目。

（3）单位工程　单位工程是指具有独立的设计文件，能够独立组织施工，但不能独立发挥生产能力或使用功能的工程项目。

（4）分部工程　分部工程是单位工程的组成部分，是指按结构部位、路段长度及施工特点或施工任务将单位工程划分为若干个项目单元。

（5）分项工程　分项工程是分部工程的组成部分，是指按不同施工方法、材料、工序及路段长度等将分部工程划分为若干个项目单元。

三、建筑工程产品的特点

（1）建筑产品的固定性　建筑产品在建造过程中直接与地基基础连接，因此，只能在建造地点固定使用，无法转移。这种一经建造就在空间固定的属性，称为建筑产品的固定性。固定性是建筑产品与一般工业产品最大的区别。

（2）建筑产品的庞大性　建筑产品与一般工业产品相比，其体形远比工业产品庞大，自重也大。

（3）建筑产品的多样性　建筑物的使用要求、规模、建筑设计、结构类型等各不相同，即使是同一类型的建筑物，也因所在地点、环境条件不同而彼此有所不同。因此，建筑产品不能像一般工业产品那样批量生产。

（4）建筑产品的综合性　建筑产品是一个完整的固定资产实物体系，不仅土建工程的艺术风格、建筑功能、结构构造、装饰做法等方面堪称是一种复杂的产品，而且工艺设备、采暖通风、供水供电、卫生设备等各类设施错综复杂。

四、建筑工程产品生产的特点

（1）建筑产品生产的流动性　其流动性表现在：由于建筑产品的生产地域涉及范围广，导致建筑产品的生产在地区之间、现场之间和单位工程之间流动。

（2）建筑产品生产的单件性（独特性）　由于建筑产品的区域性特征明显，所以建筑产品的整体性包括构造、材料以及施工等。应该根据不同情况采取不一样的措施，使得建筑产品具有单件性。

（3）建筑产品生产的地区性　由于建筑产品会受到不同区域之间的约束，导致在构造以及整体属性上受到干扰，所以其地区性也是一大特点。

（4）建筑产品生产周期长　建筑产品的生产过程会受到技术制约以及生产地点的固定，同时施工的空间受限制，最终导致建筑产品生产的周期变长。

（5）建筑产品生产的露天作业多　由于建筑产品生产最终还是需要在施工现场进行装配，所以露天作业是避免不了的。

（6）建筑产品生产的高空作业多　由于社会以及建筑业的发展，高空作业如同家常便饭，也使建筑产品生产的高空作业增多。

（7）建筑产品生产组织协作的综合复杂性　在建筑企业的外部，涉及各专业施工企业以及劳务等社会各部门、各领域的协作配合，从而使得建筑产品生产的组织协作关系错综复杂。

任务二　建筑工程施工组织设计概述

任务引入

某学校新建教学楼（H 号楼），现向社会发出如下招标书。

某工程咨询有限公司受学院的委托，对其教学楼（H 号楼）工程进行国内公开招标，欢迎符合条件的施工单位前来报名。

1. 工程概况

工程名称：某学校教学楼（H号楼）工程。

建设地点：某大学城。

投资规模：约800万元，具体施工图以招标文件为准。

承包方式：包工包料。

建筑面积：约25000m^2，具体以施工图为准。

结构类型：框架结构5层。

质量要求：符合国家验收规范，达到合格标准。

要求工期：总工期为300日历天。

招标范围：教学楼（H号楼）工程工程量清单所示全部内容。

2. 要求资质等级

本工程投标人需具有独立法人资格及房建总承包一级及以上资质。

报名方式与资格预审申请书递交（略）。

3. 评标办法

本工程拟采用有关文件的综合评估法进行评标和定标。

施工企业为了承接施工任务，可以通过投标方式获得，投标工作中的一项重要内容是编制投标书，而一般的投标书包括商务标和技术标两部分内容，其中技术标就是编制施工组织设计（又称标前施工组织设计），用以评价施工企业的技术实力和经验。为了能在多个投标单位中胜出，施工企业必须编制一个科学合理的施工组织设计。

随着社会经济的发展和建筑技术的进步，现代建筑产品的施工生产已成为一项多人员、多工种、多专业、多设备、高技术、现代化的综合而复杂的系统工程。要做到提高工程质量，缩短施工工期，降低工程成本，实现安全文明施工，施工企业就必须应用科学的方法进行施工管理，统筹施工全过程。施工企业中标后，项目部还必须编制施工组织设计（又称标后施工组织设计），从施工的全局出发，根据具体的条件，以最优的方式解决施工组织的问题，对施工中的各项活动做出全面的、科学的规划和部署，使人力、物力、财力、技术、资源得以充分利用，以便优质、低耗、高速地完成施工任务。

施工组织设计有哪些内容？如何编制施工组织设计？为了解答这些问题，则必须对建筑施工组织设计这门课程进行系统的学习。

一、建筑施工组织设计的概念

施工组织设计是用以指导施工组织与管理、施工准备与实施、施工控制与协调、资源的配置与使用等全面性的技术、经济文件，是对施工活动的全过程进行科学管理的重要手段。

① 施工组织设计是以施工项目为对象编制的、用以指导施工的技术、经济和管理的综合性文件。若施工图设计是解决建造什么样的建筑物产品，则施工组织设计就是解决如何建造的问题。由于受建筑产品及其施工特点的影响，每一个工程项目开工前，都必须根据工程

特点与施工条件来编制施工组织设计。

② 施工组织设计的基本任务是根据国家有关技术政策、建设项目要求、施工组织的原则，结合工程的具体条件，确定经济合理的施工方案，对拟建工程在人力和物力、时间和空间、技术和组织等方面统筹安排，以保证按照既定目标，优质、低耗、高速、安全地完成施工任务。

二、建筑工程施工组织设计的分类

1. 根据阶段的不同划分

根据阶段的不同，施工组织设计可分为两类：一类是投标前编制的施工组织设计（简称标前设计）；另一类是签订工程承包合同后编制的施工组织设计（简称标后设计），如表 1-1 所示。

(1) 标前设计　在建筑工程投标前由经营管理层编制的用于指导工程投标与签订施工合同的规划性的控制性技术经济文件，以确保中标，并以追求企业经济效益为目标。

(2) 标后设计　在签订建筑工程施工合同后由项目负责人编制的用于指导施工全过程各项活动的技术经济、组织、协调和控制的指导性文件，以实现质量、工期、成本三大目标，追求企业经济效益最大化。

表 1-1　两类施工组织设计的特点

种类	服务范围	编制时间	编制者	主要特征	追求主要目标
标前设计	投标与签约	投标书编制前	经营管理层	规划性	中标和经济效益
标后设计	施工准备至验收	签约后开工前	项目管理层	作业性	施工效率和效益

2. 根据编制对象划分

施工组织设计根据编制对象不同可分为 3 类，即施工组织总设计、单位工程施工组织设计和施工方案。

(1) 施工组织总设计　施工组织总设计是以若干单位工程组成的群体工程或特大型项目为主要对象编制的施工组织设计。施工组织总设计一般在建设项目的初步设计或扩大初步设计批准之后，由总承包单位在总工程师领导下进行。建设单位、设计单位和分包单位协助总承包单位工作。

施工组织总设计对整个项目的施工过程起统筹规划、重点控制的作用。其任务是确定建设项目的开展程序，主要建筑物的施工方案，建设项目的施工总进度计划和资源需用量计划，以及施工现场总体规划等。

(2) 单位工程施工组织设计　单位工程施工组织设计是以单位（子单位）工程为主要对象编制的施工组织设计，对单位（子单位）工程的施工过程起指导和约束作用。单位工程施工组织设计是施工图纸设计完成之后、工程开工之前，在施工项目负责人领导下进行编制的。

(3) 施工方案　施工方案是以分部（分项）工程或专项工程为主要对象编制的施工技术与组织方案，用以具体指导其施工过程。施工方案由项目技术负责人负责编制。对重点、难点分部（分项）工程和危险性较大工程的分部（分项）工程，施工前应编制专项施工方案；对于超过一定规模的危险性较大的分部（分项）工程，应当组织专家对专项方案进行论证。

3. 施工组织设计的任务

① 根据建设单位对建筑工程的工期要求、工程的特点，选择经济合理的施工方案，确定合理的施工顺序。

② 确定科学合理的施工进度，保证施工能连续、均衡地进行。

③ 制定合理的劳动力、材料、机械设备等的需要量计划。

④ 制定技术上先进、经济上合理的技术组织保证措施。

⑤ 制定文明施工安全生产的保证措施。

⑥ 制定环境保护、防止污染及噪声的保护措施。

4. 施工组织设计的作用

施工组织设计是对施工活动实行科学管理的重要手段，其作用如下。

① 通过施工组织设计的编制，明确工程的施工方案、施工计划、劳动组织措施、施工进度计划及资源需用量与供应计划，明确临时设施、材料和机具的具体位置，有效地使用施工场地，提高经济效益。

② 施工组织设计还具有统筹安排和协调施工中各种关系的作用。

③ 经验证明，如果一个工程施工组织设计能反映客观实际，符合国家政策和合同规定的要求，符合施工工艺规律，并能认真地贯彻执行，那么施工就可以有条不紊地进行，就能较好地发挥投资效益。

三、建筑工程施工组织总设计的编制、内容与编制程序

施工组织总设计是以一个建设项目或民用建筑群为对象编制的，是建设项目或建筑群施工的全局性战略部署，是施工企业规划和部署整个施工活动的技术经济文件，也是单位工程施工组织设计编制的主要依据之一。

1. 施工组织总设计的编制依据

（1）计划文件

① 建设项目的可行性研究报告。

② 国家批准的固定资产投资计划。

③ 单位工程项目一览表。

④ 施工项目分期分批投产计划。

⑤ 投资指标和设备材料订货指标。

⑥ 建设地点所在地区主管部门的批复文件。

⑦ 施工单位主管部门下达的施工任务。

（2）设计文件

① 经批准的初步设计或技术设计及设计说明书。

② 项目总概算或修正总概算。

（3）合同文件和建设地区的调查资料

① 合同文件即施工单位与建设单位签订的工程承包合同。

② 建设地区的调查资料，包括地形、地质、气象和地区性技术经济条件等资料。

2. 施工组织总设计的内容

施工组织总设计的主要内容，包括工程概况和特点分析；施工部署和主要工程项目施工方案；总进度计划；施工准备工作及各项资源需要量计划；施工总平面图；主要技术组织措施和主要技术经济指标等。

3. 施工组织总设计的编制程序

施工组织总设计的编制通常采用如下程序：收集和熟悉编制施工组织总设计所需的有关资料和图纸，进行项目特点的施工条件的调查研究；计算主要工种工程的工程量；确定施工的总体部署；拟定施工方案；编制施工总进度计划；编制资源需求量计划；编制施工准备工作计划；施工总平面图设计；计算主要技术经济指标等。施工组织总设计编制程序如图 1-2 所示。应该指出，以上顺序中有些顺序必须固定，不可逆转，如拟定施工方案后才可编制施工总进度计划（因为进度的安排取决于施工的方案）；编制施工总进度计划后才可编制资源需求量计划（因为资源需求量计划要反映各种资源在时间上的需求）；但是在以上顺序中也

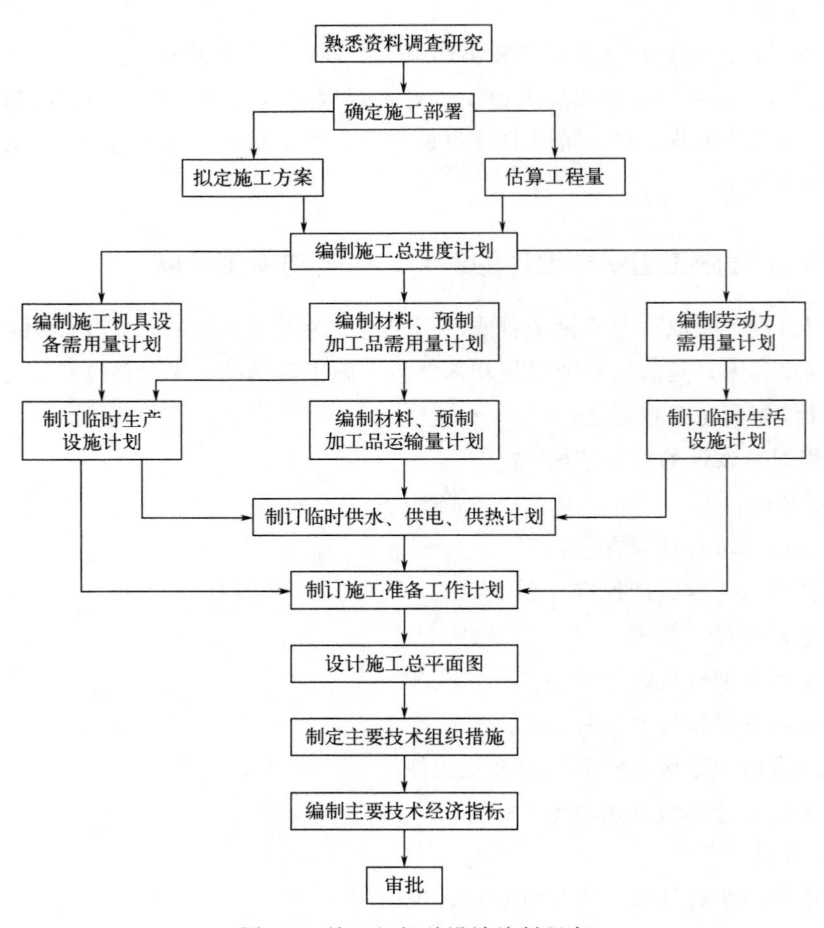

图 1-2 施工组织总设计编制程序

有些顺序应该根据具体项目而定。

四、单位工程施工组织设计的编制依据、内容与编制程序

对于单位工程施工组织设计，根据其用途可以分为两类：一类是用于施工单位投标；另一类用于指导施工。在工程招标阶段，承包企业就要精心编制施工组织设计大纲，即根据工程的具体特点、建设要求、施工条件和本单位的管理水平，制定初步施工方案，安排施工进度计划，规划施工平面图，确定建筑材料等的物资供应，并拟订各类技术组织措施和安全生产与质量保证措施。在工程中标、签订工程承包合同后，承包企业还需对施工组织设计大纲进行深入详细的研究，形成具体指导施工活动的单位工程施工组织设计文件。由于时间关系和侧重点的不同，前者施工方案可能较粗糙，而工程的质量、工期和单位的机械化程度、技术水平、劳动生产率等可能较为详细；后者的重点在施工方案。

1. 单位工程施工组织设计的编制依据

① 上级主管部门对工程项目批准建设的文件及有关建设要求。

② 建设单位在施工招标文件中对工程进度、质量、造价等具体要求，或是施工合同中双方认可的有关规定等。

③ 施工图纸（如已进行图纸会审的，应有图纸会审记录、工程预算定额、劳动定额及有关标准图等）。对于较复杂的工业建筑、公共建筑及高层建筑等，还应了解设备、电气和管道等设计图纸内容。

④ 施工现场条件（指地形、地质、水文、气象、交通运输以及供水、供电、供气等）情况。

⑤ 劳动力、施工机具设备、材料及半成品、预制构件等供应情况。

⑥ 如果该工程是整个工程项目中的一个单位工程，则应遵守施工组织总设计的有关施工部署和具体要求。

⑦ 施工企业有年度计划，对本工程开工、竣工时间要求及有关事项。

⑧ 有关国家规定和标准，如施工验收规范、质量标准及操作规程等。

⑨ 建设单位可能提供的条件，如施工场地的占用、临时施工用房及职工食堂、浴室、宿舍、医疗条件等情况。

⑩ 其他有关参考资料等。

2. 单位工程施工组织设计的内容

单位工程施工组织设计的内容，根据工程性质、规模和复杂程度，其内容、深度和广度要求不同，因而在编制时应从实际出发，确定各种生产要素，如材料、机械、资金、劳动力等，使其真正起到指导建筑工程投标，指导现场施工的作用。

单位工程施工组织设计较完整的内容一般包括：

① 工程概况及施工条件分析；

② 施工方法与相应的技术组织措施，即施工方案；

③ 施工进度计划；

④ 劳动力、材料、构件和机械设备等需要量计划；

⑤ 施工准备工作计划；

⑥ 施工现场平面布置图；

⑦ 保证质量和安全、降低成本及文明施工等技术措施；

⑧ 各项技术经济指标。

3. 单位工程施工组织设计的编制程序

单位工程施工组织设计的编制程序，是指单位工程施工组织中各个组成部分形成的先后次序以及相互之间的制约关系，如图 1-3 所示。

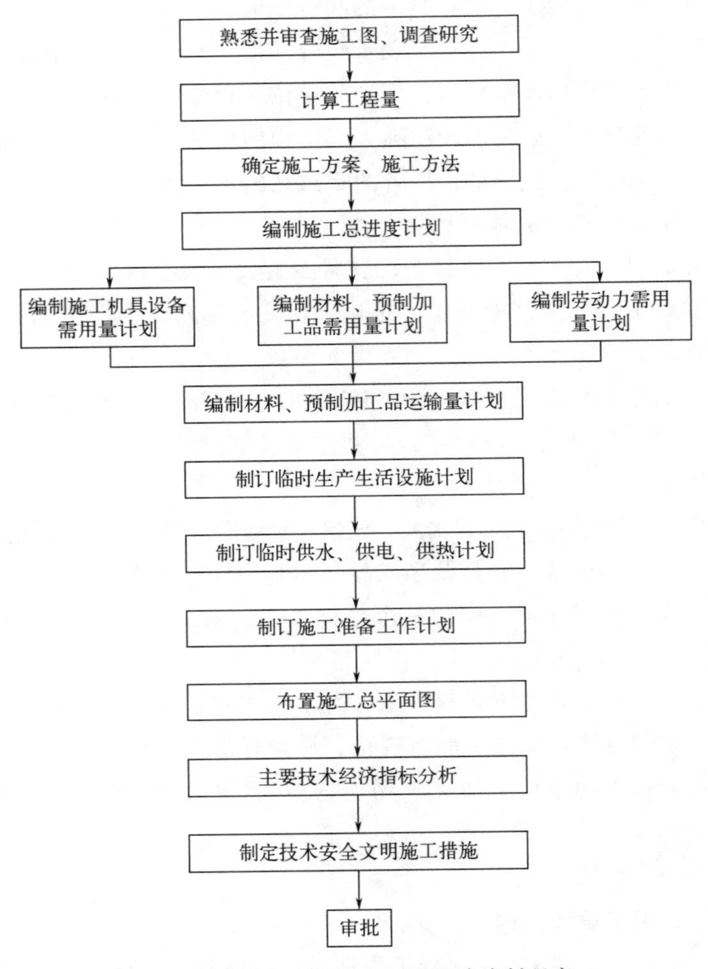

图 1-3 单位工程施工组织设计编制程序

课程思政

建筑大师梁思成的建筑手稿

建筑大师梁思成的建筑手稿，其精致严谨的程度惊艳无数人，丝毫不输于计算机制图。每张手稿都有流畅的线条，清晰的结构分析，成百上千的构件绘制得一丝不苟，中英文注解，备注翔实并与实物一一对应，一笔一画胜过高清扫描仪，即使外行人看也一目了然，让人连连称奇。

国际上关于中国建筑的参考文献极少，其中从古流传下来的《营造法式》，因为时代久远，看起来如天书般令人费解。梁思成一直对这现状很是忧心，他希望能用自己的力量去保护和延续中华文化。梁思成在美国读书的时候看到了著名的《弗莱彻建筑史》一书，书中插图的科学性和艺术性都令他十分钦佩，于是决心在自己写作的《中国建筑史》专著以及相关研究论文中要把插图画成这个水准。

要知道那个年代不像现在设备先进，资源渠道众多，可以安心坐在窗明几净的书房专心绘画。那是一个战火纷飞的年代，经济困难，测绘工具简陋，出行极其不便，人们温饱尚不能满足，更别说去全国各地探寻古建筑，并且把测绘图绘制到世界水准其困难绝非一般，但梁思成却把这项任务当成己任，作为毕生的使命。

20 世纪 30 年代，梁思成和林徽因以及助手莫宗江自带行李，背着测量仪器，在中国各个角落考察古建筑。因为环境简陋，他们只能在古庙或者路边小店中投宿，条件非常艰苦，在这种环境下，他们克服重重障碍，拉开皮尺一点一点丈量着建筑的大小构件。为了测量、拍照、记录，他们临时搭起脚手架去抄石碑上记载的修庙年代，冒着生命危险踩高伏低，甚至要躲避战乱。这些手绘图和计算机绘图一样专业，却比计算机绘图多了一些人情味，因为里面包含着两位学者对自己国家文明瑰宝的深深热爱。

这些手稿“诞生”的背景很动荡，手稿结集成册编写成《中国建筑史》一书，该书的面世过程也很波折。先后经历过 1939 年底片被毁，仅存的图像资料辗转美国、英国、新加坡，直到 1980 年才回到国内，与清华大学保存的梁思成《图像中国建筑史》文稿重新合璧成一部完整的著作，前前后后四十余年。这是国内第一本较为系统论述中国古代建筑发展历史的专著。

这些手绘图之所以珍贵，不仅仅是因为身处乱世，更多的是因为有很多上千年的建筑如今已被各种原因破坏而消失，后世的我们只能从梁思成的手稿里一窥昔日风华。

梁思成的手绘图是中国古建筑的一个缩影，对中国古建筑设计艺术的发展和传承有着重大影响，更是一种精神的延续。

习题

一、单项选择题

1. 建设工程项目总进度目标的控制是（　　）项目管理的任务。

A. 设计方　　B. 施工方　　C. 供货方　　D. 业主方

2. 某住宅小区建设中，承包商针对其中一幢住宅楼施工所编制的施工组织设计，属于（　　）。

A. 单项工程施工组织设计　　B. 单位工程施工组织设计

C. 施工组织设计　　D. 分部工程施工组织设计

3. 施工单位承接业务的主要方式是（　　）。

A. 自寻门路　　B. 通过投标而中标

C. 国家或上级主管部门直接下达　　D. 受建设单位委托

4. 建筑产品地点的固定性和类别的多样性，决定了建筑产品生产的（　　）。

A. 复杂性　B. 个别性　C. 流动性　D. 综合性

5. 施工组织总设计是针对（　）而编制的。

A. 单位工程　B. 建设项目或建筑群

C. 分部工程　D. 分项工程

6. 可行性研究报告属于项目基本建设程序中的（　）阶段。

A. 质量保修　B. 建设准备　C. 建设实施　D. 建设决策

二、多项选择题

1. 基本建设程序可划分为（　）。

A. 实施阶段　B. 决策阶段　C. 准备阶段　D. 项目建议书阶段

2. 建筑施工程序一般包括以下几个阶段（　）。

A. 组织施工　B. 做好施工准备　C. 组建施工队伍　D. 承接施工任务

3. 建筑施工的特点有（　）。

A. 流动性　B. 长期性　C. 复杂性　D. 个别性

4. 施工组织设计按编制对象范围不同可分为（　）。

A. 施工组织总设计　B. 施工方案

C. 单位工程施工组织设计　D. 分部分项工程施工组织设计

5. 施工准备工作按范围不同分为（　）。

A. 开工后的准备　B. 全场性准备　C. 单项工程准备　D. 单位工程准备

模块二

施工项目队伍组织和技术准备

- 思想及素质目标：

1. 培养学生责任意识
2. 培养学生认真严谨的工匠精神

- 知识目标：

1. 掌握项目经理的职责、权限和任务
2. 熟悉项目经理部的组织形式、各岗位职责
3. 掌握图纸自审的内容、图纸会审的组织和程序
4. 熟悉资料收集的内容

- 技能目标：

1. 能够组建项目经理部
2. 能够组织图纸会审
3. 能够进行施工资料的收集和整理

任务一　项目经理

任务引入

某大型地铁工程项目，由 A、B、C 三个标段组成，采用施工总承包方式。经评标后，某建筑公司中标，该公司确定了项目经理，在施工现场设立了项目经理部。项目经理部下设投资控制部、进度控制部、质量控制部、合同控制部、信息管理部五个职能部门，设立 A、

B、C三个项目管理部。

思考

为了充分发挥职能部门和施工管理组的作用，使项目经理部具有机动性，应选择何种组织结构形式？绘出项目经理部的组织结构图。

一、建设工程项目经理

建设工程项目管理中的项目经理有两种类型：一种是项目法人委派的项目经理；另一种是施工企业委派的项目经理。

《建设工程项目管理规范》（GB/T 50326—2017）中规定，大中型项目的项目经理必须取得工程建设类相应专业注册执业资格证书。

建设工程项目经理是指受企业法定代表人委托，对工程项目施工过程全面负责的项目管理者，是建筑施工企业法定代表人在工程项目上的代理人。建设工程项目经理根据法定代表人授权的范围、期限和内容履行管理职责，并对项目实施全过程进行全面管理。

1. 项目经理的地位

就施工企业来说，项目经理是企业法人代表在施工项目中派出的全权代表，是对工程项目施工过程全面负责的项目管理者，是工程项目的中心，在施工活动中占有举足轻重的地位。项目经理的中心地位体现如下。

① 项目经理是建筑企业法定代表人在施工项目上负责管理和合同履行的委托代理人，是施工项目实施阶段的第一责任人。

② 项目经理是协调各方面关系，使之相互协作、密切配合的桥梁和纽带。

③ 项目经理对施工项目的实施进行控制，是各种信息的集散中心。

④ 项目经理是施工项目责、权、利的主体。

2. 工程项目对项目经理的要求

高素质的项目经理是施工企业立足市场、谋求发展之本，是施工企业竞争取胜的重要砝码。项目经理的个性不同，爱好也不一样，但在项目管理中，对项目经理的基本要求则是相同的。这不仅是指项目经理要取得某个级别的资质证书，而且要求项目经理应具备一定的基本能力。

（1）项目经理的能力要求

① 合同履约能力。

② 风险控制能力。

③ 科学的组织领导能力。

④ 程序优化能力。

⑤ 环境协调能力。

⑥ 依法维权能力。

⑦ 提炼总结能力。

（2）项目经理的素质要求

① 政治素质。

② 领导素质。

③ 知识素质。

④ 实践经验。

⑤ 身体素质。

3. 项目经理职业道德

人的道德观决定着人行为处事的准则。项目经理必须具备良好的道德品质，一方面是对社会的道德品质，另一方面是个人行为的道德品质。

（1）社会的道德品质要求　项目经理应有良好的社会道德品质，必须对社会的安全、文明、进步和经济发展负有道德责任。有些投资项目虽然自身的预期经济效益较为可观，但是从社会的利益、公众的角度考虑，该项目的投建可能破坏风景区的整体效果，还可能造成环境污染、生态环境的破坏。虽然项目经理不能阻碍客户的投资动机，但具有高度社会责任感的项目经理，可以通过项目规划和建议，将此类项目的社会负效应降到最低限度，最终保证社会利益、客户利益和自身利益的统一。

（2）个人行为的道德品质要求　在现代的项目管理中，项目经理面对大型复杂的工程项目，控制着巨大的财权和物权，如果项目经理个人道德品质不良，很容易出现贪赃枉法、以权谋私的行为。为了挖公填私，项目经理如果对工程项目进行偷工减料，则可能导致项目的最终失败，造成不可挽回的重大损失。

4. 项目经理的选择

项目经理的选择，一是要有合理的选择方式，二是要有规范的选择程序，三是要确定谁是决策者。一般情况下，项目经理的选择可以采用以下三种形式。

（1）经理委任制　委任的范围一般限于企业内部在聘干部，其程序是经过经理提名，组织人事部门考察，党政联席办公会议决定。这种方式要求组织人事部门严格考核，公司经理知人善任。

（2）竞争招聘制　招聘可面向社会，但要本着先内后外的原则，其程序是个人自荐→组织审查→答辩讲演→择优选聘。这种方式既可选优，又可增强项目经理的竞争意识和责任心。

（3）基层推荐、内部协调制　这种方式一般是企业各基层施工队或劳务作业队推荐若干人选，然后由组织人事部门集中各方面意见，进行严格考核后，提出拟聘用人选，报企业党政联席会议研究决定。

二、项目经理责任制

1. 项目经理责任制的概念

（1）项目经理责任制的含义　项目经理责任制，是指以项目经理为责任主体的项目管理目标责任制度，用以确立项目经理部与企业、职工三者之间的责权利关系。它是以工程项目为对象，以项目经理全面负责为前提，以项目目标责任书为依据，以创优质工程为目标，以求得项目产品的最佳经济效益为目的，实行从项目开工到竣工、验收、交工的一次性全过程的管理。

（2）项目经理责任制的主体与重点

① 项目管理是项目经理全面负责、项目管理班子集体参与的管理。工程项目管理不仅

仅是项目经理个人的功劳，项目管理班子是一个集体，没有集体的团结协作就不会取得成功。由于领导班子明确了分工，使每个成员都分担了一定的责任，大家一致对国家和企业负责，共同享受企业的利益。但是，由于责任不同，承担的风险也不同，比如质量项目经理要承担终身责任，所以，项目经理责任制的主体必然是项目经理。

② 项目经理责任制的重点在于管理。管理是科学，是规律性的活动。项目经理责任制的重点必须放在管理上。如果说企业经理是战略家，那么项目经理就应当是战术家。

(3) 项目经理责任制的特点

① 对象终一性。它以工程项目为对象，实行产品形成过程的一次性全面负责，不同于过去企业的年度或阶段性承包。

② 主体直接性。它实行经理负责、全员管理、标价分离、指标考核、项目核算，确保上缴、节约增效、超额奖励的复合型指标责任制，重点突出了项目经理个人的责任。

③ 内容全面性。项目经理责任制是根据先进、合理、实用、可行的原则，以保证提高工程质量、缩短工期、降低成本、保证安全和文明施工等各项目标为内容的全过程的目标责任制。它明显地区别于单项或利润指标承包。

④ 责任风险性。项目经理责任制充分体现了“指标突出，责任明确，利益直接，考核严格”的基本要求，其最终结果与项目经理部成员，特别是与项目经理的行政晋升、奖罚等个人利益直接挂钩，经济利益与责任风险同在。

2. 项目经理责任制的作用

项目经理责任制的作用主要体现在以下几点。

① 利于明确项目经理与企业和职工三者之间的责权利关系。

② 利于项目规范化、科学化管理和提高产品质量。

③ 利于运用经济手段强化对项目的法制管理。

④ 利于促进和提高企业项目管理的经济效益和社会效益，不断解放和发展生产力。

3. 项目经理的职责

① 项目管理目标责任书规定的职责。

② 主持编制项目管理实施规划，并对项目目标进行系统管理。

③ 对资源进行动态管理。

④ 建立各种专业管理体系，并组织实施。

⑤ 进行授权范围内的利益分配。

⑥ 收集工程资料，准备结算资料，参与工程竣工验收。

⑦ 接受审计，处理项目经理部解体的善后工作。

⑧ 协助组织进行项目的检查、鉴定和评奖申报工作。

4. 项目经理的权限

① 参与项目招标、投标和合同签订。

② 参与组建项目经理部。

③ 主持项目经理部工作。

④ 决定授权范围内的项目资金的投入和使用。

⑤ 制定内部计酬办法。

⑥ 参与选择并使用具有相应资质的分包人。

⑦ 参与选择物资供应单位。

⑧ 在授权范围内协调与项目有关的内、外部关系。

⑨ 法定代表人授予的其他权力。

5. 项目经理的利益

项目经理的最终利益是项目经理行使权力和承担责任的结果，也是市场经济条件下责、权、利相互统一的具体体现。施工项目经理应享有以下利益。

① 获得工资和奖励。

② 项目完成后，按照《施工项目管理目标责任书》的规定，工程竣工验收结算后，接受企业的考核和审计，除按规定获得物质奖励外，还可获得表彰、记功、优秀项目经理等荣誉称号及其他精神奖励。

③ 经考核和审计，未完成《施工项目管理目标责任书》确定的责任目标或造成亏损的，按有关条款承担责任，并接受经济或行政处罚。

6. 项目经理的责任

项目经理应承担施工安全和质量的责任，要加强对建筑企业项目经理市场行为的监督管理，对发生重大工程质量安全事故或市场违法违规行为的项目经理，必须依法予以严肃处理。

项目经理对施工承担全面管理的责任。工程项目施工应建立以项目经理为首的生产经营管理系统，实行项目经理负责制。项目经理在工程项目施工中处于中心地位，对工程项目施工负有全面管理的责任。

由于项目经理的主观原因，或由于工作失误，有可能承担法律责任和经济责任。政府主管部门将追究的主要是其法律责任，企业将追究的主要是其经济责任。但是，如果由于项目经理的违法行为而导致企业的损失，企业也有可能追究其法律责任。

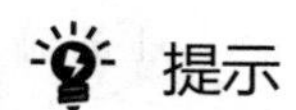

建造师和项目经理的联系与区别

建造师是一种专业人士的名称身份，而项目经理是一个工作岗位的名称；取得建造师执业资格的人员表示其知识和能力符合建造师执业的要求，但其在企业中的工作岗位则由企业视工作需要和安排而定；建造师执业的覆盖面较大，可涉及工程建设项目管理的许多方面，担任项目经理只是建造师执业中的一项，而项目经理则限于企业内某一特定工程的项目管理；建造师选择工作的权力相对自主，可在社会市场上有序流动，有较大的活动空间，而项目经理岗位则是企业设定的项目经理，是企业法人代表授权或聘用的、一次性的工程项目施工管理者。

任务二　施工项目经理部

一、施工项目经理部概述

施工现场设置施工项目经理部，有利于各项管理工作顺利进行。因此，大中型施工项目，施工方必须在施工现场设立施工项目经理部，并根据目标控制和管理的需要设立专业职能部门；小型施工项目，一般也应设立施工项目经理部，但可简化。

1. 施工项目经理部的概念

施工项目经理部是组织设置的项目管理机构，承担项目实施的管理任务和目标实现的全面责任。施工项目经理部由施工项目经理领导，接受组织职能部门的指导、监督、检查、服务和考核，并负责对项目资源进行合理使用和动态管理。

提示

施工项目经理部应在项目启动前建立，并在项目竣工验收、审计完成后按合同约定解体。

2. 施工项目经理部的地位

施工项目经理部是施工项目管理的核心，其职能是对施工项目从开工到竣工实行全过程的综合管理。施工项目完成得好坏，在很大程度上取决于施工项目经理部的整体素质、管理水平和工作效率。

对企业来讲，施工项目经理部既是企业的一个下属单位，必须服从企业的全面领导，又是一个施工项目机构独立利益的代表，与企业形成一种经济责任内部合同关系，代表企业对施工项目的各方面活动全面负责。它一方面是企业施工项目的管理层，另一方面对劳务作业层担负着管理和服务的双重职能。对业主来讲，施工项目经理部是建设单位成果目标的直接责任者，是业主直接监督的对象。

3. 施工项目经理部的作用

施工项目经理部是由企业授权，并代表企业履行工程承包合同，进行项目管理的工作班子。施工项目经理部的作用如下。

① 施工项目经理部是企业在某一工程项目上的一次性管理组织机构，由企业委任的施工项目经理领导。

② 施工项目经理部对施工项目从开工到竣工的全过程实施管理，对作业层负有管理和服务的双重职能，其工作质量好坏将对作业层的工作质量有重大影响。

③ 施工项目经理部是代表企业履行工程承包合同的主体，是对最终建筑产品和建设单位全面负责、全过程负责的管理实体。

④ 施工项目经理部是一个管理组织体，要完成项目管理任务和专业管理任务；凝聚管理人员的力量，调动其积极性，促进合作；协调部门之间、管理人员之间的关系，发挥每个人的岗位作用，为共同目标进行工作；贯彻组织责任制，做好管理；及时沟通部门之间、施工项目经理部与作业层之间、与公司之间、与环境之间的信息。

4. 施工项目经理部的设置原则

施工项目经理部的设置原则如下。

① 根据所选择的项目组织形式组建。

② 根据项目的规模、复杂程度和专业特点设置。

③ 根据施工工程任务需要调整。

④ 适应现场施工的需要。

⑤ 应建立有益于组织运转的管理制度。

5. 施工项目经理部的规模

对于施工项目经理部的规模等级，国家尚无具体规定，结合有关企业推行施工项目管理的实际，一般按项目的性质和规模划分。只有当施工项目的规模达到以下要求时才实行项目管理：1 万平方米以上的公共建筑、工业建筑、住宅建设区及其他工程项目投资在 500 万元以上的，均实行项目管理。表 2-1 给出了试点的施工项目经理部规模等级的划分标准，以供参考。

表 2-1　试点的施工项目经理部规模等级的划分标准

施工项目经理部等级	施工项目规模		
	群体工程建筑面积/万平方米	单体工程建筑面积/万平方米	各类工程项目投资/万元
一级	15 及以上	10 及以上	8000 及以上
二级	10～15	5～10	3000～8000
三级	2～10	1～5	500～3000

建筑面积在 2 万平方米以下的群体工程，或建筑面积在 1 万平方米以下的单体工程，按照施工项目经理负责制的有关规定，实行栋号承包。以栋号长为承包人，直接与公司（或工程部）经理签订承包合同。

6. 施工项目经理部的部门设置和人员配置

施工项目经理部是市场竞争的核心、企业管理的重心、成本管理的中心。为此，施工项目经理部应优化设置部门、配置人员，全部岗位职责能覆盖项目施工的全方位、全过程，人员应素质高、一专多能、有流动性。施工项目经理部的部门设置和人员配置与施工项目的规模及类型有关，应能满足施工全过程的项目管理，成为履行合同的主体。表 2-2 列出了不同工程规模的施工项目经理部的部门设置和人员配置要求，可供参考。

表 2-2　不同工程规模的施工项目经理部的部门设置和人员配置要求

<table>
<tr><th>工程类别</th><th>工程规模</th><th>总人数</th><th>岗位及人数</th><th>备注</th></tr>
<tr><td rowspan="3">建筑工程</td><td>建筑面积≤1 万平方米</td><td>5</td><td>项目负责人 1 人、项目技术负责人 1 人、施工员 1 人、安全员 1 人、质量员 1 人</td><td>(1)建筑面积小于 2000m^2 的工程，岗位人员总人数可减少至 3 人，即项目负责人 1 人、施工员 1 人、安全员 1 人，其他岗位职责可兼任
(2)建筑面积小于 5000m^2 的工程，质量员职责可由技术负责人兼任</td></tr>
<tr><td>1 万平方米＜建筑面积≤3 万平方米</td><td>6</td><td>项目负责人 1 人、项目技术负责人 1 人、施工员 1 人、安全员 2 人、质量员 1 人</td><td rowspan="2">—</td></tr>
<tr><td>3 万平方米＜建筑面积≤5 万平方米</td><td>7</td><td>项目负责人 1 人、项目技术负责人 1 人、施工员 2 人、安全员 2 人、质量员 1 人</td></tr>
</table>

续表

工程类别	工程规模	总人数	岗位及人数	备注
建筑工程	建筑面积＞5 万平方米	10	项目负责人 1 人，项目技术负责人 1 人、施工员 3 人、安全员 3 人、质量员 2 人	(1)工业、民用与公共建筑每增加 5 万平方米，施工员、安全员、质量员应各增加 1 人 (2)住宅小区或其他建筑群体工程，每增加 10 万平方米，施工员、安全员、质量员应各增加 1 人 (3)单栋高度 150m 及以上的超高层工程，每增加 10 万平方米，施工员、安全员、质量员应各增加 1 人

二、施工项目经理部的组织形式

施工项目经理部的组织形式是指施工项目管理组织中处理管理层次、管理跨度、部门设置和上下级关系的组织结构类型。施工项目经理部的组织形式多种多样，随着社会生产力水平的提高和科学技术的发展，还将不断产生新的结构。选择什么样的项目组织形式，由企业做决策，这里介绍几种典型的基本形式。

1. 线性组织结构

在线性组织结构（图 2-1）中，每一个工作部门只能对其直接的下属部门下达工作指令，每一个工作部门也只有一个直接的上级部门。因此，每一个工作部门只有唯一一个指令源，避免了由于矛盾的指令而影响组织和系统的运行。

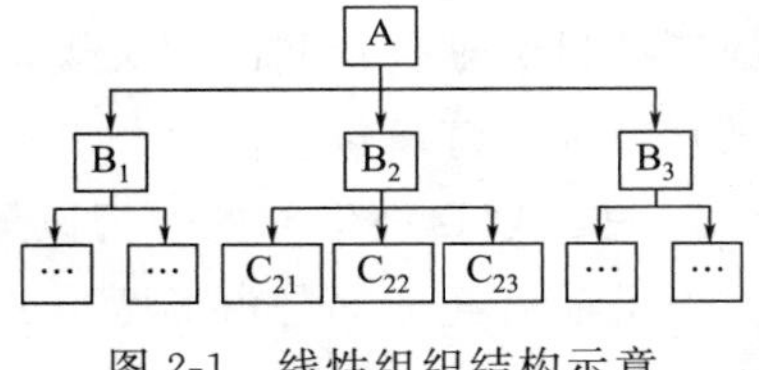

图 2-1　线性组织结构示意

在国际上，线性组织结构模式是建设项目管理组织系统的一种常用模式，因为一个建设项目的参与单位很多，少则数十，多则数百，大型项目的参与单位将数以千计。在项目实施过程中，矛盾的指令会给工程项目目标的实现造成很大的影响，而线性组织结构模式可确保工作指令的唯一性。但在一个特大的组织系统中，由于线性组织结构模式的指令路径过长，有可能会造成组织系统在一定程度上运行的困难。

在如图 2-1 所示的线性组织结构中：

① A 可以对其直接的下属部门 B_1、B_2、B_3 下达指令；

② B_2 可以对其直接的下属部门 C_{21}、C_{22}、C_{23} 下达指令；

③ 虽然 B_1 和 B_3 比 C_{21}、C_{22}、C_{23} 高一个组织层次，但是 B_1 和 B_3 并不是 C_{21}、C_{22}、C_{23} 的直接上级部门，不允许它们对 C_{21}、C_{22}、C_{23} 下达指令，在该组织结构中，每一个工作部门的指令源是唯一的。

线性组织结构的主要优点是结构简单、权力集中、易于统一指挥、隶属关系明确、职责分明、决策迅速。但由于未设职能部门，施工项目经理没有参谋和助手，要求领导者通晓各种业务，成为“全能式”人才，无法实现管理工作专业化，不利于项目管理水平的提高。在一个特大组织系统中，由于线性组织结构模式的指令路径过长，有可能会造成组织系统在一定程度上运行的困难，所以这种组织形式比较适合于中小型项目。

2. 职能组织结构

职能组织结构是一种传统的组织结构模式。职能组织机构是在各管理层次之间设置职能部门，各职能部门分别从职能角度对下级执行者进行业务管理。在职能组织机构中，各级领导不直接指挥下级，而是指挥职能部门。每一个职能部门都可根据它的管理职能对其直接和非直接的下属工作部门下达工作指令。因此，每一个工作部门可能得到其直接和非直接的上级工作部门下达的工作指令，它就会有多个矛盾的指令源，使下级执行者接受多方指令，容易造成职责不清。一个工作部门的多个矛盾的指令源会影响企业管理机制的运行。

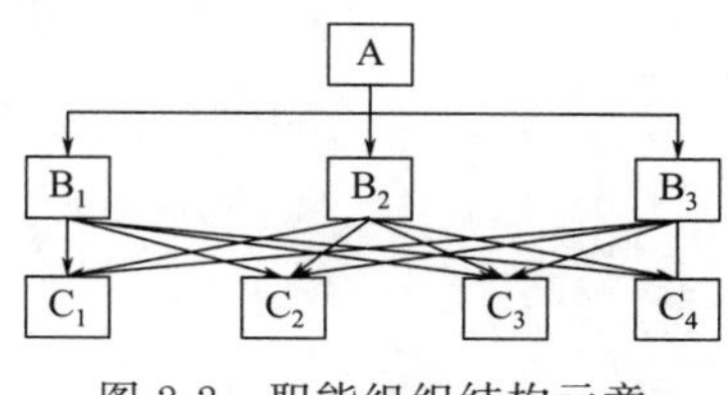

图 2-2　职能组织结构示意

在如图 2-2 所示的职能组结构中，A、B_1、B_2、B_3、C_1、C_2、C_3、C_4 都是工作部门，A 可以对 B_1、B_2、B_3 下达指令，B_1、B_2、B_3 都可以在其管理的职能范围内对 C_1、C_2、C_3、C_4 下达指令，因此 C_1、C_2、C_3、C_4 有多个指令源，其中有些指令可能是矛盾的。

在一般的工业企业中，设有人、财、物和产、供、销管理的职能部门，另有生产车间和后勤保障机构等。虽然生产车间和后勤保障机构并不一定是职能部门的直接下属部门，但是，职能部门可以在其管理的职能范围内对生产车间和后勤保障机构下达工作指令，这是典型的职能组织结构。在高等院校中，设有人事、财务、教学、科研和基建等管理的职能部门（处室），另有学院、系和研究中心等教学及科研的机构，其组织结构模式也是职能组织结构，人事处和教务处等都可对学院及系下达其分管范围内的工作指令。我国多数的企业、学校、事业单位目前还沿用这种传统的组织结构模式。许多建设项目也还用这种传统的组织结构模式，在工作中常出现交叉和矛盾的工作指令关系，严重影响了项目管理机制的运行和项目目标的实现。

3. 矩阵制组织结构

矩阵制组织结构是将按职能划分的部门与按照工程项目（或产品）设立的管理机构，依照矩阵方式有机地结合起来的一种组织结构形式。这种组织结构以工程项目为对象设置，各项目管理结构内的管理人员从各职能部门临时抽调，归施工项目经理统一管理，待工程完工交付后又回到原职能部门或到另外工程项目的组织机构中工作。矩阵制组织结构示意如图 2-3 所示。

矩阵制组织结构的优点是能根据工程任务的实际情况灵活地组建与之相适应的管理机构，具有较大的机动性和灵活性。它实现了集权与分权的最优结合，有利于调动各类人员的工作积极性，使工程项目管理工作顺利进行，但是，矩阵制组织结构经常变动，稳定性差，尤其是业务人员的工作岗位频繁调动。此外，矩阵中的每一个成员都受施工项目经理和职能部门经理的双重领导，如果处理不当，则会造成矛盾，产生扯皮现象。

当纵向和横向工作部门的指令发生矛盾时，由该组织系统的最高指挥者（部门），即如图 2-4(a) 所示的 A 进行协调或决策，在矩阵组织结构中为避免纵向和横向工作部门指令矛盾对工作的影响，可以采用以纵向工作部门指令为主［图 2-4(b)］或以横向工作部门指令为主［图 2-4(c)］的矩阵制组织结构模式，这样也可减轻该组织系统的最高指挥者的协调工作量。

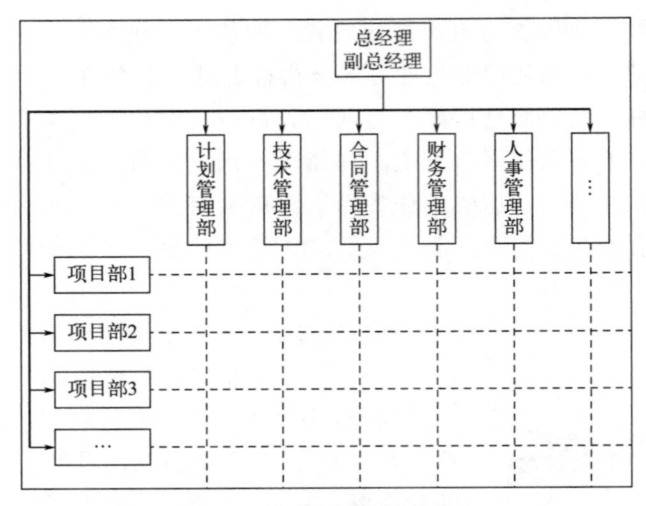

图 2-3 矩阵制组织结构示意

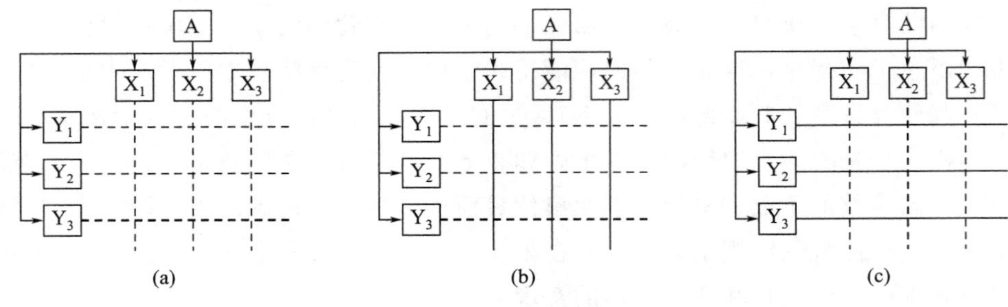

图 2-4 矩阵制组织结构

矩阵制组织结构适宜用于大型、复杂的施工项目，因为大型、复杂的施工项目要求多部门、多技术、多工种配合实施。在不同阶段，对不同人员有不同数量和不同搭配的需要，矩阵制组织结构模式也适用于同时承担多个施工项目管理的企业，在这种情况下，各项目对专业技术人才和管理人员都有需求，加在一起数量较大，采用矩阵制组织可以充分利用有限的人才对多个项目进行管理，特别有利于发挥优秀人才的作用。

三、施工项目经理部的解体

施工项目经理部解体的条件如下。

① 工程项目已经竣工验收。工程项目已经经过建设相关各方（包括政府建设主管部门、项目业主、监理单位、设计单位等）的联合验收确认并形成书面材料。

② 与各分包单位已经结算完毕。

③ 已协助企业管理层与项目业主签订了《工程质量保修书》。

④《施工项目管理目标责任书》已经履行完成，并经过企业管理层审计合格。

⑤ 施工项目经理部在解体之前应与企业管理层办妥各种交接手续。主要是对相关职能部门交接项目管理文件资料，核算账册，进行现场办公设备和公章的管理，交还领借的工器

具及劳防用品，项目管理人员的业绩考核评价材料等。

⑥ 现场清理完毕。

项目经理部在完成以上工作后，进一步办理解体手续。

任务三　施工队伍的准备

对于施工队伍的建立，要认真考虑专业、工种的合理配合，技工、普工的比例要满足合理的劳动组织要求，专业工种工人要持证上岗，要符合流水施工组织方式的要求，确定建立施工队组，要坚持合理、精干、高效的原则；对于人员配置，要从严控制二三线管理人员，力求一专多能、一人多职。

一、施工队伍的组建

施工队伍应根据现有的劳动组织情况、结构特点及施工组织设计的劳动力需要量计划确定，一般有以下几种组织形式。

(1) 砖混结构的建筑　该类建筑在主体施工阶段，主要是砌筑工程，应以瓦工为主，配合适量的架子工、钢筋工、混凝土工、木工及小型机械工等；装饰阶段以抹灰工、油漆工为主，配合适量的木工、电工、管工等，因此以混合施工班组为宜。

(2) 框架、框剪及全现浇混凝土结构的建筑　该类建筑主体结构施工主要是钢筋混凝土工程，应以模板工、钢筋工、混凝土工为主，配合适量的瓦工；装饰阶段配备抹灰工、油漆工等，因此以专业施工班组为宜。

(3) 预制装配式结构的建筑　该类建筑的主要施工工作以构件吊装为主，应以吊装起重工为主，配合适量的电焊工、木工、钢筋工、混凝土工、瓦工等，装饰阶段配备抹灰工、油漆工、木工等，因此以专业施工班组为宜。

施工企业仅靠自己的施工力量来完成施工任务已远远不能满足需要，因而将越来越多地依靠组织外包施工队伍来共同完成施工任务，外包施工队伍大致有三种形式：独立承担单位工程施工、承担分部分项工程施工和参与施工单位施工队组施工，前两种形式居多。

施工大型单位工程内部的机电安装、消防、空调、通信系统等设备安装工程时，可将这些专业性较强的工程外包给其他专业施工单位来完成。

二、施工队伍教育

施工前，企业要对施工队伍进行劳动纪律、施工质量和安全教育，牢固树立“质量第一，安全第一”的意识，平时企业应抓好职工、技术人员的培训和技术更新工作，不断提高职工、技术人员的业务技术水平，增强企业的竞争力，对于采用新工艺、新结构、新材料、新技术及使用新设备的工程，应将相关管理人员和操作人员组织起来培训，达到标准后再上岗操作，此外还要加强施工队伍平时的政治思想教育。

提示：项目所使用的劳动力和施工班组，无论是来自企业内部，还是企业外部，均应通过劳务分包合同进行管理。

任务四　施工图审查

一、施工图的自审

1. 熟悉图纸阶段

（1）熟悉图纸工作的组织　由施工单位的工程项目经理部组织有关工程技术人员认真熟悉图纸，了解设计意图与建设单位要求，以及施工应达到的技术标准，明确工艺流程。

（2）熟悉图纸的要求

① 先粗后细。先看平面图、立面图、剖面图，对整个工程的概貌有一个了解，对总的长宽尺寸、轴线尺寸、标高、层高、总高有一个大体的印象。然后再看细部做法，核对总尺寸与细部尺寸、标高是否相符，门窗表中的门窗型号、规格、形状、数量是否与结构相符等。

② 先小后大。先看小样图，后看大样图。核对在平面图、立面图、剖面图中标注的细部做法，与大样图的做法是否相符，所采用的标准构件图集编号、类型、型号，与设计图纸有无矛盾，索引符号有无漏标之处，大样图是否齐全等。

③ 先建筑后结构。先看建筑图，后看结构图。把建筑图与结构图互相对照，核对其轴线尺寸、标高是否相符，有无矛盾，查对有无遗漏尺寸，有无构造不合理之处。

④ 先一般后特殊。先看一般的部位和要求，后看特殊的部位和要求。特殊部位变形缝的设置、防水处理要求和抗震、防火、保温、隔热、防尘、特殊装修等技术要求。

⑤ 图纸与说明结合。要在看图时对照设计总说明和图中的细部说明；核对图纸和说明有无矛盾；规定是否明确；要求是否可行；做法是否合理等。

⑥ 土建与安装结合。看土建图时，有针对性地看一些安装图；核对与土建有关的安装图有无矛盾；预埋件、预留洞、槽的位置、尺寸是否一致；了解安装对土建的要求；以便考虑在施工中的协作配合。

⑦ 图纸要求与实际情况结合。核对图纸有无不符合现场施工实际之处，如建筑物相对位置、场地标高、地质情况等是否与设计图纸相符；对一些特殊的施工工艺、新方法，施工单位能否做到等。

2. 自审图纸阶段

（1）自审图纸的组织　由施工单位项目经理部组织各工种人员对本工种的有关图纸进行审查；掌握和了解图纸中的细节；在此基础上，由总承包单位内部的土建与水、暖、电等专业，共同核对图纸，消除差错，协商施工配合事项；最后，总承包单位与外分包单位（如桩基施工、装饰工程施工、设备安装施工等）在各自审查图纸基础上，共同核对图纸中的差错及协商有关施工配合问题。

（2）自审图纸的依据

① 建设单位和设计单位提供的初步设计或扩大初步设计（技术设计）、施工图设计、建筑总平面图、土方数量设计和城市规划等资料文件。

② 调查、搜集的原始资料。

③ 设计规范、施工验收规范和有关技术规定等。

（3）熟悉图纸的目的

① 为了能够按照设计图纸的要求顺利地进行施工；建造出符合设计要求的最终建筑产品（建筑物或构筑物）。

② 为了能够在拟建工程开工之前，使从事建筑施工技术和经营管理的工程技术人员充分地了解、掌握设计图纸和设计意图、结构与构造特点和技术要求等。

③ 通过审查，发现设计图纸中存在的问题和错误，使其在施工开始之前改正，为拟建工程的施工提供一份准确、齐全的设计图纸。

（4）审查图纸的内容

① 图纸是否经设计单位正式签署；地质勘察资料是否齐全。

② 设计图纸与说明书是否齐全、明确；坐标、标高、尺寸、管线、道路等交叉连接是否相符；图纸内容、表达深度是否满足施工需要；施工中所列各种标准图册是否已经具备。

③ 施工图与设备、特殊材料的技术要求是否一致；主要材料来源有无保证；能否代换；新技术、新材料的应用是否落实。

④ 设备说明书是否详细；与规范、规程是否一致。

⑤ 土建结构布置与设计是否合理；是否与工程地质条件紧密结合；是否符合抗震设计要求。

⑥ 几家设计单位设计的图纸之间有无相互矛盾；各专业之间、平立剖面之间、总图与分图之间有无矛盾；建筑图与结构图的平面尺寸及标高是否一致，表示方法是否清楚；预埋件、预留孔洞等设置是否正确；钢筋明细表及钢筋的构造图是否表示清楚；混凝土柱、梁接头的钢筋布置是否清楚，是否有节点图；钢构件安装的连接节点图是否齐全；各类管沟、支吊架等专业间是否协调统一；是否有综合管线图，通风管、消防管、电缆桥架是否相碰。

⑦ 设计是否满足生产要求和检修需要。

⑧ 施工安全、环境卫生有无保证。

⑨ 建筑与结构是否存在不能施工或不便施工的技术问题，或导致质量、安全及工程费用增加等问题。

⑩ 防火、消防设计是否满足有关规程要求。

二、施工图的会审

施工图会审是指工程各参建单位（建设单位、监理单位、施工单位、各种设备厂家）在收到设计院施工图设计文件后，对施工图进行全面细致的熟悉，审查出施工图中存在的问题及不合理情况，并提交设计院进行处理的一项重要活动。通过图纸会审可以使各参建单位特别是施工单位熟悉设计图纸、领会设计意图、掌握工程特点及难点，找出需要解决的技术难题并拟定解决方案，从而将因设计缺陷而存在的问题消灭在施工之前。

1. 施工图会审的组织、程序及要求

（1）施工图会审的组织　一般工程的施工图会审应由建设单位组织并主持会议，设计单位交底，施工单位、监理单位参加。重点工程或规模较大及结构、装修较复杂的工程，如有必要，施工图的会审可邀请各主管部门、消防及有关的协作单位参加。施工图会审工作的一般组织程序如图 2-5 所示。

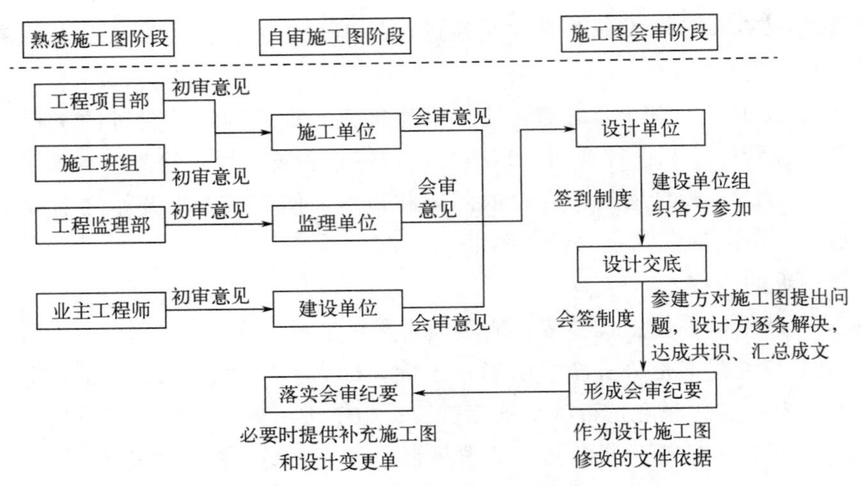

图 2-5 施工图会审工作的一般组织程序

（2）施工图会审参与人员 建设方：现场负责人员及其他技术人员。设计方：设计院总工程师、项目负责人及各个专业设计负责人。监理方：项目总监、副总监及各个专业监理工程师、监理员等。施工单位：项目经理、项目副经理、项目总工程师及各个专业技术负责人。其他相关单位：技术负责人。

（3）施工图会审会议的一般程序 施工图会审应在开工前进行，一般情况下设计施工图分发后 3 个工作日内由建设单位（或监理单位）负责组织建设、设计、监理、施工单位及其他相关单位进行设计交底。设计交底后 15 个工作日内由监理部负责组织上述单位进行图纸会审，开会时间由监理部决定并发通知。如施工图在开工前未全部到齐，可先进行分部工程施工图会审。施工图会审会议的一般流程如下。

① 业主或监理方主持人发言。

② 设计单位介绍设计意图、结构设计特点、工艺布置与工艺要求、施工中注意事项等。

③ 各有关单位对施工图中存在的问题进行提问。施工图会审前必须组织预审。对图中发现的问题应归纳汇总，会上派代表人为主发言，其他人可视情况进行适当解释、补充。

④ 施工方及设计方专人对提出和解答的问题做好记录，以便查核。

⑤ 各单位针对问题进行研究与协调，制定解决办法。写出会审纪要，并经各方签字认可，作为与设计文件同时使用的技术文件和指导施工的依据，以及建设单位与施工单位进行工程结算的依据。

提示

施工图会审的注意事项

① 每个单位提出的问题或优化建议，在施工图会审会议上必须经过讨论，得出明确结

论，对需要再次讨论的问题，在施工图会审记录上明确最终答复日期。

② 施工图会审记录一般由监理单位负责整理并分发，由各方代表签字盖章认可后各参建单位执行和归档。

③ 各个参建单位对施工图、工程联系单及施工图会审记录应做好备档工作。

(4) 纪要与实施

① 项目监理部应将施工图会审记录整理汇总并负责形成施工图会审纪要。经与会各方签字同意后，该纪要即被视为设计文件的组成部分（施工过程中应严格执行），发送建设单位和施工单位，抄送有关单位，并予以存档。

② 如有不同意见，通过协商仍不能取得统一时，应报请建设单位定夺。

③ 对施工图会审会议上决定必须进行设计修改的，由原设计单位按设计变更管理程序提出修改设计。对于一般性问题，经监理工程师和建设单位审定后，交施工单位执行；对于重大问题，报建设单位及上级主管部门与设计单位共同研究解决。某工程设计变更流程如图 2-6 所示。

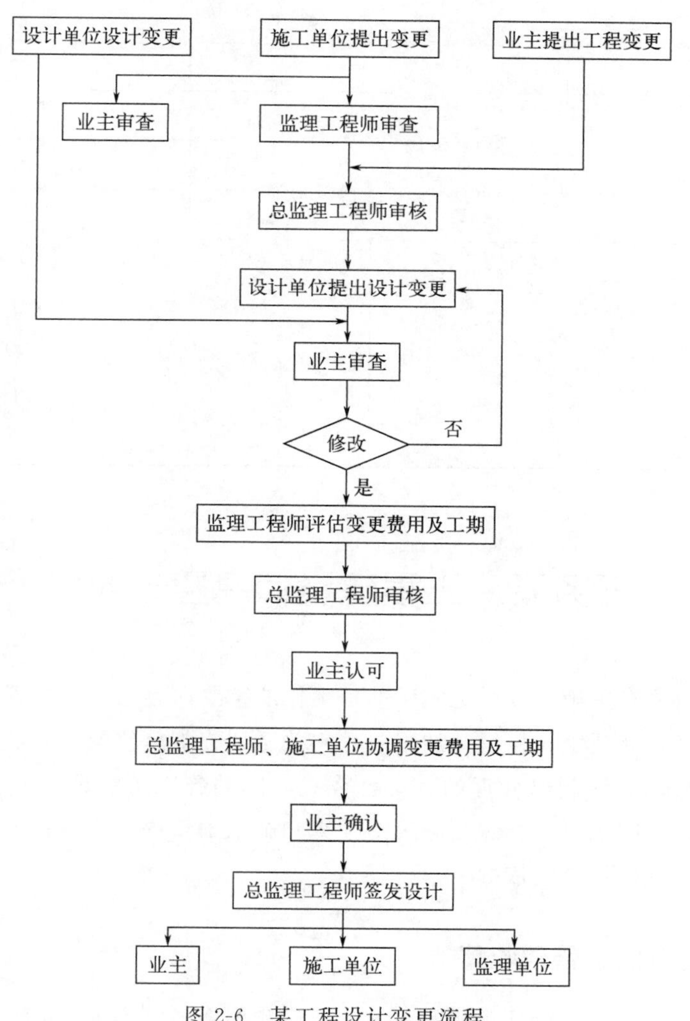

图 2-6　某工程设计变更流程

2. 现场签证阶段

在拟建工程施工的过程中，如果发现施工的条件与设计图纸的条件不符，或者发现图纸中仍然有错误，或者因为材料的规格、质量不能满足设计要求，或者因为施工单位提出了合理化建议，需要对设计图纸进行修订时，应遵循技术核定和设计变更的签证制度，进行图纸的施工现场签证。如果设计变更的内容对拟建工程的规模、投资影响较大，要报请项目的原批准单位批准。在施工现场的图纸修改、技术核定和设计变更资料，都要有正式的文字记录，归入拟建工程施工档案，作为指导施工、竣工验收和工程结算的依据。设计变更、洽商记录见表 2-3。

表 2-3 设计变更、洽商记录

<table>
<tr><td>工程名称</td><td colspan="4"></td><td colspan="2">共 页第 页</td></tr>
<tr><td>会审地点</td><td colspan="2"></td><td>记录整理人</td><td></td><td>日期</td><td></td></tr>
<tr><td>序号</td><td>图纸编号</td><td colspan="2">提出图纸问题</td><td colspan="3">图纸修订意见</td></tr>
<tr><td>1</td><td></td><td colspan="2"></td><td colspan="3"></td></tr>
<tr><td>2</td><td></td><td colspan="2"></td><td colspan="3"></td></tr>
<tr><td>3</td><td></td><td colspan="2"></td><td colspan="3"></td></tr>
<tr><td>4</td><td></td><td colspan="2"></td><td colspan="3"></td></tr>
<tr><td>5</td><td></td><td colspan="2"></td><td colspan="3"></td></tr>
<tr><td colspan="2">建设单位：

年 月 日</td><td>设计院代表：

年 月 日</td><td colspan="2">监理单位：

年 月 日</td><td colspan="2">施工单位：

年 月 日</td></tr>
</table>

任务五 工程建设信息整理收集

调查研究和收集有关施工资料是施工准备工作的重要内容之一。尤其是施工单位进入一个新的城市和地区，此项工作显得更加重要，它关系到施工单位全局的部署与安排。通过原始资料的收集分析，为编制出合理的、符合客观实际的施工组织设计文件，提供全面、系统、科学的依据；为图纸会审、编制施工图预算和施工预算提供依据；为施工企业管理人员进行经营管理决策提供可靠的依据。

一、工程建设信息整理收集

可以向建设单位与勘察设计单位调查工程建设相关资料，如表 2-4 所示。

表 2-4　建设单位和勘察设计单位调查的项目

序号	调查单位	调查内容	调查目的
1	建设单位	(1)建设项目设计任务书、有关文件 (2)建设项目性质、规模、生产能力 (3)生产工艺流程、主要工艺设备名称及来源、供应时间、分批和全部到货时间 (4)建设期限、开工时间、交工先后顺序、竣工投产时间 (5)总概算投资、年度建设计划 (6)施工准备工作的内容、安排、工作进度表	(1)施工依据 (2)项目建设部署 (3)制定主要工程施工方案 (4)规划施工总进度 (5)安排年度施工计划 (6)规划施工总平面 (7)确定占地范围
2	设计单位	(1)建设项目总平面规划 (2)工程地质勘查资料 (3)水文勘查资料 (4)项目建筑规模，建筑、结构、装修概况，总建筑面积、占地面积 (5)单项(单位)工程数量 (6)设计进度安排 (7)生产工艺设计、特点 (8)地形测量图	(1)规划施工总平面图 (2)规划生产施工区、生活区 (3)安排大型临建工程 (4)概算施工总进度 (5)规划施工总进度 (6)计算平整场地土石方量 (7)确定地基、基础的施工方案

二、自然条件调查分析

自然条件调查包括对建设地区的气象资料、工程地质、水文、周围民宅的坚固程度及其居民的健康状况等调查。主要作用是为制定施工方案、技术组织措施、冬（雨）期施工措施，为进行施工平面规划布置等提供依据；为编制现场“七通一平”计划提供依据，如地上建筑物的拆除，高压电线路的搬迁，地下构筑物的拆除和各种管线的搬迁等工作；为减少施工公害，如打桩工程在打桩前，对居民的危房和居民中的心脏病患者，采取保护性措施提供依据。建设地区自然条件调查如表 2-5 所示。

表 2-5　建设地区自然条件调查

序号	项目	调查内容	调查目的
1	气象资料		
(1)	气温	① 全年各月平均温度 ② 最高温度、月份，最低温度、月份 ③ 冬季、夏季室外温度 ④ 霜、冻、冰雹期 ⑤ 低于－3℃、0℃、5℃的天数，起止日期	① 防暑降温 ② 全年正常施工天数 ③ 冬期施工措施 ④ 估计混凝土、砂浆强度增长
(2)	降雨	① 雨季起止时间 ② 全年降水量、一日最大降水量 ③ 全年雷暴天数、时间 ④ 全年各月平均降水量	① 雨期施工措施 ② 现场排水、防洪 ③ 防雷 ④ 雨天天数估计
(3)	风	① 主导风向及频率(风玫瑰图) ② 大于或等于 8 级风的全年天数、时间	① 布置临时设施 ② 高空作业及吊装措施

续表

序号	项目	调查内容	调查目的
2	工程地形、地质		
(1)	地形	① 区域地形图 ② 工程位置地形图 ③ 工程建设地区的城市规划 ④ 控制桩、水准点的位置 ⑤ 地形、地质的特征 ⑥ 勘察文件、资料等	① 选择施工用地 ② 合理布置施工总平面图 ③ 计算现场平整土方量 ④ 障碍物及数量 ⑤ 拆迁和清理施工现场
(2)	地质	① 钻孔布置图 ② 地质剖面图(各层土的特征、厚度) ③ 土质稳定性:滑坡、流砂、冲沟 ④ 地基土强度的结论,各项物理力学指标:天然含水率、孔隙比、渗透性、压缩性、塑性指数、地基承载力 ⑤ 软弱土、膨胀土、湿陷性黄土分布情况;最大冻结深度 ⑥ 防空洞、枯井、土坑、古墓、洞穴,地基土破坏情况 ⑦ 地下沟渠管网、地下构筑物	① 土方施工方法的选择 ② 地基处理方法 ③ 基础、地下结构施工措施 ④ 障碍物拆除计划 ⑤ 基坑开挖方案设计
(3)	地震	抗震设防烈度的大小	对地基、结构的影响,施工注意事项
3	工程水文地质		
(1)	地下水	① 最高、最低水位及时间 ② 流向、流速、流量 ③ 水质分析 ④ 抽水试验、测定水量	① 土方施工基础施工方案的选择 ② 降低地下水位的方法、措施 ③ 判定侵蚀性质及施工注意事项 ④ 使用、饮用地下水的可能性
(2)	地面水(地面河流)	① 临近的江河、湖泊及距离 ② 洪水、平水、枯水时期,其水位、流量、流速、航道深度,通航可能性 ③ 水质分析	① 临时给水 ② 航运组织 ③ 水工工程
(3)	周围环境及障碍物	① 施工区域现有建筑物、构筑物、沟渠、水流、树木、土堆、高压输变电线路等 ② 邻近建筑坚固程度及其中人员工作、生活、健康状况	① 及时拆迁、拆除 ② 保护工作 ③ 合理布置施工平面 ④ 合理安排施工进度

三、技术经济条件信息收集

1. 建筑材料的调查

建筑工程需要消耗大量的材料，主要有钢材、木材、水泥、地方材料（砖、瓦、石、砂)、装饰材料、构件制作、商品混凝土等。调查的主要内容：地方材料供应能力、质量、价格、运费等；商品混凝土、建筑机械供应与维修，以及脚手架、定型模大型租赁所能提供的服务项目及其数量、价格、供应条件等，其作用是为选择建筑材料和施工机械提供依据。

① 构件生产企业调查的内容如表 2-6 所示。

表 2-6　构件生产企业调查的内容

序号	企业名称	产品名称	规格质量	单位	生产能力	供应能力	生产方式	出厂价格	运距	运输方式	单位运价	备注
1												
…												

注：企业名称按照构件厂、木工厂、金属结构厂、商品混凝土厂、砂石厂、建筑设备厂以及砖、瓦、石灰厂等填列。

② 地方资源情况调查的内容，如表 2-7 所示。

表 2-7　地方资源情况调查的内容

序号	材料名称	产地	质量	开采量	开采费	出厂价	单位运价	运价	备注
1									
…									

注：材料名称栏按照块石、碎石、砾石、砂、工业废料填列。

③ 地方材料及主要设备调查的内容，如表 2-8 所示。

表 2-8　地方材料及主要设备调查的内容

序号	项目	调查内容	调查目的
1	三大材料	(1)钢材订货的规格、牌号、强度等级、数量和到货时间 (2)木材订货的规格、等级、数量和到货时间 (3)水泥订货的品种、强度等级、数量和到货时间	(1)确定临时设施和堆放场地 (2)确定木材加工计划 (3)确定水泥储存方式
2	特殊材料	(1)需要的品种、规格、数量 (2)试制、加工和供应情况 (3)进口材料和新材料	(1)制定供应计划 (2)确定储存方式
3	主要设备	(1)主要工艺设备的名称、规格、数量和供货单位 (2)分批和全部到货时间	(1)确定临时设施和堆放场地 (2)拟订防雨措施

2. 交通运输资料的调查

交通道路和运输条件是进行建筑施工输送物资、设备的“动脉”，也与现场施工和消防有关，特别是在城区施工，场地狭小，物资、设备存放空间有限，运输频繁，往往与城市交通管理存在矛盾，因此，要做好建设项目地区交通运输条件的调查。建筑施工常用铁路、公路和水路三种主要交通运输方式。调查的主要内容：主要材料及构件运输通道情况；有超长、超高、超重或超宽的大型构件、大型起重机械和生产工艺设备需整体运输时，还要调查沿线架空电线、天桥等的高度，并与有关部门商谈避免大件运输对正常交通干扰的路线、时间及措施等，具体内容如表 2-9 所示。

表 2-9　地区交通运输条件调查

序号	项目	调查内容	调查目的
1	铁路	(1)邻近铁路专用线、车站至工地的距离及沿途运输条件 (2)站场卸货路线长度，起重能力和储存能力 (3)装载单个货物的最大尺寸、重量的限制 (4)运费、装卸费和装卸力量	(1)选择施工运输方式 (2)拟订施工运输计划

续表

序号	项目	调查内容	调查目的
2	公路	(1)主要材料产地至工地的公路等级,路面构造宽度及完好情况,允许最大载重量 (2)途经桥涵等级,允许最大载重量 (3)当地专业机构及附近村镇能提供的装卸、运输能力,汽车、畜力、人力车的数量及运输效率,运费、装卸费 (4)当地有无汽车修配厂、修配能力和至工地距离、路况 (5)沿途架空电线高度	(1)选择施工运输方式 (2)拟订施工运输计划
3	航运	(1)货源、工地至邻近河流、码头渡口的距离,道路情况 (2)洪水期、平水期、枯水期和封冻期通航的最大船只及吨位,取得船只的可能性 (3)码头装卸能力,最大起重量,增设码头的可能性 (4)渡口的渡船能力,同时可载汽车、马车数,每日次数,能为施工提供的能力 (5)运费、渡口费、装卸费	

3. 供水、供电和供气资料的调查

水、电是施工不可缺少的必要条件，其主要调查内容如下。

① 城市自来水管的供水能力、接管距离、地点和接管条件等；利用市政排水设施的可能性，排水去向、距离、坡度等。

② 可供施工使用的电源位置，引入现场工地的路径和条件，可以满足的容量和电压；使用电话的可能性，需要增添的线路和设施等。

资料来源主要是当地市政建设、电业、电信等管理部门和建设单位，主要作用是选用施工用水、用电等的依据。供水、供电和供气条件调查如表 2-10 所示。

表 2-10 供水、供电和供气条件调查

序号	项目	调查内容	调查目的
1	给水与排水	(1) 与当地现有水源连接的可能性，可供水量，接管地点、管径、管材、埋深、水压、水质、水费，至工地距离，地形、地物情况 (2) 临时供水源：利用江河、湖水的可能性，水源、水量、水质，取水方式，至工地距离，地形、地物情况，临时水井位置、深度、出水量、水质 (3) 利用永久排水设施的可能性，施工排水去向、距离、坡度，有无洪水影响，现有防洪设施、排洪能力	(1) 确定生活、生产供水方案 (2) 确定工地排水方案和防洪方案 (3) 拟订给排水设施的施工进度计划
2	供电与通信	(1) 电源位置，引入的可能性，允许供电容量、电压、导线截面、距离、电费、接线地点，至工地距离、地形、地物情况 (2) 建设单位、施工单位自有发电、变电设备的规格型号、台数、能力、燃料、资料及可能性 (3) 利用邻近电信设备的可能性，电话、电报局至工地距离，增设电话设备及计算机等自动化办公设备及线路的可能性	(1) 确定供电方案 (2) 确定通信方案 (3) 拟订供电和通信的施工进度计划
3	供气与供热	(1) 蒸汽来源，可供能力、数量，接管地点、管径、埋深，至工地距离，地形、地物情况，供气价格，供气的正常性 (2) 建设单位、施工单位自有锅炉型号、台数、能力、所需燃料、用水水质、投资费用 (3) 当地单位、建设单位提供压缩空气、氧气的能力，至工地的距离	(1) 确定生产、生活蒸汽的方案 (2) 确定压缩空气、氧气的供应计划

注：资料来源于当地城建、供电局、水厂等单位及建设单位。

4. 建设地区社会劳动力和生活条件的调查

建筑施工是劳动密集型的生产活动，社会劳动力是建筑施工劳动力的主要来源，其主要作用是为劳动力安排计划、布置临时设施等提供依据。建设地区社会劳动力和生活设施的调查如表 2-11 所示。

表 2-11　建设地区社会劳动力和生活设施的调查

序号	项目	调查内容	调查目的
1	社会劳动力	(1)少数民族地区的风俗习惯 (2)当地能提供的劳动力人数、技术水平、工资费用和来源 (3)上述人员的生活安排	(1)拟订劳动力计划 (2)安排临时设施
2	房屋设施	(1)必须在工地居住的单身人数和户数 (2)能作为施工用的现有的房屋栋数、每栋面积、结构特征、总面积、位置、水、暖、电、卫、设备状况 (3)上述建筑物的适宜用途，用作宿舍、食堂、办公室的可能性	(1)确定现有房屋为施工服务的可能性 (2)安排临时设施
3	周围环境	(1)主副食品供应，日用品供应，文化教育、消防治安等机构能为施工提供的支援能力 (2)邻近医疗单位至工地的距离，可能就医情况 (3)当地公共汽车、邮电服务情况 (4)周围是否存在有害气体、污染情况，有无地方病	安排职工生活基地

注：资料来源可向当地劳动局、商业、卫生、教育、邮电等主管部门调查。

5. 参加施工的各单位能力的调查内容

施工企业的信息收集是指了解施工企业的资质等级、技术装备、管理水平、施工经验、社会信誉等有关情况。对同一工程，若是多个施工单位共同参与施工的，应了解参加施工的各单位能力，以便做到心中有数。参加施工的各单位能力调查如表 2-12 所示。

表 2-12　参加施工的各单位能力调查

序号	项目	调查内容	调查目的
1	工人	(1)工人数量、分工种人数，能投入本工程施工的人数 (2)专业分工及一专多能的情况、工人队组形式 (3)定额完成情况、工人技术水平、技术等级构成	(1)了解总、分包单位的技术、管理水平 (2)选择分包单位 (3)为编制施工组织设计提供依据
2	管理人员	(1)管理人员总数，所占比例 (2)技术人员数，专业情况，技术职称，其他人员数	
3	施工机械	(1)机械名称、型号、能力、数量、新旧程度、完好率，能投入本工程施工的情况 (2)总装备程度(功率/全员) (3)分配、新购情况	
4	施工经验	(1)历年曾施工的主要工程项目、规模、结构、工期 (2)习惯的施工方法，采用过的先进施工方法，构件加工、生产能力、质量 (3)工程质量合格情况，科研、革新成果 (4)科研成果和技术更新情况	
5	经济指标	(1)劳动生产率指标：产值、产量、全员建安劳动生产率 (2)质量指标：产品优良率及合格率 (3)机械化程度、工业化程度 (4)安全指标：安全事故频率 (5)设备、机械的完好率、利用率	

四、参考资料的收集

在编制施工组织设计时，为弥补调查收集的原始资料的不足，有时还可以借助一些相关的参考资料作为编制的依据。这些参考资料可以是施工定额、施工手册、施工组织设计实例、相似工程的技术资料或平时实践活动所积累的资料等。

【例 2-1】 某工程的相关施工资料

1. 原始资料的调查

① 施工现场的调查。经公司组织人力现场调查发现，某高层建筑项目区域地形图、场地地形图符合现场实际情况，现场控制桩与水准基点和图纸标定的位置相吻合。

② 工程地质、水文的调查。

a. 地形地貌。现场地势略有起伏，地面标高（吴淞高程）为 3.35～5.19m，高差为 1.84m。地貌形态单一，属滨海平原地貌沉积类型。根据现场踏勘，6 层商业房距场地南侧地铁轨道交线 5～10m。

b. 地基上的构成与特征。本场地位于古河道地段，该场地地基上在 9.0m 深度范围内均为第四纪沉积物，属第四纪滨海平原地基上沉积层，主要由黏性土、粉性土以及砂性土组成，一般具有成层分布特点，属稳定场地。

c. 地下水类型。场地内地下水潜水位离地表面 0.3～1.5m，年平均水位埋深 0.50～0.70m，地下水高水位深 0.0m，低水位埋深为 1.5m。浅部微承压水位及深部承压水位均低于潜水位，每年呈周期性变化，埋深为 3～12m。

d. 地下水水质。场地内的地下水在Ⅲ类环境下对混凝土有微腐蚀性；当长期浸水时对混凝土中的钢筋有微腐蚀性；当干湿交替浸水时对混凝土中的钢筋有微腐蚀性；地下水对钢结构有弱腐蚀性。

③ 气象资料的调查。近年来，全年平均气温 16.4℃。夏季最高气温 39℃，夏季长约 120d；冬季最低气温－5℃左右，冬季长约 90d。多年平均降水量 1480mm，主汛期（5～9 月）的降水量占全年的 60%。

④ 周围环境及障碍物的调查。本工程位于上海中心城区的西南翼，位于浦东新区北蔡镇，北临中环路，南临御桥路，西临沪南路，东临咸塘港和待建住宅。场地四周除基坑南侧外，其余各侧地下室外墙与用地红线均相距较近。施工现场已经完成“三通一平”，施工现场无道路构筑物、沟渠、水井、古墓、文物、树木、电力架空线路、人防工程、地下管线、枯井等。

2. 收集给排水、供电等资料

① 本工程施工临时用电接入市政电网，施工临时用水接入市政管网。施工单位已经在施工现场西北角提供了管径为 *DN*150 供水管和取水点，在施工现场的东南角提供了一个 1000kV·A 的变电房。

② 收集交通运输资料。建设地点与市区各道路基本畅通，沿途无限高、限宽、天桥等。

3. 收集三大材料、地方材料及装饰材料等资料

本项目建设所在地周围 7km 范围内有两家大型建材市场，土建、安装和装饰材料齐备，价格较合理。同时，本工程所用的脚手架、定型模板和大型工具等加工场距离建设地点约 15km。

4. 社会劳动力和生活条件调查

经调查，工程所在当地建筑劳务市场较繁荣，劳动力充足。

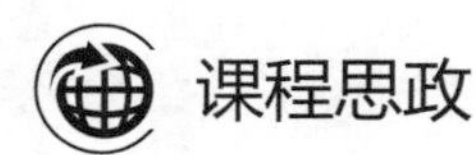

课程思政

BIM 技术在抗击新冠病毒疫情中大显身手

2020 年，一场突如其来的新冠病毒袭击了我们，这场战役打响后，全国上下紧急隔离，医疗物资严重短缺，病床更是一床难求。武汉政府决定参照 17 年前北京小汤山非典医院模式，建造一个专门收治新冠病毒感染患者的医院——一个可容纳 1000 张床位的“火神山医院”，总共用了 10 天时间建设完成，总建筑面积 3.39 万平方米（图 2-7）。2020 年 1 月 25 日，武汉政府又决定加盖一所“雷神山医院”，仅用了 12 天就交付使用。两所医院以小时计算的建设进度、万众瞩目下演绎了新时代的中国速度。

图 2-7　“火神山医院”施工现场

大家一定有个疑问，“火神山医院”“雷神山医院”为什么能迅速建成？其实这两个医院的建设主要采用了行业最前沿的装配式建筑和 BIM 技术，最大限度地采用拼装式工业化成品，大幅减少现场作业的工作量，节约了大量的时间。在 10 天建造工期中，BIM 和装配式技术应用的三大关键点如下。

① 项目精细化管理。使用 BIM 技术保证施工质量、缩短工期、节约成本、降低劳动力成本和废弃物减少。提高建设项目管理效率和沟通协作效率。所有关于参与者、建筑材料、建筑机械、规划和其他方面的信息都被纳入建筑信息模型中，BIM 4D 和 BIM 5D 是基于模型的可交付成果，用于诸如构建等活动，具有能力分析、项目交付计划、材料需求计划和成本估算及功能。

② 仿真模拟，建筑性能优化。利用 BIM 技术提前进行场布及各种设施模拟，按照医院建设的特点，对采光、管线布置、能耗分析等进行优化模拟，确定最优建筑方案和施工方案。

③ 参数化设计，可视化管控。充分发挥了 BIM＋装配式建筑的优势，参数化设计、构件化生产、装配化施工、数字化运维，全过程都充分应用了 BIM 技术的优势，使项目的全生命周期都处于数字化管控之下，参数化设计、可视化交底、基于模型的竣工运维等。BIM 技术不仅提供有关建筑质量、进度以及成本的信息，还实现了无纸化加工建造。

实训一

1. 任务名称

选派项目经理并组建项目经理部。

2. 时间安排

4 学时。

3. 背景资料

2019 年 2 月，某施工企业中标某写字楼工程施工任务。该写字楼坐落在市区，建筑面积 29800m^2，地下一层、二层为停车场，层高 5.4m，地上 12 层，层高 3.6m，总建筑高度 54m。该企业中标后，拟在公司内部招聘项目经理并组建项目经理部。

4. 实训要求

在老师的组织下，将学生分成若干组，由各组推荐项目经理，各组当选的项目经理根据工程情况自行组建项目经理部，项目经理部规模及人选由项目经理决定。本组的其余学生分别扮演副项目经理、总工程师、施工员、安全员、质检员等，通过竞争上岗。各组通过竞聘演讲，最终确定一组为本工程的项目经理部。

实训二

1. 任务名称

组织图纸会审并编制图纸会审纪要。

2. 时间安排

4 学时。

3. 背景资料

××市××××4S 店办公楼施工图纸（包括建筑施工图、结构施工图及设备施工图）。

4. 实训要求

5～8 人为一组，以组为单位先组织图纸的自审，然后各自选派同学分别扮演建设方、设计方、施工方和监理方对上述工程图纸进行图纸会审的全过程模拟，并填写完成图纸会审纪要。

习题

一、单项选择题

1. 下列哪个单位不参加图纸会审（　　）。

A. 建设单位　　B. 设计单位　　C. 施工单位　　D. 材料供应商

2. 一般工程的图纸会审应由（　　）组织并主持会议。

A. 建设单位　　B. 设计单位　　C. 施工单位　　D. 施工分包单位

3. 项目经理部是施工现场（　　）的管理机构。

A. 一次性　　B. 永久性　　C. 固定　　D. 由建设单位授权

4. （　　）组织结构具有双重领导。

A. 线性　　B. 工作队式　　C. 矩阵式　　D. 职能式

5. 下图为（　　）模式。

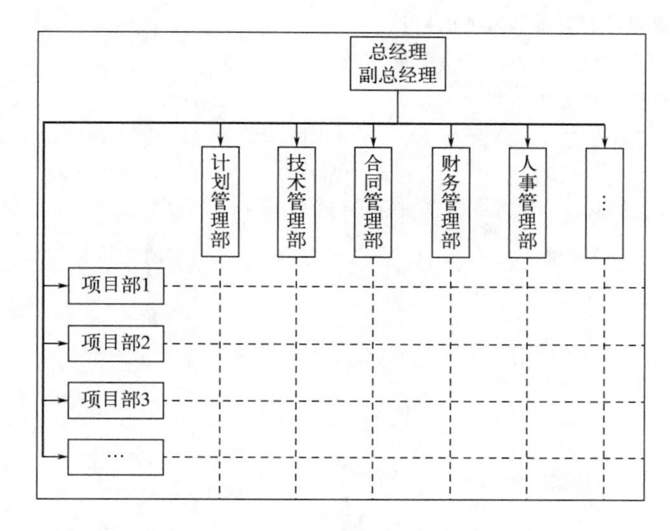

A. 职能组织结构　　B. 线性组织结构

C. 矩阵制组织结构　　D. 工作队式组织结构

6. 下图所示的职能组织结构中，m、f_1、f_2、f_3、g_1、g_2 等分别代表不同的工作部门或主管人员。这个组织结构表明（　　）。

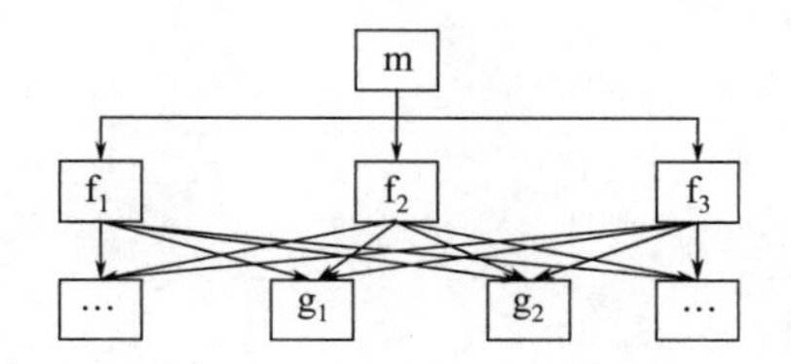

A. m 可以直接指挥 g_1 和 g_2　　B. g_2 只接受 f_2 下达的指令

C. g_1 可直接接受 m 的指令　　D. g_1 接受 f_1、f_2 和 f_3 的直接指挥

二、多项选择题

1. 下列关于常用组织结构模式表述正确的是（　　）。

A. 线性组织结构职责明确，命令统一

B. 职能组织结构优点明显，各部门职能明确，不会出现矛盾的工作指令关系

C. 矩阵制组织结构适宜用于大的组织系统

D. 矩阵制组织结构中有两个指令源

E. 线性组织结构来自军事组织系统

2. 下列有关建造师、施工方项目经理的表述正确的是（　　）。

A. 取得建造师注册证书的人员是否担任工程项目的项目经理，由企业自主决定

B. 建造师是一个工作岗位的名称，而项目经理是一种专业人士的名称

C. 大、中型工程项目的项目经理必须由取得建造师注册证书的人员担任

D. 建造师不可以在建设单位执业

E. 一级建造师和二级建造师的职业范围不同

3. 关于项目经理部，以下说法正确的是（　　）。

A. 项目经理部是一个具有弹性的一次性的组织机构

B. 项目经理部是一个一成不变的组织机构

C. 项目经理部对作业层具有管理和服务的双重职能

D. 项目经理部应建立相应的工作制度

E. 项目经理部是项目经理的办事机构

4. 进行图纸会审时应填写图纸会审记录，由（　　）共同签字、盖章，作为指导施工和工程结算的依据。

A. 建设单位　　B. 设计单位　　C. 施工单位　　D. 质量检查站　　E. 监理单位

5. 施工过程中，设计变更时有发生，设计变更可能由（　　）提出。

A. 建设单位　　B. 设计单位　　C. 施工单位　　D. 质量检查站　　E. 监理单位

模块三

流水施工原理

思想及素质目标：

1. 培养学生整体观、大局观意识
2. 培养学生绿色发展、创新发展意识

知识目标：

1. 理解并掌握流水施工的原理及实质
2. 理解流水施工有关参数的概念及流水施工参数的确定方法
3. 掌握流水施工的组织方式
4. 掌握流水施工的原理

技能目标：

1. 能够组织简单的流水施工
2. 能够选择合适的流水施工方式
3. 能够进行施工资料的收集整理

任务一　流水施工的基本概念

一、组织施工的基本方式

任何一个建筑工程都是由许多施工过程组成的，而每一个施工过程可以组织一个或多个施工队组来进行施工。如何组织各施工队组的先后顺序和平行搭接施工，是组织施工中的一个基本问题。通常组织施工时有依次施工、平行施工和流水施工三种方式，下面以【例

3-1】为例来讨论这三种施工方式的特点和效果。

【例 3-1】 某三幢同类型房屋的基础工程，由基槽挖土-混凝土垫层-钢筋混凝土基础-基槽回填土 4 个过程组成，由 4 个不同的工作队分别施工，每个施工过程在一幢房屋上所需的施工时间见表 3-1，每幢房屋为一个施工段，组织此基础工程施工。

表 3-1 某基础工程施工资料

序号	基础施工过程	工作时间/d
1	基槽挖土	3
2	混凝土垫层	1
3	钢筋混凝土基础	3
4	基槽回填土	1

1. 依次施工

依次施工也称顺序施工，是各施工段或施工过程依次开工、依次完成的一种施工组织方式。依次施工时通常有两种安排。

(1) 按幢（或施工段）依次施工（表 3-2） 这种方式是将这三幢建筑物的基础一幢一幢地进行施工，一幢完成后再施工另一幢。

表 3-2 依次施工进度安排（一）

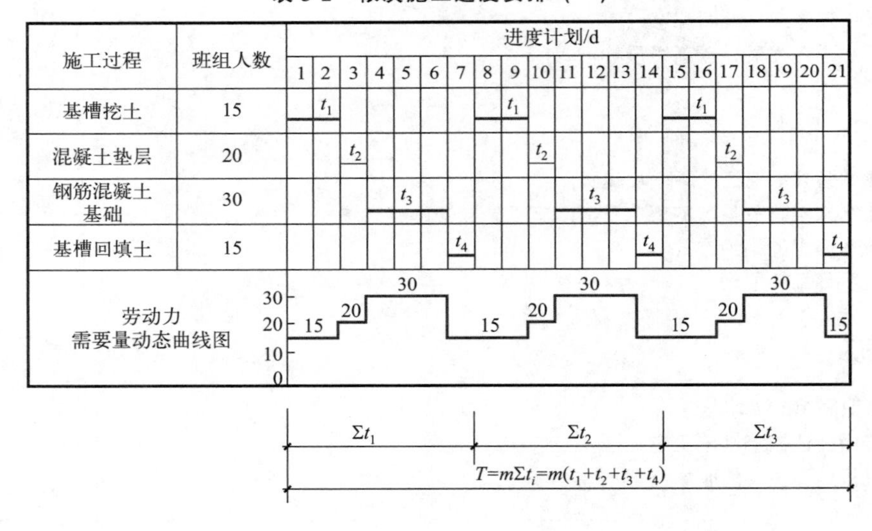

(2) 按施工过程依次施工（表 3-3） 这种方式是在完成每幢房屋的每一个施工过程后，再开始第二个施工过程的施工，直至完成最后一个施工过程的组织方式。

提示

两种组织方式施工工期都为 21d，依次施工最大的优点是单位时间投入的劳动力和物质资源较少，施工现场管理简单，便于组织和安排，适用于工程规模较小的工程。但采用依次施工时专业队组不能连续作业，有间歇性，造成窝工，工地物质资源消耗也有间断性，由于没有充分利用工作面去争取时间，所以工期较长。

表 3-3　依次施工进度安排（二）

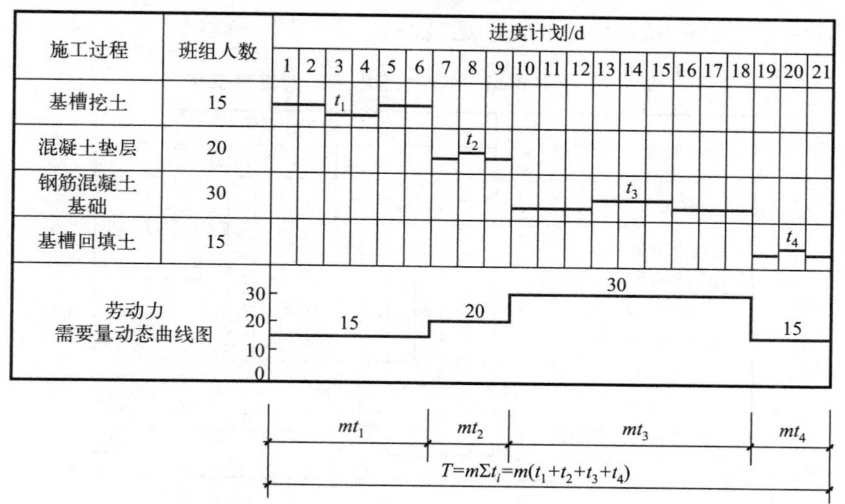

施工过程	班组人数	进度计划/d
基槽挖土	15	t_1
混凝土垫层	20	t_2
钢筋混凝土基础	30	t_3
基槽回填土	15	t_4
劳动力需要量动态曲线图		15　20　30　15

2. 平行施工

在拟建工程任务十分紧迫、工作面允许及资源保证供应的条件下，可以组织几个相同的工作队，在同一时间内、不同空间上进行施工。即所有房屋同时开工，同时竣工，【例 3-1】中工程平行施工的进度安排见表 3-4。

表 3-4　【例 3-1】中工程平行施工的进度安排

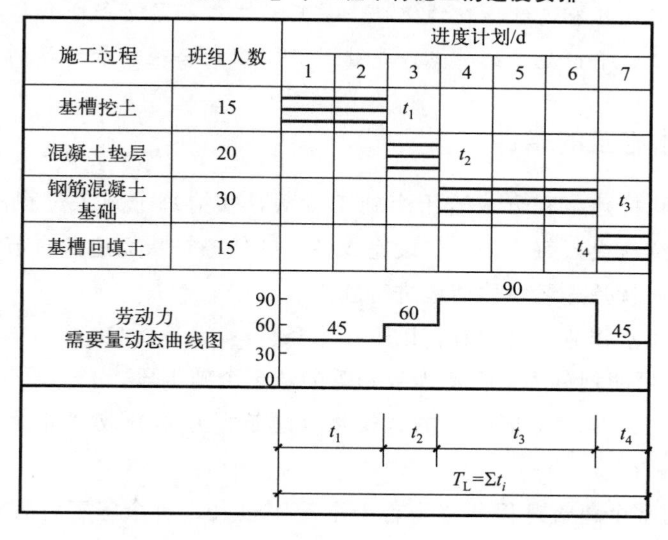

施工过程	班组人数	进度计划/d
基槽挖土	15	t_1
混凝土垫层	20	t_2
钢筋混凝土基础	30	t_3
基槽回填土	15	t_4
劳动力需要量动态曲线图		45　60　90　45

提示

平行施工可最大限度地利用工作面，工期最短，但在同一时间内需要提供的相同劳动资源成倍增加，给四级的施工管理带来一定的难度，一般适用于规模较大或者是工期较紧的工程。

3. 流水施工

流水施工是指所有施工过程按一定的时间间隔依次进行，各个施工过程陆续开工、陆续竣工，使同一施工过程的施工班组连续、均衡地进行，不同的施工过程尽可能平行搭接施工，【例 3-1】中工程流水施工的进度安排见表 3-5。

表 3-5 【例 3-1】中工程流水施工的进度安排

施工过程	班组人数	进度计划/d														
		1	2	3	4	5	6	7	8	9	10	11	12	13	14	15
基槽挖土	15			t_1												
混凝土垫层	20						t_2									
钢筋混凝土基础	30										t_3					
基槽回填土	15														t_4	
劳动力需要量动态曲线图	60 40 20 0			15		35	65	50			30			45		15

$K_{1,2}$　$K_{2,3}$　$K_{3,4}$　mt_4

$T=\Sigma K_{i,\,i+1}+T_n$

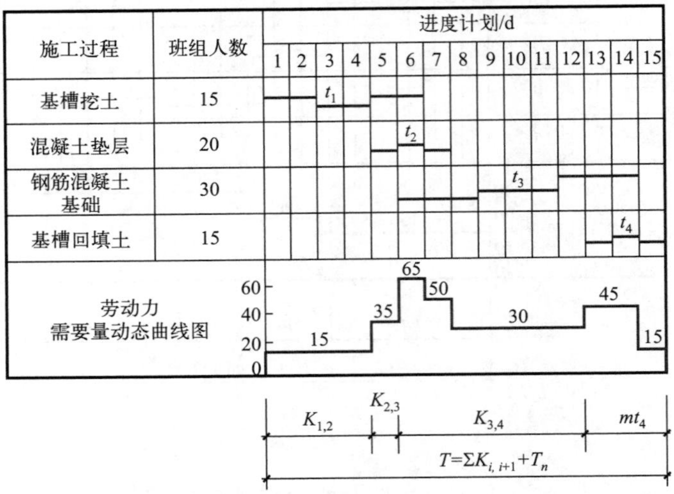

提示

流水施工所需的时间比依次施工短，各施工过程投入的劳动力比平行施工少；各施工队组的施工和物资的消耗具有连续性及均衡性，前后施工过程尽可能平行搭接施工，可见流水施工综合了顺序施工和平行施工的特点，是建筑施工中最合理、最科学的一种组织方式。

二、组织流水施工的条件

流水施工是指将拟建工程分成若干个施工段落，并给每个施工过程配以相应的工人班组，让它们依次连续地投入每一个施工段完成各自的任务，从而达到有节奏、均衡施工的目的。流水施工的实质就是连续、均衡地进行施工。

组织建筑施工流水作业，必须具备以下 4 个条件。

① 把建筑物尽可能划分为工程量大致相等的若干个施工段。

划分施工段（区）是为了把庞大的建筑物（建筑群）划分成“批量”的“假定产品”，从而形成流水施工的前提。

② 把建筑物的整个建筑过程分解为若干个施工过程，每个施工过程组织独立的施工班组进行施工。

③ 安排主要施工过程的施工班组进行连续、均衡的施工。

对工程量较大、施工时间较长的施工过程，必须组织连续、均衡的施工，对其他次要施工过程，可考虑与相邻的施工过程合并，或在有利于缩短工期的前提下，安排其间断施工。

④ 不同施工过程按施工工艺，尽可能组织平行搭接施工。

按照施工先后顺序要求，在有工作面的条件下，除必要的技术和组织间歇时间外，尽可能组织平行搭接施工。

三、流水施工的经济效果

流水施工是在工艺划分、时间排列和空间布置上的统筹安排，使劳动力得以合理使用，资源需要量也较均衡，这必然会带来显著的技术经济效果，主要表现在以下几个方面。

① 由于流水施工的连续性，减少了专业工作的间隔时间，达到了缩短工期的目的，可使拟建工程项目尽早竣工、交付使用，发挥投资效益。

② 便于改善劳动组织，改进操作方法和施工机具，有利于提高劳动生产率。

③ 专业化的生产可提高工人的技术水平，使工程质量相应提高。

④ 工人技术水平和劳动生产率的提高，可以减少用工量和施工临时设施的建造量，降低工程成本，提高利润水平。

⑤ 可以保证施工机械和劳动力得到充分、合理的利用。

⑥ 由于工期短、效率高、用人少、资源消耗均衡，可以减少现场管理费和物资消耗，实现合理储存与供应，有利于提高项目经理部的综合经济效益。

四、流水施工的分类

按照流水施工组织的范围划分，流水施工通常可分为以下几种。

1. 分项工程流水施工

分项工程流水施工也称为细部流水施工，即一个工作队利用同一生产工具，依次、连续地在各施工区域中完成同一施工过程的工作，如浇筑混凝土的工作队依次连续地在各施工区域完成浇筑混凝土的工作，即为分项工程流水施工。

2. 分部工程流水施工

分部工程流水施工也称为专业流水施工，是在一个分部工程内部、各分项工程之间组织的流水施工。例如某办公楼的钢筋混凝土工程是由支模、绑钢筋、浇筑混凝土三个在工艺上有密切联系的分项工程组成的分部工程。施工时，将该办公楼的主体部分在平面上划分为几个区域，组织三个专业工作队，依次、连续地在各施工区域中各自完成同一施工过程的工作，即为分部工程流水施工。

3. 单位工程流水施工

单位工程流水施工也称为综合流水施工，它是在一个单位工程内部、各分部工程之间组织起来的流水施工，如一幢办公楼、一个厂房车间等组织的流水施工。

4. 群体工程流水施工

群体工程流水施工也称为大流水施工，它是在一个个单位工程之间组织起来的流水施工，它是为完成工业或民用建筑而组织起来的全部单位流水施工的总和。

根据流水施工的节奏不同，流水施工通常可分为等节奏流水施工、异节奏流水施工和无节奏流水施工。

五、流水施工的表达方式

(1) 横道图　流水施工横道图表达形式见表 3-5，其左边列出各施工过程名称，右边用水平线段在施工坐标下画出施工进度。

（2）斜线图　斜线图是将横道图中的工作进度线改为斜线表达的一种形式，一般是在左边列出工程对象名称，右边用斜线在时间坐标下画出施工进度线，见表 3-6。

表 3-6　斜线图

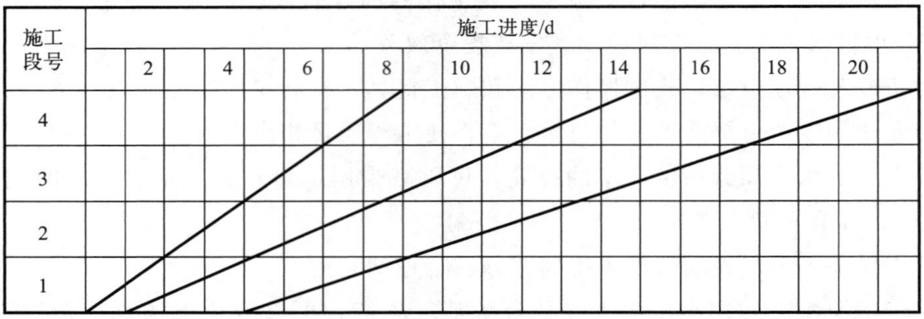

施工段号	施工进度/d																				
		2		4		6		8		10		12		14		16		18		20	
4																					
3																					
2																					
1																					

（3）网络图　用网络图表达的流水施工方式，详见本书模块四中的相关内容。

六、流水施工的主要参数

为了组织流水施工，表明流水施工在时间和空间上的进展情况，需要引入一些描述施工特征和各种数量关系的参数，称为流水施工参数。按其性质不同，一般可分为工艺参数、空间参数和时间参数三种。

1. 工艺参数

工艺参数主要是指参与流水施工的施工过程数目，通常用 n 表示。在工程项目施工中，施工过程所包含的施工范围可大可小，既可以是分项工程，又可以是分部工程，也可以是单位工程，还可以是单项工程，它的多少与建筑的复杂程度以及施工工艺等因素有关。

根据工艺性质不同，施工过程可以分为三类。

（1）制备类施工过程　制备类施工过程是指预先加工和制造建筑半成品、构配件等的施工过程，如砂浆和混凝土的配制、钢筋的制作等属于制备类施工过程。

（2）运输类施工过程　运输类施工过程是指把材料和制品运到工地仓库或再转运到现场使用地点而形成的施工过程。

提示

制备类和运输类施工过程一般不占用施工对象的空间，不影响项目总工期，在进度表上不反映；只有当它们占用施工对象的空间并影响项目总工期时，才列入施工进度计划中。

（3）建造类施工过程　建造类施工过程是指在施工对象的空间上，直接进行加工，最终形成建筑产品的过程。如地下工程、主体工程、结构安装工程、屋面工程和装饰工程等施工过程。它占用施工对象的空间，影响着工期的长短，必须列入项目施工进度表，而且是项目施工进度表的主要内容。

2. 空间参数

空间参数是用来表达流水施工在空间布置上所处状态的参数，包括工作面、施工段和施工层。

（1）工作面　工作面是指供某专业工种的工人或某种施工机械进行施工的活动空间。工作面的大小，表明能安排施工人数或机械台班数的多少。每个作业的工人或每台施工机械所需工作面的大小，取决于单位时间内其完成的工程量和安全施工的要求。工作面确定得合理与否，直接影响专业工作队的生产效率，因此必须合理确定工作面。

（2）施工段　将施工对象在平面上划分成若干个劳动量大致相等的施工段。施工段的数目通常用 m 表示，它是流水施工的基本参数之一。划分施工段的目的在于能使不同工种的专业队同时在工程对象的不同工作面上进行作业，这样能充分利用空间，为组织流水施工创造条件。

划分施工段时需要考虑的因素如下。

① 结构界限（沉降缝、伸缩缝、单元分界线等），有利于结构的整体性。

② 尽量使各施工段上的劳动量相等或相近。

③ 各施工段要有足够的工作面。

④ 施工段数不宜过多。

⑤ 尽量使各专业队（组）连续作业，这就要求施工段数与施工过程数相适应，划分施工段数应尽量满足下列要求。

$$m \geqslant n$$

式中　m——每层的施工段数；

n——每层参加流水施工的施工过程数或作业班组总数。

a. 当 $m>n$ 时，各专业队（组）能连续施工，但施工段有空闲。

b. 当 $m=n$ 时，各专业队（组）能连续施工，各施工段上也没有闲置，这种情况是最理想的。

c. 当 $m<n$ 时，对单栋建筑物组织流水时，专业队（组）就不能连续施工而产生窝工现象。但在数幢同类型建筑物的建筑群中，可在各建筑物之间组织大流水施工。

【例 3-2】 某两层现浇钢筋混凝土工程，其施工过程为安装模板、绑扎钢筋和浇筑混凝土。若工作队在各施工过程的工作时间均为 2d，试安排该工程的流水施工。

第一种流水施工进度安排见表 3-7。

表 3-7　流水施工进度安排（$m<n$）

施工层	施工过程	施度进工/d													
		1	2	3	4	5	6	7	8	9	10	11	12	13	14
一层	安装模板	1		2											
	绑扎钢筋			1		2									
	浇筑混凝土					1		2							
二层	安装模板							1		2					
	绑扎钢筋									1		2			
	浇筑混凝土											1		2	

从该施工进度安排来看，尽管施工段上未出现停歇，但各专业施工队（组）做完了第一层以后不能及时进入第二层施工段施工而出现窝工现象，一般情况下应力求避免。

第二种流水施工进度安排见表 3-8。

表 3-8 流水施工进度安排（$m>n$）

施工层	施工过程	施度进工/d																							
		1	2	3	4	5	6	7	8	9	10	11	12	13	14	15	16	17	18	19	20	21	22	23	24
一层	安装模板		1		2	3			4		5														
	绑扎钢筋				1		2		3		4		5												
	浇筑混凝土						1		2		3		4		5										
二层	安装模板												1		2		3		4		5				
	绑扎钢筋														1		2		3		4	5			
	浇筑混凝土																1		2		3		4	5	

在这种情况下，施工队（组）仍是连续施工，但第一层的第一施工段浇筑混凝土后不能立即投入第二层的第一施工段工作，即施工段上有停歇。同样，其他施工段上也发生同样的停歇，致使工作面出现空闲的情况，但工作面的空闲并不一定有害，有时还是必要的，如可以利用空闲的时间做养护、备料、弹线等工作。

第三种流水施工进度安排见表 3-9。

表 3-9 流水施工进度安排（$m=n$）

施工层	施工过程	施工进度/d															
		1	2	3	4	5	6	7	8	9	10	11	12	13	14	15	16
一层	安装模板	1		2		3											
	绑扎钢筋				1	2		3									
	浇筑混凝土						1	2		3							
二层	安装模板							1		2		3					
	绑扎钢筋										1	2		3			
	浇筑混凝土											1		2		3	

在这种情况下，工作队均能连续施工，施工段上始终有施工队（组），工作面能充分利用，无空闲现象，也不会产生工人窝工现象，是最理想的情况。

在工程项目实际施工中，若某些施工过程需要技术与组织间歇，则可用式(3-1) 确定每层的最少施工段数。

$$m_{\min}=n+\frac{\sum Z}{K} \tag{3-1}$$

式中 $\sum Z$——某些施工过程要求的间歇时间的总和；

K——流水步距。

(3) 施工层 在多、高层建筑物的流水施工中，平面上是按照施工段的划分，从一个施工段向另一个施工段逐步进行；垂直方向上，则是自下而上、逐层进行，第一层的各个施工过程完工后，自然就形成了第二层的工作面，于是不断循环，直至完成全部工作。这些为满足专业工种对操作和施工工艺要求而划分的操作层称为施工层。如砌筑工程的施工层高一般为1.2m，内抹灰、木装饰、油漆、玻璃和水电安装等，可按楼层进行施工层划分。施工层数用j表示。

3. 时间参数

时间参数是指用来表达组织流水施工的各施工过程在时间排列上所处状态的参数，它包括流水节拍、流水步距、间歇时间、平行搭接时间及流水工期等。

（1）流水节拍（t） 流水节拍是指在组织流水施工时，某一施工过程在某一施工段上的作业时间，其大小可以反映施工速度的快慢。因此，正确、合理地确定各施工过程的流水节拍具有很重要的意义。通常有以下两种确定方法。

① 定额计算法。这是根据各施工段的工程量和现有能够投入的资源量（劳动力、机械台数和材料量等），按式(3-2）进行计算。

$$t_i=\frac{Q_i}{S_iR_ia}=\frac{Q_iZ_i}{R_ia}=\frac{P_i}{R_ia} \tag{3-2}$$

式中 t_i——流水节拍；

Q_i——施工过程在一个施工段上的工程量；

S_i——完成该施工过程的产量定额；

Z_i——完成该施工过程的时间定额；

R_i——参与该施工过程的工人数或施工机械台班；

P_i——该施工过程在一个施工段上的劳动量；

a——每天工作班次。

② 经验估算法。

$$t_i=\frac{a_i+4c_i+b_i}{6} \tag{3-3}$$

式中 t_i——某施工过程流水节拍；

a_i——最短估算时间；

b_i——最长估算时间；

c_i——正常估算时间。

这种方法适用于采用新工艺、新方法和新材料等没有定额可循的工程或项目。

（2）流水步距（K） 流水步距是指相邻两个专业工作队（组）相继投入同一施工段开始工作的时间间隔。流水步距用K表示，它是流水施工的重要参数之一。

确定流水步距时应考虑以下几种因素。

① 主要施工队（组）连续施工的需要。流水步距的最小长度必须使主要施工专业队（组）进场以后，不发生停工、窝工现象。

② 施工工艺的要求。保证每个施工段的正常作业程序，不发生前一个施工过程尚未全部完成，而后一施工过程提前介入的现象。

③ 最大限度搭接的要求。流水步距要保证相邻两个专业队（组）在开工时间上最大限度、合理地搭接。

④ 要满足保证工程质量、安全生产和成品保护的需要。

(3) 间歇时间 (Z) 在组织流水施工时，有些施工过程完成后，后续施工过程不能立即投入施工，必须有足够的间歇时间。

① 技术间歇时间 (Z_1)。技术间歇时间是指由于施工工艺或质量保证的要求，在相邻两个施工过程之间必有的时间间隔。比如砖混结构的每层圈梁混凝土浇筑以后，必须经过一定的养护时间才能进行其上的预制楼板的安装工作；再如屋面找平层完工后，必须经过一定的时间使其干燥，才能铺贴卷材防水层等。

② 组织间歇时间 (Z_2)。组织间歇时间是指由于组织方面的因素，在相邻两个施工过程之间留有的时间间隔。这是为对前一施工过程进行检查验收或为后一施工过程的开始做必要的施工组织准备而考虑的间歇时间。比如浇筑混凝土之前要检查钢筋及预埋件并做记录；又如基础混凝土垫层浇筑及养护后，必须进行墙身位置的弹线，才能砌筑基础墙等。

(4) 平行搭接时间 (C) 平行搭接时间是指在同一施工段上，不等前一施工过程施工完，后一施工过程就投入施工，相邻两施工过程同时在同一施工段上的工作时间。平行搭接时间可使工期缩短，所以能搭接的尽量搭接。

(5) 流水工期 (T) 流水工期是指完成一项任务或一个流水组施工所需的时间，一般采用式(3-4) 计算完成一个流水组的工期。

$$T=\sum K_{i,i+1}+T_n+\sum Z_{i,i+1}-\sum C_{i,i+1} \tag{3-4}$$

式中 T——流水施工工期；

$\sum K_{i,i+1}$——流水施工中各流水步距之和；

T_n——流水施工中最后一个施工过程的持续时间；

$Z_{i,i+1}$——第 i 个施工过程与第 $i+1$ 个施工过程之间的间歇时间；

$C_{i,i+1}$——第 i 个施工过程与第 $i+1$ 个施工过程之间的平行搭接时间。

任务二 流水施工的组织方式

建筑工程的流水施工节奏是由流水节拍决定的，根据流水节拍可将流水施工分为三种方式，即等节奏流水施工、异节奏流水施工和无节奏流水施工，下面分别讨论这几种流水施工的特点及组织方式。

一、等节奏流水施工

等节奏流水施工也叫全等节拍流水或固定节拍流水，是指在组织流水施工时，各施工过程在各施工段上的流水节拍全部相等。等节奏流水有以下基本特征：施工过程本身在各施工段上的流水节拍都相等；各施工过程的流水节拍彼此都相等；当没有平行搭接和间歇时，流水步距等于流水节拍。

等节奏流水施工根据流水步距的不同有下列两种情况。

1. 等节拍等步距流水施工

等节拍等步距流水施工即各流水步距值均相等，且等于流水节拍值的一种流水施工方式。各施工过程之间没有技术与组织间歇时间 ($Z=0$)，也不安排相邻施工过程在同一施工段上的搭接施工（$C=0$）。有关参数计算如下。

（1）流水步距的计算　这种情况下的流水步距都相等且等于流水节拍，即 $K=t$。

（2）流水工期的计算

因为　$\sum K_{i,i+1}=(n-1)t \qquad T=mt$

所以
$$T=\sum K_{i,i+1}+T_n=(n-1)t+mt=(m+n-1)t \tag{3-5}$$

【例 3-3】 某工程划分为 A、B、C、D 四个施工过程，每个施工过程分为五个施工段，流水节拍均为 3d，试组织等节拍等步距流水施工。

【解】 根据题设条件和要求，该题只能组织全等节拍流水施工。

（1）确定流水步距

$$K=t=3(\mathrm{d})$$

（2）确定计算总工期

$$T=(m+n-1)t=(5+4-1)\times 3=24(\mathrm{d})$$

（3）绘制流水施工进度计划（表 3-10）

表 3-10　某工程等节拍等步距流水施工进度计划

序号	施工过程	施工进度/d																							
		1	2	3	4	5	6	7	8	9	10	11	12	13	14	15	16	17	18	19	20	21	22	23	24
1	A																								
2	B																								
3	C																								
4	D																								

$\sum K_{i,i+1}=(n-1)t$　　$T_n=mt$

$T=(m+n-1)t$

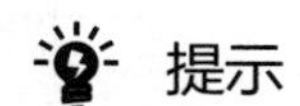
提示

全等节拍流水施工，一般只适用于施工对象结构简单、工程规模较小、施工过程数量不太多的房屋工程或线型工程，如道路工程、管道工程等。

2. 等节拍不等步距流水施工

等节拍不等步距流水施工即各施工过程的流水节拍全部相等，但各流水步距不相等（有的步距等于节拍，有的步距不等于节拍）。这是由于各施工过程之间，有的需要有技术与组织间歇时间，有的可以安排搭接施工所致。有关参数计算如下。

（1）流水步距的计算　这种情况下的流水步距 $K_{i,i+1}=t_i+(Z_1+Z_2-C)$。

（2）流水工期的计算

因为　$\sum K_{i,i+1}=(n-1)t_i+\sum Z_1+\sum Z_2-\sum C \qquad T_n=mt$

所以
$$\begin{aligned}T&=(n-1)t_i+\sum Z_1+\sum Z_2-\sum C+mt\\&=(m+n-1)t+\sum Z_1+\sum Z_2-\sum C\end{aligned} \tag{3-6}$$

【例 3-4】 某 4 层 4 单元砖混结构住宅楼主体工程，由砌砖墙、现浇梁板、吊装预制板 3 个施工过程组成，它们的流水节拍均为 3d。设现浇梁板后要养护 2d 才能吊装预制楼板，吊装完楼板后要嵌缝、找平弹线 1d，试确定每层施工段数 m 及流水工期 T，并绘制流水进度图。

【解】 (1) 确定施工段数　当工程既属于层间施工，又有技术间歇及层间间歇时，其每个施工层施工段数可按下式来计算。

$$m \geqslant n+\frac{\sum Z_i}{K}+\frac{Z_3}{K} \tag{3-7}$$

式中　$\sum Z_i$——施工层中各施工过程间技术、组织间歇之和；

Z_3——楼层间的技术、组织间歇时间。

则取

$$m=3+\frac{2}{3}+\frac{1}{3}=4(\text{段})$$

(2) 计算工期

$$T=(jm+n-1)t+\sum Z_i=(4\times 4+3-1)\times 3+2=56(\text{d})$$

(3) 绘制流水施工进度计划（表 3-11）

表 3-11　层间有间歇等节拍不等步距流水施工进度计划

序号	施工过程	施工进度/d																		
		3	6	9	12	15	18	21	24	27	30	33	36	39	42	45	48	51	54	57
1	砌砖墙			Ⅰ				Ⅱ				Ⅲ				Ⅳ				
2	现浇梁板				Ⅰ				Ⅱ				Ⅲ				Ⅳ			
3	吊装预制板			Z_1	Z_i		Ⅰ				Ⅱ				Ⅲ				Ⅳ	

$(n-1)t+\Sigma Z_1$　　$T_n=jmt$

$T=(jm+n-1)t+\Sigma Z_1$

注：Ⅰ、Ⅱ、Ⅲ、Ⅳ表示施工层。

二、异节奏流水施工

在组织流水施工时常常遇到这样的问题：如果某施工过程要求尽快完成，或某施工过程的工程量过少，这种情况下，这一施工过程的流水节拍就小；如果某施工过程由于工作面受限制，不能投入较多的人力或机械，这一施工过程的流水节拍就大。这就出现了各施工过程的流水节拍不能相等的情况，这时可组织异节奏流水施工。当各施工过程在同一施工段上的流水节拍彼此不等而存在最大公约数时，为加快流水施工速度，可按最大公约数的倍数确定每个施工过程的专业工作队，这样便构成了一个工期最短的成倍节拍流水施工方案。

1. 成倍节拍流水施工的特点

① 同一施工过程在各施工段上的流水节拍彼此相等，不同的施工过程在同一施工段上

的流水节拍彼此不同，但互为倍数关系。

② 流水步距彼此相等，且等于流水节拍的最大公约数。

③ 各专业工作队都能够保证连续施工，施工段没有空闲。

④ 专业工作队数大于施工过程数，即 $n'>n$。

2. 流水步距的确定

$$K_{i,i+1}=K_b$$

式中　K_b——成倍节拍流水步距，取节拍数的最大公约数。

3. 每个施工过程的施工队组的确定

$$b_i=\frac{t_i}{K_b},\ n'=\sum b_i \tag{3-8}$$

式中　b_i——某施工过程所需施工队组数；

n'——专业施工队组总数目。

4. 施工段的划分

① 不分施工层时，可按划分施工段的原则确定施工段数，一般取 $m=n'$。

② 分施工层时，每层的最少施工段数可按式（3-9）确定

$$m=n'+\frac{\sum Z_1+\sum Z_2+\sum Z_3-\sum C}{K_b} \tag{3-9}$$

5. 流水施工工期

无层间关系时，有

$$T=(m+n'-1)K_b+\sum(Z_1+Z_2-C) \tag{3-10}$$

有层间关系时，有

$$T=(mj+n'-1)K_b+\sum(Z_1+Z_2-C) \tag{3-11}$$

式中　j——施工层数。

【例 3-5】 已知某分部工程有三个施工过程，各施工过程的流水节拍分别为：$t_1=6\text{d}$，$t_2=4\text{d}$，$t_3=2\text{d}$，试组织成倍节拍流水施工。

【解】（1）确定流水步距　取为流水节拍的最大公约数 2d。

（2）求专业工作队数

$$b_1=\frac{t_1}{K_0}=\frac{6}{2}=3(\text{队})$$

$$b_2=\frac{t_2}{K_0}=\frac{4}{2}=2(\text{队})$$

$$b_3=\frac{t_3}{K_0}=\frac{1}{1}=1(\text{队})$$

$$n'=\sum_{i=1}^{3}b_i=3+2+1=6(\text{队})$$

（3）确定每层的施工段数　$m=n'=6$(段)。

（4）施工工期

$$T=(mj+n'-1)K_b+\sum(Z_1+Z_2-C)=(6+6-1)\times2+0-0=22(\text{d})$$

（5）绘制该分部工程的施工进度计划（表 3-12）

表 3-12 成倍节拍流水施工进度计划

施工过程	专业队	施工进度/d																					
		1	2	3	4	5	6	7	8	9	10	11	12	13	14	15	16	17	18	19	20	21	22
Ⅰ	甲			①						②													
	乙					③						④											
	丙							⑤						⑥									
Ⅱ	甲									①			③				⑤						
	乙										②				④				⑥				
Ⅲ	丙											①		②		③		④		⑤		⑥	

$(n-1)K_b$　　mt

$T=22$

【例 3-6】 某两层现浇钢筋混凝土工程，施工过程分为安装模板、绑扎钢筋和浇筑混凝土，其流水节拍分别为：$t_{模}=2\text{d}$，$t_{钢筋}=2\text{d}$，$t_{混凝土}=1\text{d}$。当安装模板工作队转移到第二层第一段施工时，需待第一层第一段的混凝土养护 1d 后才能进行。试组织成倍节拍流水施工，并绘制流水施工进度。

【解】 （1）确定流水步距 K_b 取为流水节拍的最大公约数 1d。

（2）确定每个施工过程的工作队数

$$b_{模}=\frac{t_{模}}{K_b}=\frac{2}{1}=2(\text{队})$$

$$b_{钢筋}=\frac{t_{钢筋}}{K_b}=\frac{2}{1}=2(\text{队})$$

$$b_{混凝土}=\frac{t_{混凝土}}{K_b}=\frac{1}{1}=1(\text{队})$$

$$n'=\sum_{i=1}^{3}b_i=2+2+1=5(\text{队})$$

（3）确定每层的施工段数

$$m=n'+\frac{\sum Z_1+\sum Z_2+\sum Z_3-\sum C}{K_b}=5+\frac{0+0+1}{1}=6(\text{段})$$

（4）施工工期

$$T=(mj+n'-1)K_b+\sum(Z_1+Z_2-C)=(6\times2+5-1)\times1+0-0=16(\text{d})$$

（5）绘制该分部工程的施工进度计划（表 3-13）

表 3-13 层间有间歇的成倍节拍流水施工进度计划

施工过程	专业队	施工进度/d															
		1	2	3	4	5	6	7	8	9	10	11	12	13	14	15	16
安装模板	甲																
	乙																
绑扎钢筋	甲																
	乙																
浇筑混凝土	甲																

$(n-1)K_b$　　mjt

$T=16$

注：—— ═══ 表示施工层。

三、无节奏流水施工

无节奏流水施工又称分别流水施工，是指同一施工过程在各施工段上的流水节拍不全相等，不同的施工过程之间流水节拍也不相等的一种流水施工方式。这种组织施工的方式，在进度安排上比较自由、灵活，是实际工程组织施工最普遍、最常用的一种方法。

1. 无节奏流水施工的特点

① 同一施工过程在各施工段上的流水节拍有一个以上不相等。

② 各施工过程在同一施工段上的流水节拍也不尽相等。

③ 保证各专业队（组）连续施工，施工段上可以有空闲。

④ 施工队组数 n' 等于施工过程数 n。

2. 流水步距的计算

组织无节奏流水施工时，为保证各施工专业队（组）连续施工，关键在于确定适当的流水步距，常用的方法是“累加数列、错位相减、取大差值”。就是将每一施工过程在各施工段上的流水节拍累加成一个数列，两个相邻施工过程的累加数列错一位相减，在几个差值中取一个最大的，即是这两个相邻施工过程的流水步距，这种方法称为最大差法。由于这种方法是由潘特考夫斯基首先提出的，故又称为潘特考夫斯基法。这种方法简捷、准确，便于掌握。

3. 流水工期的计算

无节奏流水施工的工期可按下式计算。

$$T=\sum K_{i,i+1}+T_n+\sum Z_1+\sum Z_2-\sum C \tag{3-12}$$

式中　$\sum K_{i,i+1}$——流水步距之和。

【例 3-7】 某工程项目，有Ⅰ、Ⅱ、Ⅲ、Ⅳ、Ⅴ五个施工过程，分四段施工，每个施工过程在各个施工段上的流水节拍如表 3-14 所示，规定施工过程Ⅱ完成后，其相应施工段至少要养护 2d；施工过程Ⅳ完成后，其相应施工段要留有 1d 的准备时间，为了尽早完工，允许施工过程Ⅰ和施工过程Ⅱ之间搭接施工 1d，试组织流水施工。

表 3-14　各施工过程在各施工段上的流水节拍

施工过程	施工段			
	①	②	③	④
Ⅰ	3	2	2	1
Ⅱ	1	3	5	3
Ⅲ	2	1	3	5
Ⅳ	4	2	3	3
Ⅴ	3	4	2	1

【解】 根据所给资料知：各施工过程在不同的施工段上流水节拍不相等，故可组织无节奏流水施工。

（1）计算流水步距

$$K_{\mathrm{I},\mathrm{II}}$$

$$\begin{array}{rrrrrr} & 3 & 5 & 7 & 8 & \\ \rightarrow & & 1 & 4 & 9 & 12 \\ \hline & 3 & 4 & 3 & -1 & -12 \end{array}$$

$$K_{\mathrm{I},\mathrm{II}}=\max\{3,4,3,-1,-12\}=4(\mathrm{d})$$

$$K_{\mathrm{II},\mathrm{III}}$$

$$\begin{array}{rrrrrr} & 1 & 4 & 9 & 12 & \\ \rightarrow & & 2 & 3 & 6 & 11 \\ \hline & 1 & 2 & 6 & 6 & -11 \end{array}$$

$$K_{\mathrm{II},\mathrm{III}}=\max\{1,2,6,6,-11\}=6(\mathrm{d})$$

$$K_{\mathrm{III},\mathrm{IV}}$$

$$\begin{array}{rrrrrr} & 2 & 3 & 6 & 11 & \\ \rightarrow & & 4 & 6 & 9 & 12 \\ \hline & 2 & -1 & 0 & 2 & -12 \end{array}$$

$$K_{\mathrm{III},\mathrm{IV}}=\max\{2,-1,0,2,-12\}=2(\mathrm{d})$$

$$K_{\mathrm{IV},\mathrm{V}}$$

$$\begin{array}{rrrrrr} & 4 & 6 & 9 & 12 & \\ \rightarrow & & 3 & 7 & 9 & 10 \\ \hline & 4 & 3 & 2 & 3 & -10 \end{array}$$

$$K_{\mathrm{IV},\mathrm{V}}=\max\{4,3,2,3,-10\}=4(\mathrm{d})$$

（2）计算施工工期

$$\sum Z_1=2+1=3(\mathrm{d}),\ \sum C=1(\mathrm{d})$$

代入工期计算公式得

$$T=\sum K_{i,i+1}+T_n+\sum Z_1-\sum C$$
$$=(4+6+2+4)+(3+4+2+1)+3-1=28(\mathrm{d})$$

（3）绘制流水施工进度计划（表 3-15）

表 3-15　流水施工进度计划

施工过程	施工进度/d																											
	1	2	3	4	5	6	7	8	9	10	11	12	13	14	15	16	17	18	19	20	21	22	23	24	25	26	27	28
Ⅰ		①		②		③		④																				
Ⅱ		$K_{\mathrm{I},\mathrm{II}}-C$		①		②				③				④														
Ⅲ						$K_{\mathrm{II},\mathrm{III}}-Z_{\mathrm{II},\mathrm{III}}$						①		②		③				④								
Ⅳ												$K_{\mathrm{III},\mathrm{IV}}$				①			②		③			④				
Ⅴ																$K_{\mathrm{IV},\mathrm{V}}+Z_{\mathrm{IV},\mathrm{V}}$				①			②			③		④

$\Sigma K_{i,i+1}+\Sigma Z-\Sigma C$　　$T_n=\Sigma T_n$

$T=28$

四、流水施工实例

在编制工程的施工进度计划时，应该根据工程的具体情况以及施工对象的特点，选择适当的流水施工组织方式组织施工，以保证施工的节奏性、均衡性和连续性。

由于建筑施工由许多施工过程所组成，在安排它们的流水施工时，通常的做法是将施工工艺上互相联系的施工过程组成不同的专业组合（如基础工程、主体工程及装饰工程等），然后按照各个专业组合的施工过程的流水节拍特征（节奏性），分别组织成独立的流水组进行分别流水。在每个流水组内，若分部工程的施工数目不多于3～5个，则可以通过调整班组个数使得各施工过程的流水节拍相等，从而采用全等节拍流水施工方式，这是一种最理想、最合理的流水方式。

这种方式要保证几个主导施工过程的连续性，对其他非主导施工过程，只力求使其在施工段上尽可能各自保持连续施工，最后将这些流水组按照工艺要求和施工顺序依次搭接起来，即成为一个工程对象的工程流水或一个建筑群的流水施工。

【例3-8】 某4层教学办公楼，建筑面积为1240m^2，为钢筋混凝土条形基础，主体工程为全现浇框架结构，装修工程为塑窗、镶板门；外墙用白色外墙贴面，内墙为中级抹灰，普通涂料刷白；楼地面为水磨石，屋面用聚氯乙烯泡沫塑料做保温层，水泥砂浆找平，并铺一毡二油防水层，其劳动量见表3-16。

表3-16　某4层框架结构办公楼劳动量一览表

序号	分项工程名称	劳动量/工日
1	基础工程	
	基坑挖土	100
	浇筑混凝土垫层	20
	绑扎基础钢筋	30
	搭设基础模板	34
	浇筑基础混凝土	40
	回填土	16
2	主体工程	
	搭设脚手架	96
	立柱筋	48
	安装柱、梁、板模板（含梯）	360
	浇捣柱混凝土	80
	绑扎梁、板钢筋（含梯）	160
	浇捣梁、板混凝土（含梯）	240
	拆模	120
	砌砌块墙	240
3	屋面工程	
	保温隔热层	28
	屋面找平层	21
	屋面防水层	24

续表

序号	分项工程名称	劳动量/工日
4	装饰工程	
	天棚墙面抹灰	320
	外墙面砖	180
	楼地面及楼梯水磨石	120
	塑钢窗安装	76
	镶板门安装	26
	内墙涂料	24
	油漆	21

由于本工程各分部的劳动量差异较大，因此先分别组织各分部工程的流水施工，然后考虑各分部之间的相互搭接施工。具体组织方法如下。

1. 基础工程

基础工程包括基坑挖土、浇筑混凝土垫层、绑扎基础钢筋、搭设基础模板、浇筑基础混凝土、回填土等施工过程。基础垫层的劳动量较小，可与挖土合并为一个施工过程。基础的绑筋与模板的搭设可合并为一个施工过程来考虑。这样，基础工程的 6 个施工过程合并为 4 个施工过程，即 $n=4$。由于占地 300m^2 左右，把基础工程在平面上划分为 2 个施工段来组织全等节拍流水施工（$m=2$），各参数计算如下。

基坑挖土和垫层的劳动量之和为 120 工日，施工班组人数为 30 人，采用一班制施工，垫层需要养护 1d，其流水节拍为

$$t_{挖,垫}=\frac{120}{30\times2}=2(\text{d})$$

基础绑扎钢筋和基础模板的搭设劳动量之和为 64 工日，施工班组人数为 16 人，采用一班制，其流水节拍为

$$t_{扎筋}=\frac{64}{16\times2}=2(\text{d})$$

基础混凝土劳动量为 40 工日，施工班组人数为 10 人，采用一班制，其流水节拍为

$$t_{混凝土}=\frac{40}{10\times2}=2(\text{d})$$

基础回填土劳动量为 16 工日，施工班组人数为 4 人，采用一班制，基础混凝土完成后间歇 1d 回填，其流水节拍为

$$t_{回填}=\frac{16}{4\times2}=2(\text{d})$$

基础工程的工期为

$$T=m+(n-1)t+\sum Z\sum C=2+4-1=5(\text{d})$$

2. 主体工程

主体工程包括立柱钢筋，安装柱、梁、板、楼梯模板，浇捣柱混凝土，绑扎梁、板、楼梯钢筋，浇捣梁、板、楼梯混凝土，搭设脚手架，拆模，砌砌块墙等施工过程。本工程平面上划分为 2 个施工段（$m=2$），主体工程由于有层间关系，要保证施工过程连续，必须使

$m \geqslant n$，否则，施工班组会出现窝工现象。本工程主导施工过程是柱、梁、板模板的安装，要组织主体工程流水施工，就要保证主导施工过程的连续作业，其余施工过程的施工班组与其他的工地统一考虑调度安排。

主体工程施工过程数目较多，又有层间关系，因此组织无节奏流水施工。各参数计算如下。

立柱钢筋的劳动量为 48 工日，施工班组人数为 6 人，施工段数为 $m=4\times2$，采用一班制，其流水节拍如下。

$$t_{柱筋}=\frac{48}{2\times4\times2}=3(\mathrm{d})$$

安装柱、梁、板模板（含楼梯模板）的劳动量为 360 工日，施工班组人数为 15 人，施工段数为 $m=4\times2$，采用一班制，其流水节拍计算如下。

$$t_{安模}=\frac{360}{15\times4\times2}=3(\mathrm{d})$$

浇捣柱混凝土的劳动量为 80 工日，施工班组人数为 10 人，施工段数为 $m=4\times2$，采用一班制，其流水节拍计算如下。

$$t_{柱混凝土}=\frac{80}{10\times4\times2}=1(\mathrm{d})$$

绑扎梁、板钢筋（含楼梯钢筋）的劳动量为 160 工日，施工班组人数为 5 人，施工段数为 $m=4\times2$，采用两班制，其流水节拍计算如下。

$$t_{梁、板、梯筋}=\frac{80}{10\times4\times2}=1(\mathrm{d})$$

浇捣梁、板混凝土（含楼梯混凝土）的劳动量为 240 工日，施工班组人数为 15 人，施工段数为 $m=4\times2$，采用两班制，其流水节拍计算如下。

$$t_{梁、板混凝土}=\frac{240}{15\times4\times2\times2}=1(\mathrm{d})$$

梁、板、柱的拆模计划在梁、板混凝土浇捣 12d 后进行，劳动量为 120 工日，施工班组人数为 15 人，施工段数为 $m=4\times2$，采用一班制，其流水节拍计算如下。

$$t_{拆模}=\frac{120}{15\times4\times2\times1}=1(\mathrm{d})$$

砌块墙的劳动量为 240 工日，施工班组人数为 10 人，施工段数为 $m=4\times2$，采用一班制，其流水节拍计算如下。

$$t_{砌块墙}=\frac{240}{10\times4\times2}=3(\mathrm{d})$$

3. 屋面工程

屋面工程包括屋面保温隔热层、屋面找平层和屋面防水层 3 个施工过程，考虑屋面防水要求高，所以不分段施工，即采用依次施工的方式。

屋面保温隔热层劳动量为 28 个工日，施工班组人数为 4 人，采用一班制，其施工持续时间为

$$t_{保温}=\frac{28}{4}=7(d)$$

屋面找平层劳动量为 21 个工日，施工班组人数为 7 人，采用一班制，其施工持续时间为

$$t_{找平}=\frac{21}{7}=3(d)$$

屋面找平层完成后，经过 4d 的养护和干燥时间，方可进行屋面防水层的施工，防水层的劳动量为 24 个工日，施工班组人数为 6 人，采用一班制，其施工持续时间为

$$t_{防水}=\frac{24}{6}=4(d)$$

4. 装饰工程

装饰工程包括天棚墙面抹灰、外墙面砖、楼地面及楼梯水磨石、塑钢窗安装、镶板门安装、内墙涂料、油漆等施工过程。参与流水的施工过程为 $n=7$。

装修工程采用自上而下的装修顺序，把每层房屋视为一个施工段，共 4 个施工段（$m=4$），组织无节奏流水施工如下。

天棚墙面抹灰劳动量为 320 工日，施工班组人数为 8 人，两班制施工，则其流水节拍为

$$t_{抹灰}=\frac{320}{4\times8\times2}=5(d)$$

外墙面砖劳动量为 180 工日，施工班组人数为 15 人，一班制施工，则其流水节拍为

$$t_{外墙}=\frac{180}{4\times15\times1}=3(d)$$

楼地面及楼梯水磨石劳动量为 120 工日，施工班组人数为 10 人，一班制施工，则其流水节拍为

$$t_{楼地面}=\frac{120}{4\times10\times1}=3(d)$$

塑钢窗安装 76 个工日，施工班组人数为 5 人，一班制施工，则其流水节拍为

$$t_{塑钢窗}=\frac{76}{4\times5\times1}=3.8\approx4(d)$$

其余镶板门、内墙涂料、油漆均安排一班施工，流水节拍均取 2d。

装饰流水工期计算如下。

$$K_{抹灰,外墙}=4\times5-(4-1)\times3=11(d)$$

$$K_{外墙,地面}=3(d)$$

$$K_{地面,窗}=3(d)$$

$$K_{窗,门}=4\times4-(4-1)\times2=10(d)$$

$$K_{门,涂料}=2(d)$$

$$K_{涂料,油漆}=2(d)$$

$$T_{装饰}=\sum K_{i,i+1}+mt_n=(11+3+3+10+2+2)+4\times2=39(d)$$

某 4 层框架结构办公楼流水施工进度计划见表 3-17。

表 3-17　某 4 层框架结构办公楼流水施工进度计划

序号	分部分项名称	劳动量/工日	人数	日制	天数	施工进度（5 10 15 20 25 30 35 40 45 50 55 60 65 70 75 80 85 90 95 100 105 110）
	基础工程					
1	基坑挖土（含垫层）	120	30	1	4	
2	基础扎筋（含模）	64	16	1	4	
3	基础混凝土	40	10	1	4	
4	基础回填土	16	4	1	4	
	主体工程					
5	脚手架	96				
6	柱筋	48	6	1	8	
7	柱梁板模板（含梯）	360	15	1	24	
8	浇柱混凝土	80	10	1	8	
9	梁板筋（含梯）	160	5	2	16	
10	梁板混凝土（含梯）	240	15	2	8	
11	拆模	120	15	1	8	
12	砌砌块墙	240	10	1	24	
	屋面工程					
13	屋面保温隔热层	28	4	1	7	
14	屋面找平层	21	7	1	3	
15	屋面防水层	24	6	1	4	
	装饰工程					
16	天棚及墙面抹灰	320	8	2	20	
17	外墙面砖	180	15	1	12	
18	楼地面及楼梯水磨石	120	10	1	12	
19	塑钢窗安装	76	5	1	16	
20	镶板门安装	26	13	1	2	
21	内墙涂料	24	12	1	2	
22	油漆	21	10	1	2	
23	水电					
24	室外工程					

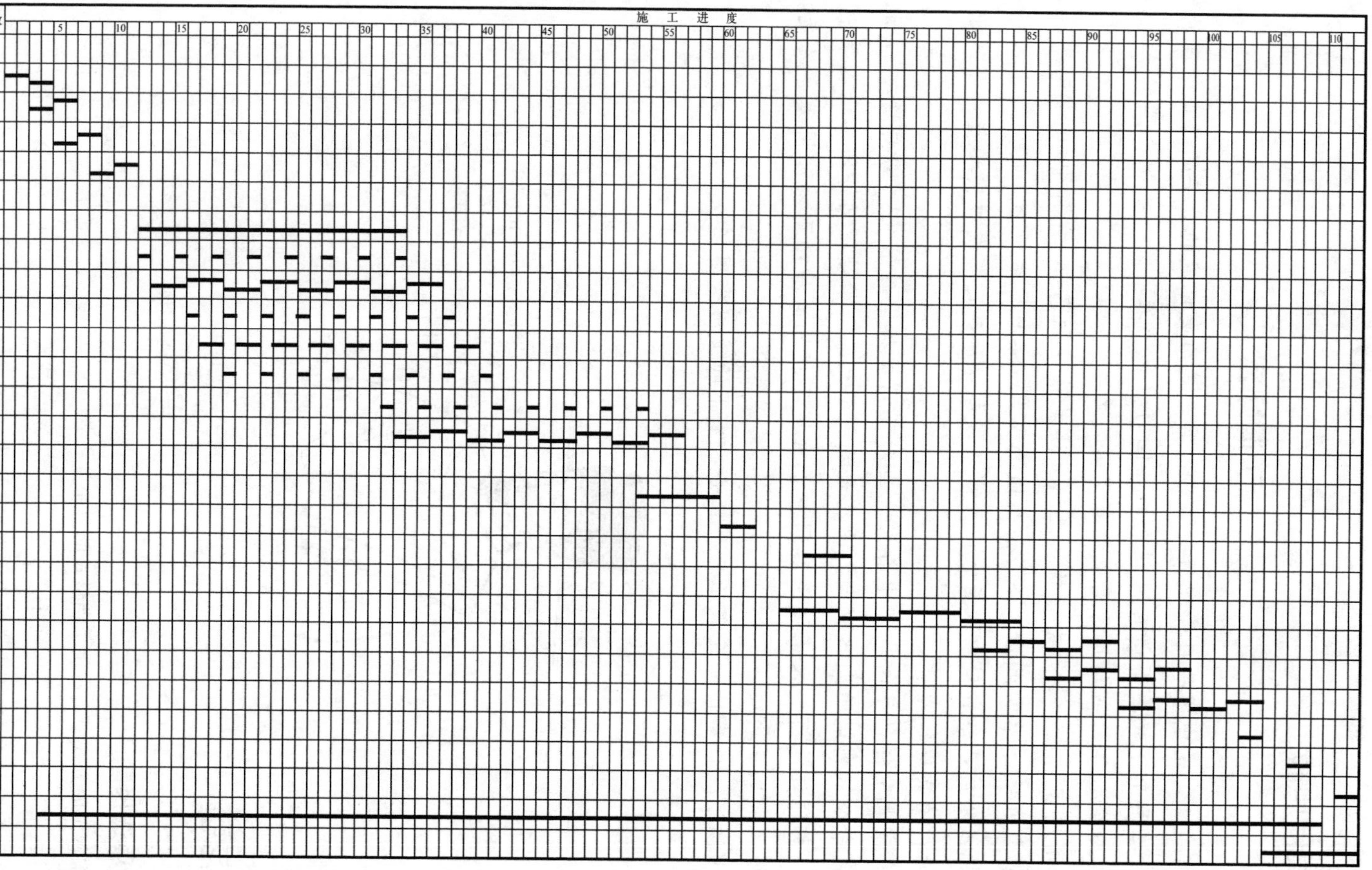

课程思政

丁谓建宫

丁谓建宫，是中国项目管理历史上的经典，是历史记载的最早的项目管理的案例。

会计这两个字就是丁谓首次创立的，他的《会计录》第一次把全国的土地人口做了丈量，大部分会计学的书翻开首篇中都有丁谓的名字。

“丁谓建宫”是一个历史典故，见《梦溪笔谈·权智》：祥符中（1015 年）禁火，时丁晋公主营复宫室，患取土远。公乃令凿通衢取土，不日皆成巨堑。乃决汴水入堑中，诸道木排筏及船运杂材，尽自堑中入至宫门。事毕，却以斥弃瓦砾灰壤实于堑中，复为街衢。一举而三役济，省费以亿万计。

宋真宗大中祥符年间，宫中着火。当时丁谓主持重建宫室（需要烧砖），担心取土远。丁谓于是命令从畅通的大路取土，没几天就成了大渠。于是挖通汴河水进入渠中，各地水运的资材，都通过汴河和大渠运至宫门口。重建工作完成后，丁谓却用废弃的瓦砾回填入渠中，水渠又变成了街道。

丁谓做了一件事情而完成了三个任务，省下的费用要用亿万来计算。

丁谓(公元966～1037年)，字谓之，后更字公言，苏州长洲人（今江苏省苏州市）。

习题

一、单项选择题

1. 在组织施工的方式中，占用工期最长的组织方式是（　　）施工。

A. 依次　　B. 平行　　C. 流水　　D. 搭接

2. 流水施工组织方式是施工中常采用的方式，因为（　　）。

A. 它的工期最短　　B. 现场组织、管理简单

C. 能够实现专业工作队连续施工　　D. 单位时间投入劳动力、资源量最少

3. 建设工程组织流水施工时，其特点之一是（　　）。

A. 由一个专业队在各施工段上依次施工

B. 同一时间段只能有一个专业队投入流水施工

C. 各专业队按施工顺序应连续、均衡地组织施工

D. 施工现场的组织管理简单，工期最短

4. 在使工人人数达到饱和的条件下，下列（ ）说法是错误的。

A. 施工段数越多，工期越长

B. 施工段数越多，所需工人越少

C. 施工段数越多，越有可能保证施工队连续施工

D. 施工段数越多，越有可能保证施工面不空闲

5. 建设工程组织流水施工时，用来表达流水施工在空间布置方面的状态参数是（ ）。

A. 施工过程　B. 流水节拍　C. 流水强度　D. 施工段

6. 下面所表示流水施工参数正确的一组是（ ）

A. 施工过程数、施工段数、流水节拍、流水步距

B. 施工队数、流水步距、流水节拍、施工段数

C. 搭接时间、工作面、流水节拍、施工工期

D. 搭接时间、间歇时间、施工队数、流水节拍

7. 某二层现浇钢筋混凝土建筑结构的施工，其主体工程由支模板、绑钢筋和浇筑混凝土 3 个施工过程组成，每个施工过程在施工段上的延续时间均为 5d，划分为 3 个施工段，则总工期为（ ）d。

A. 35　B. 40　C. 45　D. 50

8. 所谓等节奏流水施工过程．即指施工过程（ ）。

A. 在各施工段上的持续时间都相等　B. 之间的流水工期相等

C. 之间的流水步距相等　D. 连续、均衡施工

9. 已知某工程有三个施工过程，三个施工段，流水节拍为 2d，组织全等节拍流水，其工期为（ ）d。

A. 10　B. 12　C. 14　D. 16

10. 某工程划分 4 个施工过程，在 5 个施工段上组织固定节拍流水施工，流水节拍为 3d，要求第三道工序与第四道工序间技术间歇 2d，该工程的流水施工工期为（ ）d。

A. 25　B. 26　C. 39　D. 29

二、多项选择题

1. 等节奏流水施工的特点是（ ）。

A. 同一施工过程在各施工段上的流水节拍都相等

B. 不同施工过程之间的流水节拍互为倍数

C. 流水步距彼此相等

D. 专业工作队数目等于施工过程数目

2. 有间歇时间的等节拍专业流水指施工过程之间存在（ ）的等节拍专业流水。

A. 技术间歇时间　B. 无间歇时间　C. 组织间歇时间　D. 施工组织时间

3. 建设工程组织依次施工时，其特点包括（ ）。

A. 没有充分地利用工作面进行施工，工期长

B. 如果按专业成立工作队，则各专业队不能连续作业

C. 施工现场的组织管理工作比较复杂

D. 单位时间内投入的资源量较少，有利于资源供应的组织

4. 组织依次施工时，如果按专业成立专业队，则其特点（ ）。

A. 各专业队不能在各段连续施工

B. 没有充分利用工作面

C. 施工现场组织管理复杂

D. 消耗的资源多

5. 建设工程组织流水施工时，用来表达流水施工在空间布置上开展状态的参数有（　　）。

A. 流水能力　　B. 工作面　　C. 施工段　　D. 专业工作队数

6. 施工段用于表达流水施工的空间参数。为了合理地划分施工段，应遵循的原则包括（　　）。

A. 施工段的界限与结构界限无关，但应使同一专业工作队在各个施工段的劳动量大致相等

B. 每个施工段内要有足够的工作面，以保证相应数量的工人、主导施工机械的生产效率，满足合理劳动组织的要求

C. 施工段的界限应设在对建筑结构整体性影响小的部位，以保证建筑结构的整体性

D. 每个施工段都要有足够的工作面，以满足同一施工段内组织多个专业工作队同时施工的要求

三、案例分析题

1. 一栋二层建筑的抹灰及楼地面工程，划分为顶板及墙面抹灰、楼地面石材铺设 2 个施工过程，考虑抹灰有 3 层做法，每层抹灰工作的持续时间为 32d，铺设石材定为 16d，该建筑在平面上划分为 4 个流水段组织施工。

问题：(1) 什么是异节奏流水施工？其流水参数有哪些？

(2) 简述组织流水施工的主要过程。

(3) 什么是工作持续时间？什么是流水节拍？如果资源供应能够满足要求，请按成倍节拍流水施工方式组织施工，确定其施工工期。

2. 某大学城工程，包括结构形式与建设规模一致的四栋单体建筑。每栋建筑面积为 $21000m^2$，地下 2 层，地上 18 层，层高 4.2m，钢筋混凝土框架-剪力墙结构。A 施工单位与建设单位签订了施工总承包合同，合同约定：除主体结构外的其他分部分项工程施工，总承包单位可以自行依法分包，建设单位负责供应油漆等部分材料。

合同履行过程中，发生了下列事件。

事件一：A 施工单位拟对四栋单体建筑的某分项工程组织流水施工，其流水施工参数见下表。

施工过程	流水节拍/周			
	单体建筑一	单体建筑二	单体建筑三	单体建筑四
Ⅰ	2	2	2	2
Ⅱ	2	2	2	2
Ⅲ	2	2	2	2

其中：施工顺序为Ⅰ→Ⅱ→Ⅲ；施工过程Ⅱ与施工过程Ⅲ之间存在工艺间隔，时间 1 周。

事件二：由于工期较紧，A 施工单位将其中两栋单体建筑的室内精装修和幕墙工程分包给具备相应资质的 B 施工单位。B 施工单位经 A 施工单位同意后，将其承包范围内的幕墙工程分包给具备相应资质的 C 施工单位组织施工，油漆作业分包给具备相应资质的 D 施工单位组织施工。

事件三：油漆作业完成后，发现油漆成膜存在质量问题。经鉴定，原因是油漆材质不合格。B 施工单位就由此造成的返工损失向 A 施工单位提出索赔，A 施工单位以油漆属建设单位供应为由，认为 B 施工单位应直接向建设单位提出索赔。

B 施工单位直接向建设单位提出索赔，建设单位认为油漆在进场时已由 A 施工单位进行了质量验证并办理接收手续，其对油漆材料的质量责任已经完成，因油漆不合格而返工的损失应由 A 施工单位承担，建设单位拒绝受理该索赔。

问题：(1) 事件一中，最适宜采用何种流水施工组织形式？除此之外，流水施工通常还有哪些基本组织形式？

(2) 计算其流水施工工期。

(3) 分别判断事件二中A施工单位、B施工单位、C施工单位、D施工单位之间的分包行为是否合法，并逐一说明理由。

(4) 分别指出事件三中的错误之处，并说明理由。

模块四 网络计划技术

思想及素质目标：

1. 培养学生严谨认真的态度
2. 培养学生统筹兼顾意识、创新思维，能抓关键、抓重点

知识目标：

1. 了解网络计划的基本原理及分类
2. 熟悉双代号网络计划的构成和工作之间常见的逻辑关系
3. 掌握双代号网络计划的绘制
4. 掌握双代号网络计划中的工作计算法、标号法和时标网络图
5. 熟悉双代号网络计划的节点计算法
6. 掌握单代号网络计划时间参数的计算
7. 了解网络计划与流水进度计划本质的异同

技能目标：

1. 能够在进度计划中合理编制网络计划
2. 能够选择合适的流水施工方式

任务一　网络计划基本原理

一、网络计划的基本原理

网络计划，即网络计划技术（或称统筹法），它的基本原理，首先是把所要做的工作、哪项工作先做、哪项工作后做、各占用多少时间以及各项工作之间的相互关系等运用网络计划

的形式表达出来；其次是通过简单的计算，找出哪些工作是关键的，哪些工作不是关键的，并在原来计划方案的基础上进行计划的优化；最后是组织计划的实施，并且根据变化了的情况搜集有关资料，对计划及时进行调整、重新计算和优化，以保证计划执行过程中从始至终能够最合理地使用人力、物力，保证多、快、好、省地完成任务。

二、网络计划的特点

网络计划是以箭线和节点组成的网状图形来表达工作之间的关系、进程的一种进度计划。与横道计划相比，网络计划具有如下特点。

① 通过箭线和节点把计划中的所有工作有向、有序地组成一个网状整体，能全面而明确地反映出各项工作之间相互制约、相互依赖的关系。

② 通过对时间参数的计算，能找出决定工程进度计划工期的关键工作和关键线路，便于在工程项目管理中抓住主要矛盾，确保进度目标的实现。

③ 根据计划目标，能从许多可行方案中比较、优选出最佳方案。

④ 利用工作的机动时间，可以合理地进行资源安排和配置，达到降低成本的目的。

⑤ 能够利用电子计算机编制网络计划，并对计划的执行过程进行有效的监督与控制，实现计划管理的计算机化、科学化。

⑥ 网络计划的绘制较麻烦，表达不像横道图那么直观明了。

随着经济管理改革的发展，建设工程实行投资包干和招标承包制，在施工过程中对进度管理、工期控制和成本监督的要求也愈益严格，网络计划在这些方面将成为有效的手段。同时，网络计划可作为预付工程价款的依据。

网络计划既是一种计划方法，又是一种科学的管理方法，它可以为项目管理者提供更多信息，有利于加强对计划的控制，并对计划目标进行优化，取得更大的经济效益。

三、网络计划的几个基本概念

所谓网络计划，是指由箭线和节点组成的，用来表示工作流程的有向、有序的网状图形。

网络计划中，按节点和箭线所代表的含义不同，可分为双代号网络计划和单代号网络计划两大类。

1. 双代号网络计划

以箭线及其两端节点的编号表示工作的网络计划称为双代号网络计划。即用两个节点和一根箭线代表一项工作，工作名称写在箭线上面，工作持续时间写在箭线下面，在箭线前后的衔接处画上节点，编上号码，并以节点编号 i 和 j 代表一项工作名称，如图 4-1 所示。

2. 单代号网络计划

以节点及其编号表示工作，以箭线表示工作之间的逻辑关系的网络计划称为单代号网络计划。即每一个节点表示一项工作，节点所表示的工作名称、持续时间和工作代号等标注在节点内，如图 4-2 所示。

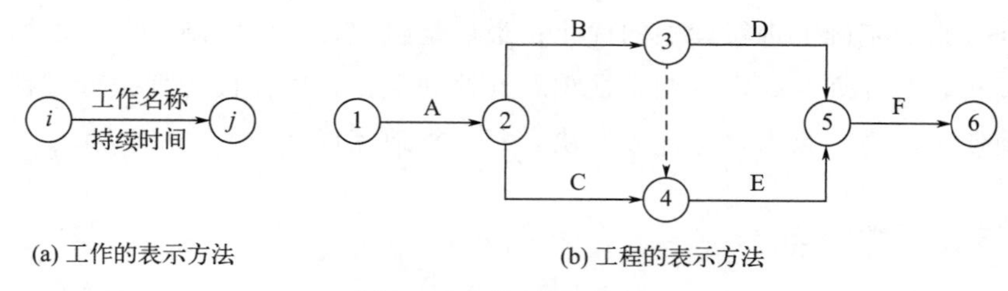

图 4-1 双代号网络计划

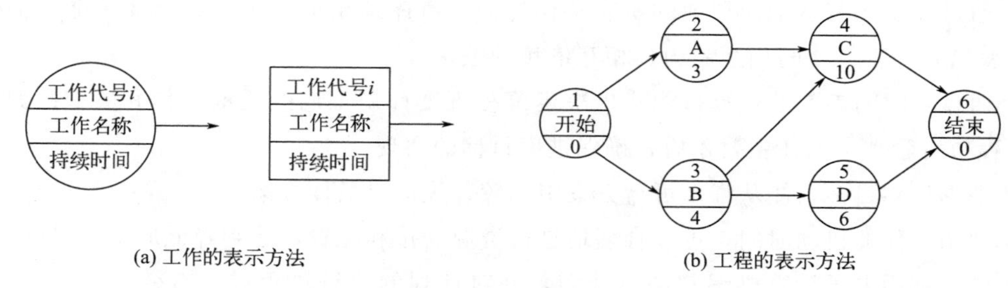

图 4-2 单代号网络计划

四、网络计划的分类

1. 按性质分类

根据工作、工作之间的逻辑关系以及工作持续时间是否确定的性质，网络计划可分为肯定型网络计划和非肯定型网络计划。

（1）肯定型网络计划 工作、工作之间的逻辑关系以及工作持续时间都肯定的网络计划称为肯定型网络计划。肯定型网络计划包括关键线路法网络计划和搭接网络计划法。

① 关键线路法网络计划：计划中所有工作都必须按既定的逻辑关系全部完成，且对每项工作只估定一个肯定的持续时间的网络计划称为关键线路法网络计划，如图 4-3 所示。

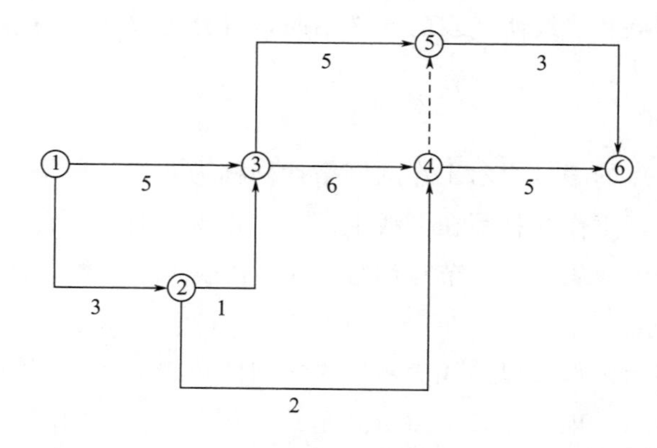

图 4-3 关键线路法网络计划

② 搭接网络计划法：网络计划中，前后工作之间可能有多种顺序关系的肯定型网络计划称为搭接网络计划法，如图 4-4 所示。

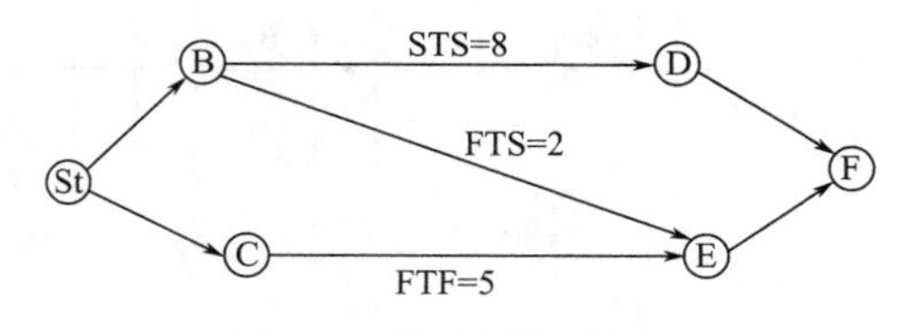

图 4-4　搭接网络计划法

（2）非肯定型网络计划　工作、工作之间的逻辑关系和工作持续时间三者中任一项或多项不肯定的网络计划称为非肯定型网络计划。非肯定型网络计划包括计划评审技术、图示评审技术、决策网络法和风险评审技术。

① 计划评审技术：计划中所有工作都必须按既定的逻辑关系全部完成，但工作的持续时间不肯定，应进行时间参数估算，并对按期完成任务的可能性做出评价的网络计划技术称为计划评审技术。

② 图示评审技术：计划中工作和工作之间的逻辑关系都具有不肯定性质，且工作持续时间也不肯定，而按随机变量进行分析的网络技术称为图示评审技术。

③ 决策网络法：计划中某些工作是否进行，要依据之前工作执行结果做决策，并估计相应的任务完成时间及其实现概率的网络技术称为决策网络法。

④ 风险评审技术：对工作、工作之间的逻辑关系和工作持续时间都不肯定的计划，可同时就费用、时间、效能三方面做综合分析，并对可能发生的风险做概率估计的网络技术称为风险评审技术。

2. 按目标分类

按计划目标的多少，网络计划可分为单目标网络计划和多目标网络计划。

（1）单目标网络计划　只有一个终点节点的网络计划称为单目标网络计划。

（2）多目标网络计划　终点节点不止一个的网络计划称为多目标网络计划。

3. 按层次分类

根据网络计划的工程对象不同和使用范围大小，网络计划可分为分级网络计划、总网络计划和局部网络计划。

（1）分级网络计划　根据不同管理层次的需要而编制的范围大小不同、详略程度不同的网络计划称为分级网络计划。

（2）总网络计划　以整个计划任务为对象编制的网络计划称为总网络计划。

（3）局部网络计划　以计划任务的某一部分为对象编制的网络计划称为局部网络计划。

4. 按表达方式分类

根据计划时间的表达不同，网络计划可分为时标网络计划和非时标网络计划。

（1）时标网络计划　以时间坐标为尺度绘制的网络计划称为时标网络计划，如图 4-5 所示。

（2）非时标网络计划　不按时间坐标绘制的网络计划称为非时标网络计划，如图 4-6 所示。

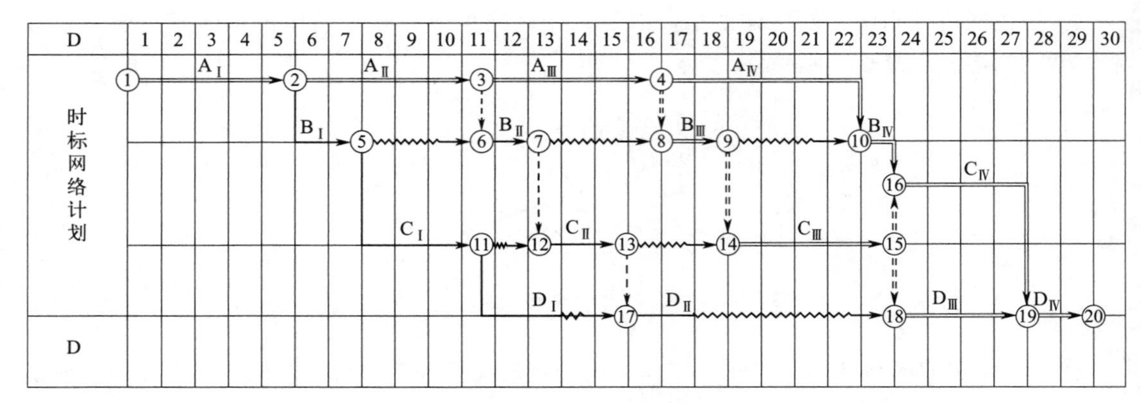

图 4-5 时标网络计划

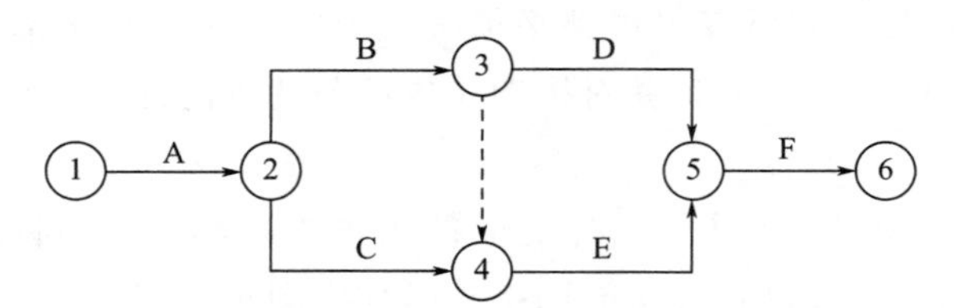

图 4-6 非时标网络计划（双代号）

五、双代号网络计划

双代号网络计划由若干表示工作的箭线和节点组成，其中每一项工作都用一根箭线和箭线两端的两个节点来表示，箭线两端节点的号码即代表该箭线所表示的工作，“双代号”的名称由此而来（比如，图 4-1 即为双代号网络计划）。双代号网络计划的基本三要素为：箭线、节点和线路。

1. 箭线

在双代号网络计划中，一条箭线与其两端的节点表示一项工作。箭线表达的内容有以下几个方面。

① 一条箭线表示一项工作或表示一个施工过程。根据网络计划的性质和作用的不同，工作既可以是一个简单的施工过程，如挖土、垫层、支模板、绑扎钢筋、浇筑混凝土等分项工程或者基础工程、主体工程、装修工程等分部工程，也可以是一项复杂的工程任务，如教学楼土建工程中的单位工程或者教学楼工程等单项工程。如何确定一项工作的大小范围取决于所绘制的网络计划的控制性或指导性作用。

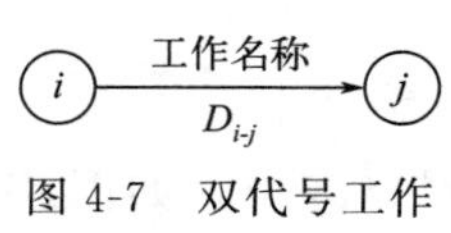

图 4-7 双代号工作表示方法

② 一条箭线表示一项工作所消耗的时间。一般而言，每项工作的完成都要消耗一定的时间和资源，如砌砖墙、绑扎钢筋、浇筑混凝土等；也存在只消耗时间而不消耗资源的工作，如混凝土养护、砂浆找平层干燥等技术间歇，有时可以作为一项工作考虑。双代号网络计划的工作名称或代号写在箭线上方，完成该工作的持续时间写在箭线的下方，如图 4-7 所示。

③ 在无时间坐标的网络计划中，箭线的长度不代表时间的长短，画图时原则上讲，箭线的形状怎么画都可以，箭线可以画成直线、折线或斜线，但不得中断。箭线尽可能以水平、据完成该项工作所需时间长短绘制。

④ 箭线的方向表示工作进行的方向，箭尾表示工作的开始，箭头表示工作的结束。

2. 节点

网络计划中箭线端部的圆圈或其他形状的封闭图形就是节点。在双代号网络计划中，它表示工作之间的逻辑关系。节点表达的内容有以下几个方面。

① 节点表示前面工作结束和后面工作开始的瞬间，所以节点不需要消耗时间和资源。

② 箭线的箭尾节点表示该工作的开始，箭线的箭头节点表示该工作的结束。

③ 根据节点在网络计划中的位置不同可以分为起点节点、终点节点和中间节点。起点节点是网络计划的第一个节点，表示一项任务的开始。终点节点是网络计划的最后一个节点，表示一项任务的完成。除起点节点和终点节点以外的节点称为中间节点，中间节点具有双重的含义，既是前面工作的箭头节点，也是后面工作的箭尾节点。如图 4-8 所示，①号节点为起点节点；⑥号节点为终点节点；②号节点表示 1-2 工作的结束，也表示 2-3 工作、2-4 工作的开始。

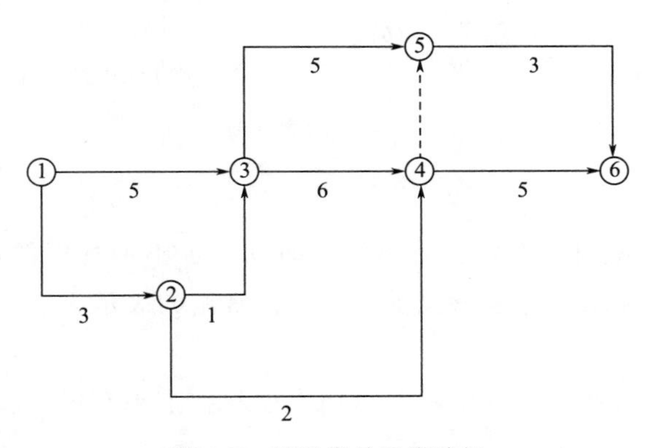

图 4-8　某双代号网络计划

3. 线路

网络计划中从起始节点开始，沿箭线方向连续通过一系列箭线和节点，最后到达终点节点的通路称为线路，如图 4-8 所示的网络计划中线路有：①→③→⑤→⑥、①→③→④→⑤→⑥、①→③→④→⑥、①→②→③→⑤→⑥、①→②→③→④→⑤→⑥、①→②→③→④→⑥、①→②→④→⑤→⑥、①→②→④→⑥八条线路。

六、网络图的几个概念

1. 逻辑关系

逻辑关系是指工作进行时客观上存在的一种相互制约或者相互依赖的关系，也就是工作之间的先后顺序关系。在表示工程施工计划的网络计划中，根据施工工艺和施工组织的要求，逻辑关系包括工艺逻辑关系和组织逻辑关系。逻辑关系应正确反映各项工作之间的相互依赖、相互制约关系，这也是网络计划与横道图的最大不同之处。各工作之间的逻辑关系是否表示正确，是网络计划能否反映实际情况的关键，也是网络计划实施的重要依据。

（1）工艺逻辑关系　工艺逻辑关系是指生产性工作之间由工艺技术决定的、非生产性工作之间由程序决定的先后顺序关系。如图 4-9(a) 所示，槽 1→垫 1→基 1→填 1；槽 2→垫 2→基 2→填 2 为工艺逻辑关系。

（2）组织逻辑关系　组织逻辑关系是指工作之间由于组织安排需要或资源调配需要而规定的先后顺序关系。如图 4-9(b) 所示，槽 1→槽 2，垫 1→垫 2；基 1→基 2；填 1→填 2 为组织逻辑关系。

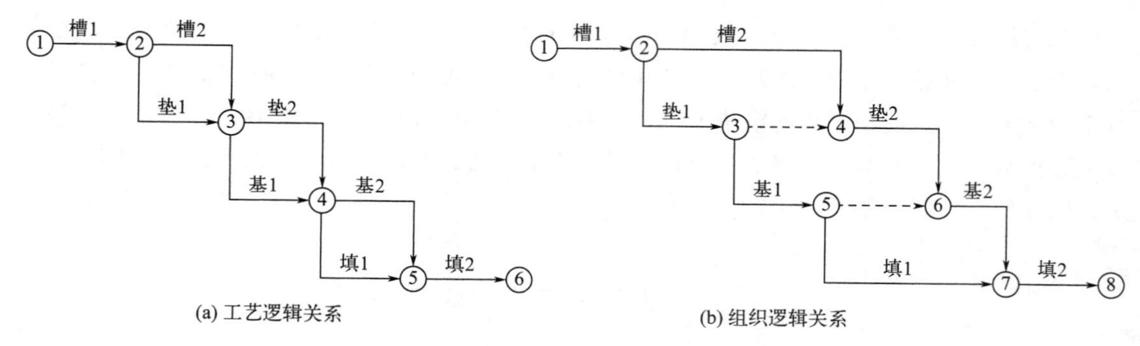

图 4-9　逻辑关系

2. 虚工作

虚工作不是一项具体的工作，它既不消耗时间，也不消耗资源，在双代号网络计划中仅表示一种逻辑关系。虚工作常用的表示方法如图 4-10 所示。

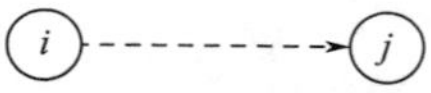

图 4-10　虚工作常用的表示方法

虚工作在双代号网络计划中有特殊的作用，如基础工程开挖，施工过程依次为挖槽、混凝土垫层、砖基、回填土 4 个施工过程，施工段数为 2。如图 4-9 所示，图 4-9(a) 是张错误的网络计划，该图表明：③号节点表示第二施工段的挖槽（槽 2）与第一施工段的墙基（基 1）有逻辑关系；同样④号节点表明第二施工段垫层（垫 2）与第一施工段的回填土（填 1）有逻辑关系。事实上，槽 2 与基 1、垫 2 与填 1 均没有逻辑关系。在此，为了正确表达这种逻辑关系，引入虚工作，形成如图 4-9(b) 示的网络计划，图 4-9(b) 正确表达了工作之间的逻辑关系。

3. 工作的先后关系与中间节点的双重性

（1）紧前工作　紧前工作是紧排在本工作（被研究的工作）之前的工作。

（2）紧后工作　紧后工作是紧排在本工作之后的工作。

（3）平行工作　与本工作同时进行的工作称为平行工作。

（4）先行工作　自起点节点至本工作之前各条线路上的所有工作称为先行工作。

（5）后续工作　本工作之后至终点节点各条线路上的所有工作称为后续工作。

（6）起始工作　没有紧前工作的工作称为起始工作。

(7) 结束工作　没有紧后工作的工作称为结束工作。

如图 4-11 所示，i-j 工作为本工作，h-i 工作为 i-j 工作的紧前工作，j-k 工作为 i-j 工作的紧后工作，i-j 工作之前的所有工作为先行工作，i-j 工作之后的所有工作为后续工作。

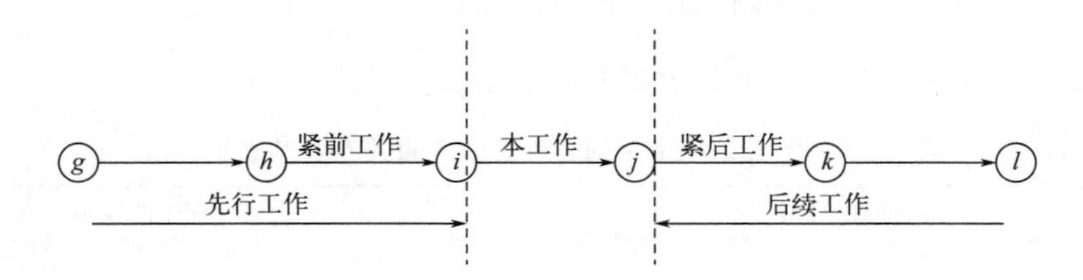

图 4-11　工作的先后关系

4. 关键线路与关键工作

(1) 关键线路和非关键线路　在关键线路法（含双代号网络计划）中，线路上总持续时间最长的线路为关键线路。如图 4-12 所示，线路①→③→④→⑥总持续时间最长，即为关键线路。关键线路是工作控制的重点线路。关键线路用双线或红线标示，关键线路的总持续时间就是网络计划的工期。在网络计划中，关键线路至少有一条，而且在计划执行过程中，关键线路还会发生转移。不是关键线路的线路为非关键线路。如图 4-12 所示，线路①→②→③→④→⑤→⑥、①→②→③→④→⑥、①→②→③→⑤→⑥、①→②→④→⑤→⑥和①→②→④→⑥均为非关键线路。

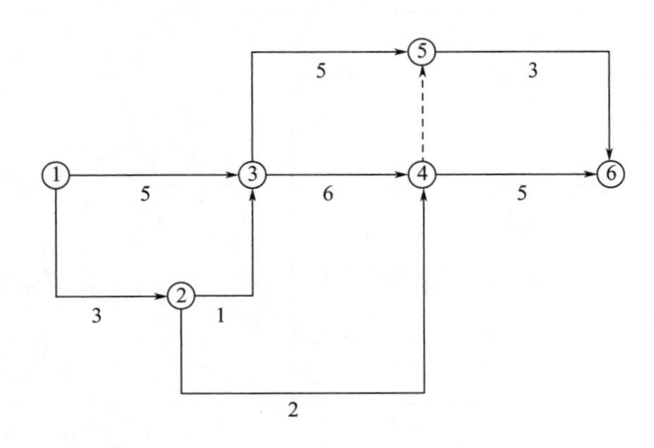

图 4-12　某网络计划

(2) 关键工作和非关键工作　关键线路上的工作称为关键工作，是施工中重点控制的对象，关键工作的实际进度拖后一定会对总工期产生影响。不是关键工作，就是非关键工作。非关键工作有一定的机动时间。关键线路上的工作一定没有非关键工作；非关键线路上至少有一个工作是非关键工作，有可能有关键工作，也可能没有关键工作。

如图 4-12 所示，①→③、③→④、④→⑥等是关键工作。①→②、②→③、③→⑤、②→④、⑤→⑥等是非关键工作。

任务二 双代号网络计划的绘制

一、网络计划中常见的各种工作逻辑关系

网络计划中常见的各种工作逻辑关系及其表示方法见表 4-1。

表 4-1 网络计划中常见的各种工作逻辑关系及其表示方法

序号	工作之间的逻辑关系	网络计划中的表示方法
1	A 完成后进行 B 和 C	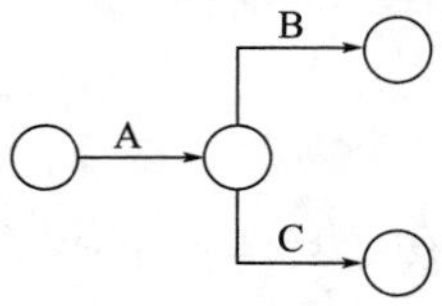
2	A、B 均完成后进行 C	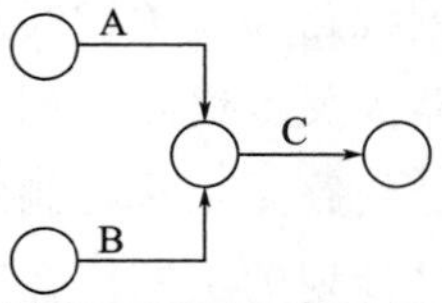
3	A、B 均完成后同时进行 C 和 D	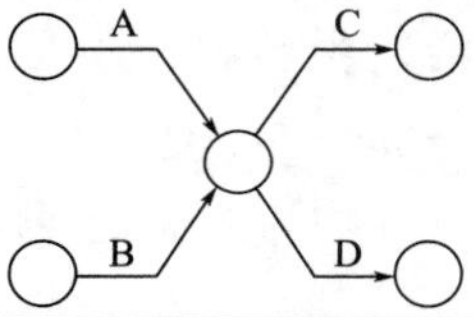
4	A 完成后进行 C A、B 均完成后进行 D	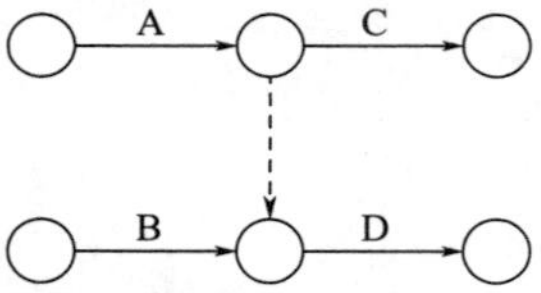
5	A、B 均完成后进行 D，A、B、C 均完成后进行 E，D、E 均完成后进行 F	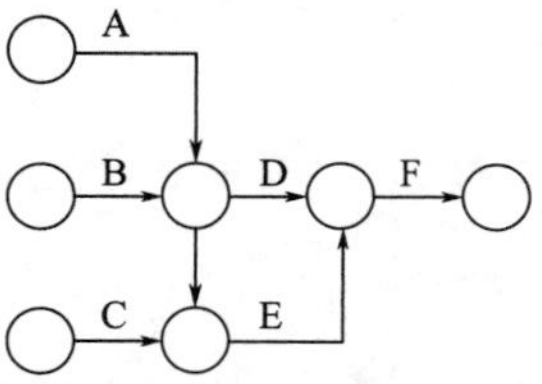
6	A、B 均完成后进行 C，B、D 均完成后进行 E	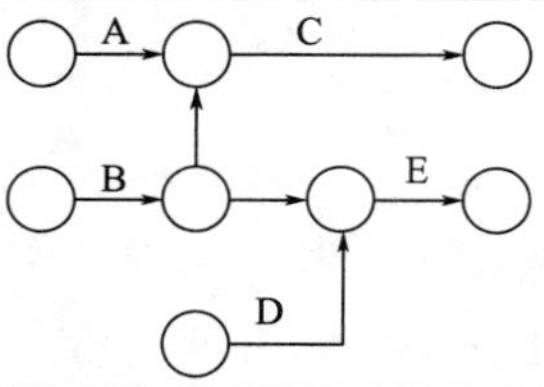
7	A、B、C 均完成后进行 D，B、C 均完成后进行 E	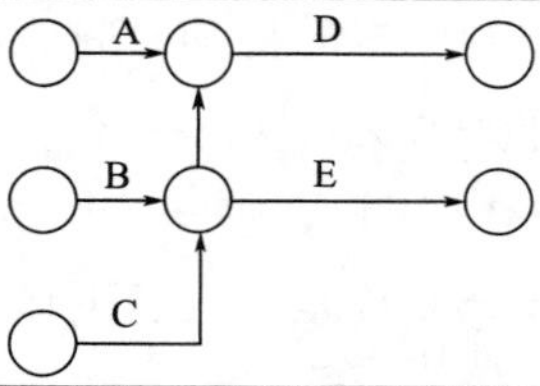

续表

序号	工作之间的逻辑关系	网络计划中的表示方法
8	A 完成后进行 C，A、B 均完成后进行 D，B 完成后进行 E	
9	A、B 两项工作分成三个施工段，分段流水施工 A_1 完成后进行 A_2、B_1，A_2 完成后进行 A_3、B_2，A_2、B_1 完成后进行 B_2，A_3、B_2 完成后进行 B_3	有两种表示方法

二、节点绘制法

为了使所绘制网络计划中不出现逆向箭线和竖向实线箭线，在绘制网络计划之前，先确定各个节点的相对位置，再按节点位置号绘制网络计划，如图 4-13 所示。

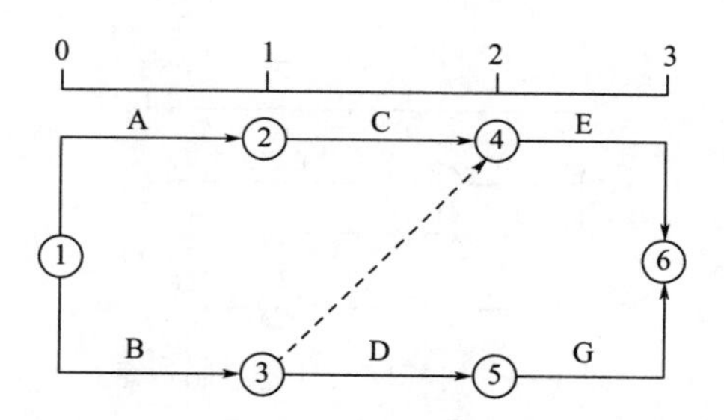

图 4-13　网络计划与节点位置坐标

下面以图 4-13 为例，说明节点位置号（即节点位置坐标）的确定原则。

① 无紧前工作的工作的开始节点位置号为零。如工作 A、B 的开始节点位置号为 0。

② 有紧前工作的工作的开始节点位置号等于其紧前工作的开始节点位置号的最大值加 1。如 E 紧前工作 B、C 的开始节点位置号分别为 0、1，则其节点位置号为 1+1=2。

③ 有紧后工作的工作的完成节点位置号等于其紧后工作的开始节点位置号的最小值。如 B 紧后工作 D、E 的开始节点位置分别为 1、2，则其节点位置号为 1。

④ 无紧后工作的工作的完成节点位置号等于有紧后工作的工作完成节点位置号的最大值加 1。如工作 E、G 的完成节点位置号等于工作 C、D 的完成节点位置号的最大值加 1，即 2+1=3。

绘图步骤如下。

① 提供逻辑关系表，一般只要提供每项工作的紧前工作。

② 确定各工作的紧后工作。

③ 确定各工作开始节点位置号和完成节点位置号。

④ 根据节点位置号和逻辑关系绘出初始网络计划。

⑤ 检查、修改、调整，绘制正式网络计划。

【例 4-1】 已知网络计划的资料见表 4-2，试绘制双代号网络计划。

表 4-2 已知网络计划的资料（一）

工作	A	B	C	D	E	G
紧前工作				B	B	C、D

【解】 ① 列出关系表，确定出紧前工作和节点位置号，见表 4-3。

表 4-3 工作逻辑关系

工作	A	B	C	D	E	G
紧前工作				B	B	C、D
紧后工作		D、E	G	G		
开始节点的位置号	0	0	0	1	1	2
完成节点的位置号	1	1	2	2	3	3

② 绘出时标网络计划，如图 4-14 所示。

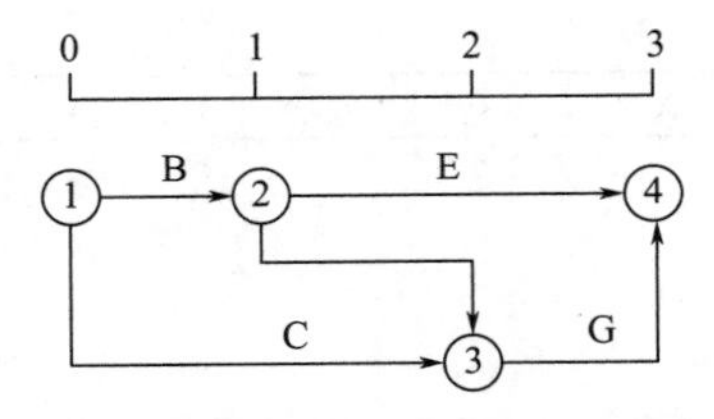

图 4-14 时标网络计划绘制示意

三、逻辑草稿法

先根据网络计划的逻辑关系，绘制出网络计划草图，再结合绘图规则进行布局调整，最后形成正式网络计划。当已知每一项工作的紧前工作时，可按下述步骤绘制代号网络计划。

① 绘制没有紧前工作的工作，使它们具有相同的箭尾节点，即起点节点。

② 依次绘制其他各项工作。这些工作的绘制条件是将其所有紧前工作都已经绘制出来，绘制原则为如下。

a. 当所绘制的工作只有一个紧前工作时，则将该工作的箭线直接画在其紧前工作的完成节点之后即可。

b. 当所绘制的工作有多个紧前工作时，应按以下 4 种情况分别考虑。

ⓐ 如果在其紧前工作中存在一项只作为本工作紧前工作的工作（即在紧前工作栏目中，该紧前工作只出现一次），则应将本工作箭线直接画在该紧前工作完成节点之后，然后用虚箭线分别将其他紧前工作的完成节点与本工作的开始节点相连，以表达它们之间的逻辑关系。

ⓑ 如果在其紧前工作中存在多项作为本工作紧前工作的工作，应先将这些紧前工作箭线的箭头节点合并，再从合并后的节点开始绘出本工作，最后用虚箭线将其他紧前工作的完成节点与本工作的开始节点相连，以表达它们之间的逻辑关系。

ⓒ 如果不存在情况ⓐ、ⓑ，应判断本工作的所有紧前工作是否都同时作为其他工作的紧前工作（即紧前工作栏目中，这几项紧前工作是否均同时出现若干次）。如果这样，应先将它们完成节点合并后，再从合并后的节点开始画出本工作箭线。

ⓓ 如果不存在情况ⓐ～ⓒ，则应将本工作箭线单独画在其紧前工作箭线之后的中部，然后用虚工作将紧前工作与本工作相连，表达逻辑关系。

③ 合并没有紧后工作的箭线，即为终点节点。

④ 确认无误，进行节点编号。

【例 4-2】 已知网络计划资料见表 4-4，试绘制双代号网络计划。

表 4-4　已知网络计划的资料（二）

工作	A	B	C	D	E	G	H
紧前工作					A、B	B、C、D	C、D

【解】 ①绘制没有紧前工作的工作箭线 A、B、C、D。

② 按前述原则②中的情况ⓐ绘制工作 E。

③ 按前述原则②中的情况ⓒ绘制工作 H。

④ 按前述原则②中的情况ⓓ绘制工作 G，并将 E、G、H 合并，如图 4-15 所示。

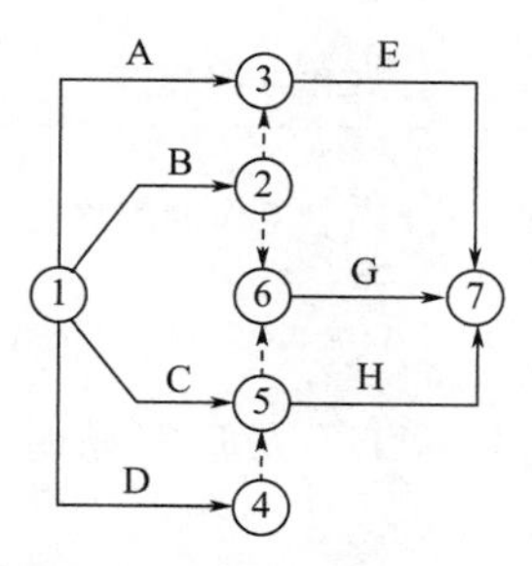

图 4-15　双代号网络计划绘制

任务三　双代号网络计划时间参数计算

网络计划是在网络图上加注各项工作的时间参数而成的进度计划。双代号网络计划的编制和时间参数的计算常采用工作计算法、节点计算法、标号法和时标网络计划。

一、双代号网络计划时间参数

网络计划是在网络图上加注各项工作的时间参数而成的进度计划，是一种进度安排的定量分析。

1. 网络计划时间参数计算的目的

① 通过计算时间参数，可以确定工期。

② 通过计算时间参数，可以确定关键线路、关键工作、非关键线路和非关键工作。

③ 通过计算时间参数，可以确定非关键工作的机动时间（时差）。

2. 网络计划的时间参数

(1) 最早时间参数　最早时间参数是表明本工作与紧前工作的关系，如果本工作要提前，不能提前到紧前工作未完成之前。这样就整个网络图而言，最早时间参数受到开始节点的制约，计算时，从开始节点出发，顺着箭线用加法。

① 最早开始时间：在紧前工作约束下，工作有可能开始的最早时刻。

② 最早完成时间：在紧前工作约束下，工作有可能完成的最早时刻。

(2) 最迟时间参数　最迟时间参数表明本工作与紧后工作的关系，如果本工作要推迟的话，不能推迟到紧后工作最迟必须开始之后。这样就整个网络图而言，最迟时间参数受到紧后工作和结束节点的制约，计算时从结束节点出发，逆着箭线用减法。

① 最迟开始时间：在不影响任务按期完成或要求的条件下，工作最迟必须开始的时刻。

② 最迟完成时间：在不影响任务按期完成或要求的条件下，工作最迟必须完成的时刻。

如图 4-16 所示为 i-j 工作的工作范围，并反映最早开始和最迟完成时间参数。

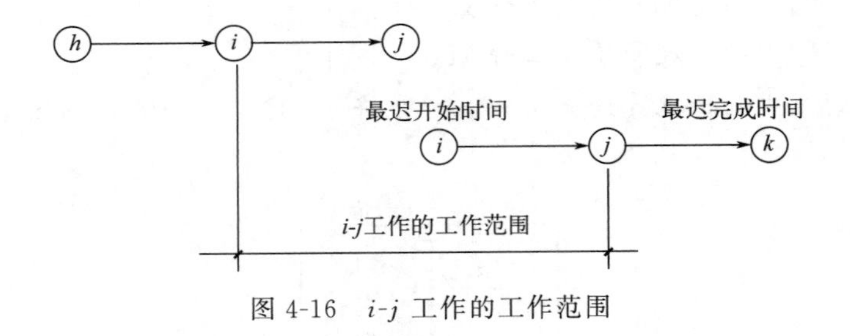

图 4-16　i-j 工作的工作范围

(3) 总时差和自由时差

① 总时差。总时差是指不影响紧后工作最迟开始时间所具有的机动时间，或不影响工期前提下的机动时间。

② 自由时差。自由时差是指在不影响紧后工作最早开始时间的前提下工作所具有的机动时间。

(4) 工期　工期是指完成一项任务所需要的时间，在网络计划中工期一般有以下三种。

① 计算工期：计算工期是根据网络计划计算而得的工期，用 T_c 表示。

② 要求工期：要求工期是根据上级主管部门或建设单位的要求而定的工期，用 T_r 表示。

③ 计划工期 T_p：计划工期是根据要求工期和计算工期所确定的作为实施目标的工期，用 T_p 表示。

当规定了要求工期时，计划工期不应超过要求工期，即

$$T_p \leqslant T_r \tag{4-1}$$

当未规定要求工期时，可令计划工期等于计算工期，即

$$T_p = T_c \tag{4-2}$$

最早可能开始时间：$ES_{i\text{-}j}$。

最早可能完成时间：$EF_{i\text{-}j}$。

最迟必须开始时间：$LS_{i\text{-}j}$。

最迟必须完成时间：$LF_{i\text{-}j}$。

总时差：$TF_{i\text{-}j}$。

自由时差：$FF_{i\text{-}j}$。

工作持续的时间：$D_{i\text{-}j}$。

如图 4-17 所示，反映 i-j 工作的时间参数。

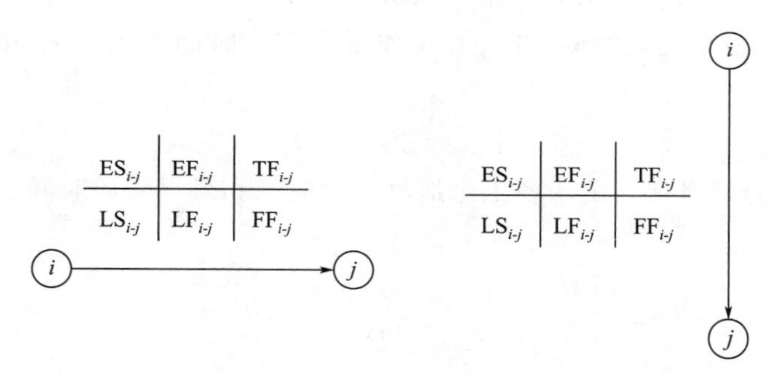

图 4-17　工作时间参数的表达

二、时间参数的计算

以网络计划中的工作为对象，直接计算各项工作的时间参数。下面以如图 4-18 所示的双代号网络计划为例，说明其各项工作时间参数的具体计算步骤。

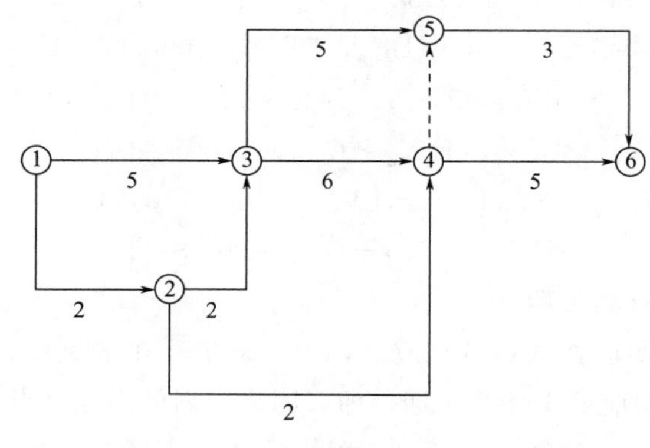

图 4-18　双代号网络计划

最早时间参数表明本工作（本工作为计算研究的对象）与紧前工作的关系，如果本工作要提前，不能提前到紧前工作未完成之前。这样就整个网络计划而言，最早时间参数受到开始节点的制约，因而计算顺序为由起始节点开始顺着箭线方向算至终点节点，用加法。

1. 计算各工作的最早开始时间 $ES_{i\text{-}j}$ 和最早完成时间 $EF_{i\text{-}j}$

（1）计算各工作的最早开始时间 $ES_{i\text{-}j}$

① 从起点节点出发（无紧前）的工作：其最早开始时间为零，即

$$ES_{i\text{-}j}=0 \tag{4-3}$$

② 当工作只有一项紧前工作时：该工作最早开始时间应为其紧前工作的最早完成时间，即

$$ES_{i\text{-}j}=EF_{h\text{-}i} \tag{4-4}$$

式中，工作 $h\text{-}i$ 为工作 $i\text{-}j$ 的紧前工作。

③ 有若干项紧前工作时：该工作的最早开始时间应为其所有紧前工作的最早完成时间的最大值，即

$$ES_{i\text{-}j}=\max[EF_{a\text{-}i},EF_{b\text{-}i},EF_{c\text{-}i}] \tag{4-5}$$

式中，工作 $a\text{-}i$、$b\text{-}i$、$c\text{-}i$ 均为工作 $i\text{-}j$ 的紧前工作。

（2）计算各工作最早完成时间 $EF_{i\text{-}j}$　工作最早完成时间为工作 $i\text{-}j$ 的最早开始时间加其作业时间，即

$$EF_{i\text{-}j}=ES_{i\text{-}j}+D_{i\text{-}j} \tag{4-6}$$

如图 4-18 所示的网络计划中，各工作最早开始时间和最早完成时间计算如下：

$$ES_{1\text{-}2}=ES_{1\text{-}3}=0$$

$$EF_{1\text{-}2}=ES_{1\text{-}2}+D_{1\text{-}2}=0+2=2$$

$$EF_{1\text{-}3}=ES_{1\text{-}3}+D_{1\text{-}3}=0+5=5$$

$$ES_{2\text{-}3}=EF_{1\text{-}2}=2$$

$$ES_{2\text{-}4}=EF_{1\text{-}2}=2$$

$$EF_{2\text{-}3}=ES_{2\text{-}3}+D_{2\text{-}3}=2+2=4$$

$$EF_{2\text{-}4}=ES_{2\text{-}4}+D_{2\text{-}4}=2+2=4$$

$$ES_{3\text{-}4}=ES_{3\text{-}5}=\max[EF_{1\text{-}3},EF_{2\text{-}3}]=\max[5,4]=5$$

$$EF_{3\text{-}4}=ES_{3\text{-}4}+D_{3\text{-}4}=5+6=11$$

$$EF_{3\text{-}5}=ES_{3\text{-}5}+D_{3\text{-}5}=5+5=10$$

$$ES_{4\text{-}5}=ES_{4\text{-}6}=\max[EF_{3\text{-}4},EF_{2\text{-}4}]=\max[11,4]=11$$

$$EF_{4\text{-}5}=ES_{4\text{-}5}+D_{4\text{-}5}=11+0=11$$

$$EF_{4\text{-}6}=ES_{4\text{-}6}+D_{4\text{-}6}=11+5=16$$

$$ES_{5\text{-}6}=\max[EF_{3\text{-}5},EF_{4\text{-}5}]=\max[10,11]=11$$

$$EF_{5\text{-}6}=ES_{5\text{-}6}+D_{5\text{-}6}=11+3=14$$

2. 确定网络计划的计划工期

网络计划的计划工期应按式(4-1) 或式(4-2) 确定。在本例中，假设未规定要求工期时，网络计划的计划工期应等于计算工期，即以网络计划的终点节点为完成节点的各个工作的最早完成时间的最大值。如图 4-19 所示，网络计划的计划工期为

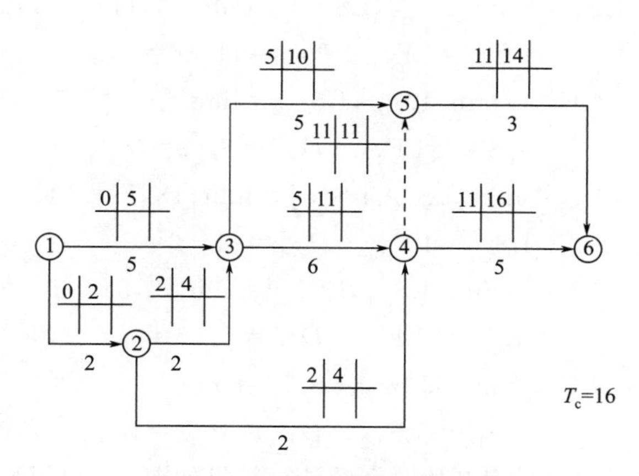

图 4-19　某网络计划工期的计算

$$T_p = T_c = \max[EF_{5\text{-}6}, EF_{4\text{-}6}] = \max[14, 16] = 16$$

3. 计算最迟时间参数

最迟时间参数（$LF_{i\text{-}j}$ 和 $LS_{i\text{-}j}$）表明本工作与紧后工作的关系，如果本工作要推迟，不能推迟到紧后工作最迟必须开始之后，这样就整个网络计划而言，最迟时间参数受到紧后工作和结束节点的制约。因而计算顺序为：由终点节点开始逆着箭线方向算至起始节点，用减法。

（1）计算各工作最迟完成时间 $LF_{i\text{-}j}$

① 对所有进入终点节点的没有紧后工作的工作，最迟完成时间为

$$LF_{i\text{-}j} = T_p \tag{4-7}$$

② 当工作只有一项紧后工作时，该工作最迟完成时间应当为其紧后工作的最迟开始时间。

$$LF_{i\text{-}j} = LS_{j\text{-}k} \tag{4-8}$$

式中，工作 $j\text{-}k$ 为工作 $i\text{-}j$ 的紧后工作。

③ 当工作有若干项紧后工作时

$$LF_{i\text{-}j} = \min\{LS_{j\text{-}k}, LS_{j\text{-}l}, LS_{j\text{-}m}\} \tag{4-9}$$

式中，工作 $j\text{-}k$、$j\text{-}l$、$j\text{-}m$ 均为工作 $i\text{-}j$ 的紧后工作。

（2）计算各工作的最迟开始时间 $LS_{i\text{-}j}$

$$LS_{i\text{-}j} = LF_{i\text{-}j} - D_{i\text{-}j} \tag{4-10}$$

如图 4-20 所示的网络计划中，各工作最迟完成时间和最迟开始时间计算如下。

$$LF_{4\text{-}6} = LF_{5\text{-}6} = T_c = 16$$

$$LS_{4\text{-}6} = LF_{4\text{-}6} - D_{4\text{-}6} = 16 - 5 = 11$$

$$LS_{5\text{-}6} = LF_{5\text{-}6} - D_{5\text{-}6} = 16 - 3 = 13$$

$$LF_{3\text{-}5} = LF_{4\text{-}5} = LS_{5\text{-}6} = 13$$

$$LS_{3\text{-}5} = LF_{3\text{-}5} - D_{3\text{-}5} = 13 - 5 = 8$$

$$LS_{3\text{-}5} = LF_{3\text{-}5} - D_{3\text{-}5} = 13 - 5 = 8$$

$$LS_{4\text{-}5} = LF_{4\text{-}5} - D_{4\text{-}5} = 13 - 0 = 13$$

$$LF_{3\text{-}4}=\min[LS_{4\text{-}5},LS_{4\text{-}6}]=\min[13,11]=11$$
$$LS_{3\text{-}4}=LF_{3\text{-}4}-D_{3\text{-}4}=11-6=5$$
$$LF_{2\text{-}3}=\min[LS_{3\text{-}4},LS_{3\text{-}5}]=\min[5,8]=5$$
$$LS_{2\text{-}3}=LF_{2\text{-}3}-D_{2\text{-}3}=5-2=3$$
$$LF_{2\text{-}4}=\min[LS_{4\text{-}5},LS_{4\text{-}6}]=\min[13,11]=11$$
$$LS_{2\text{-}4}=LF_{2\text{-}4}-D_{2\text{-}4}=11-2=9$$
$$LF_{1\text{-}3}=\min[LS_{3\text{-}4},LS_{3\text{-}5}]=\min[5,8]=5$$
$$LS_{1\text{-}3}=LF_{1\text{-}3}-D_{1\text{-}3}=5-5=0$$
$$LF_{1\text{-}2}=\min[LS_{2\text{-}3},LS_{2\text{-}4}]=\min[3,9]=3$$
$$LS_{1\text{-}2}=LF_{1\text{-}2}-D_{1\text{-}2}=3-2=1$$

各工作的最迟完成时间和最迟开始时间的计算结果如图 4-20 的网络计划中所示。

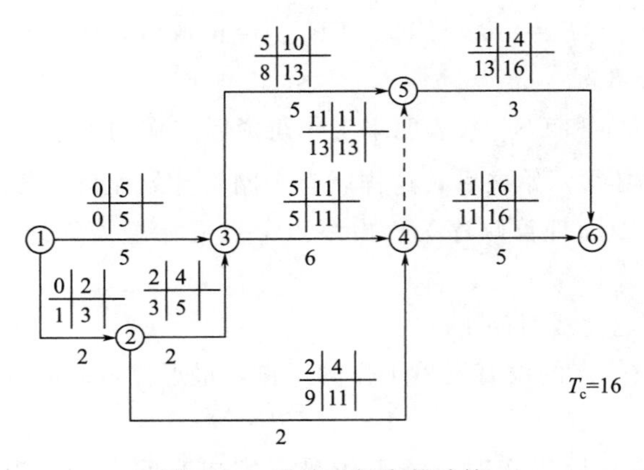

图 4-20 最迟时间参数计算

4. 各工作总时差的计算

(1) 总时差的计算方法　在如图 4-21 所示中，工作 i-j 的工作范围为：$LF_{i\text{-}j}-ES_{i\text{-}j}$，则总时差的计算公式为

$$TF_{i\text{-}j}=\text{工作范围}-D_{i\text{-}j}=LF_{i\text{-}j}-ES_{i\text{-}j}-D_{i\text{-}j}=LF_{i\text{-}j}-EF_{i\text{-}j}\text{ 或 }LS_{i\text{-}j}-ES_{i\text{-}j} \quad (4\text{-}11)$$

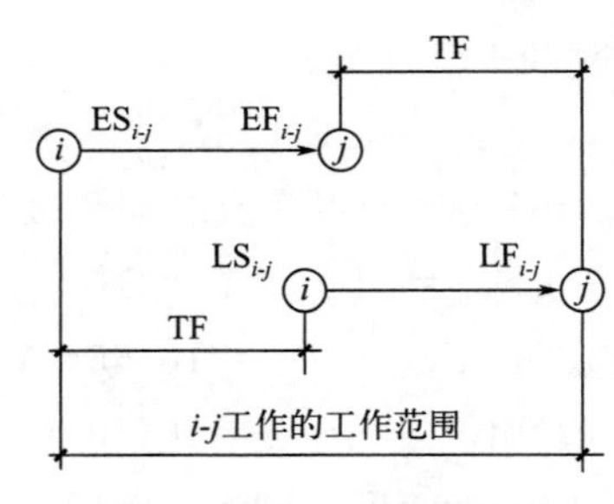

图 4-21 总时差计算简图

图 4-22 中，部分工作的总时差计算如下，总时差计算结果如图 4-22 所示。

$$TF_{1\text{-}2}=LS_{1\text{-}2}-ES_{1\text{-}2}=LF_{1\text{-}2}-EF_{1\text{-}2}=1$$

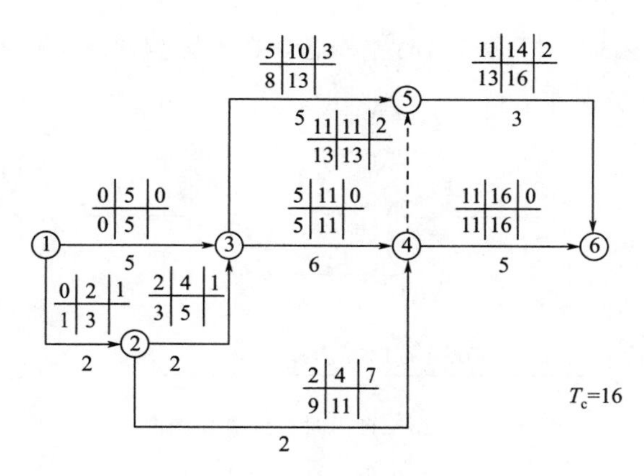

图 4-22　总时差计算结果

$$TF_{2\text{-}3}=LS_{2\text{-}3}-ES_{2\text{-}3}=LF_{2\text{-}3}-EF_{2\text{-}3}=1$$
$$TF_{1\text{-}3}=LS_{1\text{-}3}-ES_{1\text{-}3}=LF_{1\text{-}3}-EF_{1\text{-}3}=0$$
$$TF_{4\text{-}5}=LS_{4\text{-}5}-ES_{4\text{-}5}=LF_{4\text{-}5}-EF_{4\text{-}5}=2$$

(2) 关于总时差的结论

① 关键工作的确定。根据 T_p 与 T_c 的大小关系，关键工作的总时差可能出现三种情况：

a. 当 $T_p=T_c$ 时，关键工作的 TF=0；

b. 当 $T_p>T_c$时，关键工作的 TF 均大于 0；

c. 当 $T_p<T_c$时，关键工作的 TF 有可能出现负值。

关键工作是施工过程中的重点控制对象，根据 T_p 与 T_c 的大小关系及总时差的计算公式，总时差最小的工作为关键工作，因此关键工作的说法有四种：总时差最小的工作；当 $T_p=T_c$ 时，TF=0 的工作；LF−EF 差值最小的工作；LS−ES 差值最小的工作。图 4-22 中，当 $T_p=T_c$时，关键工作的 TF=0，即工作①→③、工作③→④、工作④→⑥等是关键工作。

② 关键线路的确定。

a. 在双代号网络计划中，关键工作的连线为关键线路。

b. 在双代号网络计划中，当 $T_p=T_c$时，与 TF=0 的工作相连的线路为关键线路。

c. 在双代号网络计划中，总时间持续最长的线路是关键线路，其数值为计算工期。

如图 4-22 所示中，关键线路为①→③→④→⑥。

③ 关键线路随着条件变化会转移。

a. 定性分析：关键工作拖延，则工期拖延。因此，关键工作是重点控制对象。

b. 定量分析：关键工作拖延时间即为工期拖延时间，但关键工作提前，则工期提前时间不大于该提前值。如关键工作拖延 10d，则工期延长 10d；关键工作提前 10d，则工期提前不大于 10d。

关键线路的条数：网络计划至少有一条关键线路，也可能有多条关键线路。随着工作时间的变化，关键线路也会发生变化。

5. 自由时差的计算

(1) 自由时差计算公式　根据自由时差概念，在不影响紧后工作最早开始的前提下，自由时差计算简图如图 4-23 所示。

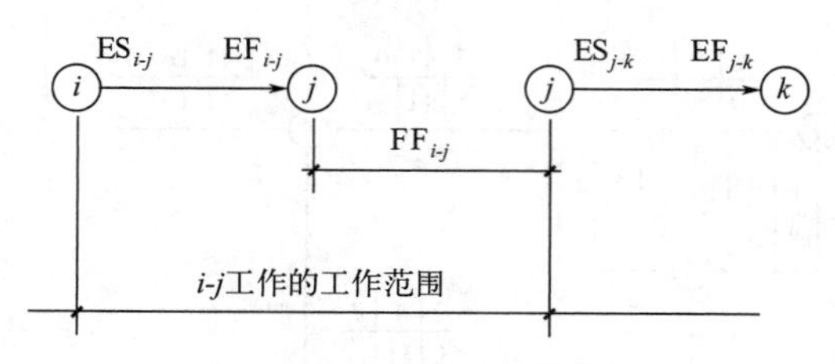

图 4-23　自由时差计算简图

因此，自由时差的计算公式为

$$FF_{i-j}=ES_{j-k}-EF_{i-j} \tag{4-12}$$

当无紧后工作时 $FF_{i-n}=T_p-EF_{i-n}$。对于图 4-24 所示工作，其计算如下：

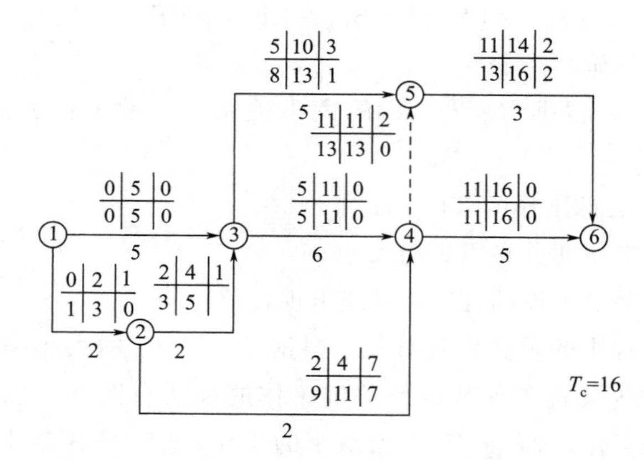

图 4-24　各工作自由时差的计算结果

$$FF_{1-2}=ES_{2-3}-EF_{1-2}=2-2=0$$

$$FF_{1-3}=ES_{3-4}-EF_{1-3}=5-5=0$$

$$FF_{2-3}=ES_{3-4}-EF_{2-3}=5-4=1$$

$$FF_{4-5}=ES_{5-6}-EF_{4-5}=11-11=0$$

$$FF_{4-6}=T_p-EF_{4-6}=T_c-EF_{4-6}=16-16=0$$

$$FF_{5-6}=T_p-EF_{5-6}=T_c-EF_{5-6}=16-14=2$$

各工作自由时差的计算结果如图 4-24 所示。

(2) 自由时差的性质

① 自由时差是线路总时差的分配，一般自由时差小于等于总时差，即

$$FF_{i-j}\leqslant TF_{i-j} \tag{4-13}$$

② 在一般情况下，非关键线路上诸工作的自由时差之和等于该线路上可供利用的总时差的最大值。图 4-24 中，非关键线路①→②→④→⑥上可供利用的总时差为 7，被 1-2 工作

利用 0，被 2-4 工作利用 7。

③ 自由时差本工作可以利用，不属于线路所共有。

三、标号法

1. 标号法的基本原理

标号法是一种可以快速确定计算工期和关键线路的方法，是工程中应用非常广泛的一种方法。它利用节点计算法的基本原理，对网络计划中的每一个节点进行标号，然后利用标号值（节点的最早时间）确定网络计划的计算工期和关键线路。

2. 标号法工作的步骤

标号法工作的步骤如下。

① 从开始节点出发，顺着箭线用加法计算节点的最早时间，并标明节点时间的计算值及其来源节点号。

② 终点节点最早时间值为计算工期。

③ 从终点节点出发，依源节点号反跟踪到开始节点的线路为关键线路。

【例 4-3】 如图 4-25 所示的网络计划，请用标号法计算各节点的时间参数。

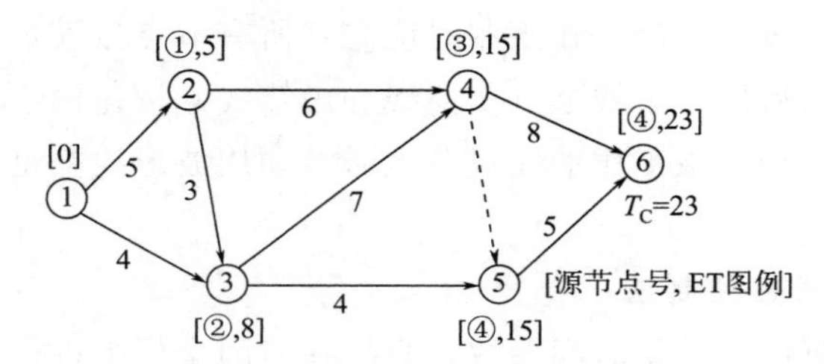

图 4-25　双代号网络计划标号法

【解】 节点的标号值计算如下。

$$ET_1=0, ET_2=ET_1+D_{1\text{-}2}=0+5=5$$

$$ET_3=\max\{ET_1+D_{1\text{-}3}, ET_2+D_{2\text{-}3}\}=\max\{0+4, 5+3\}=8$$

以此类推，$ET_6=23$，则计算工期 $T_c=ET_6=23$。

最早时间为 15，其计算来源为③节点，因而标为［③，5］，其他类推。

确定关键线路：从终点节点出发，依源节点号反跟踪到开始节点的线路为关键线路。

如图 4-25 所示，①→②→③→④→⑥为关键线路。

任务四　时标网络计划

一般网络计划不带时标，工作持续时间由箭线下方标注的数字说明，而与箭线本身长短无关，这种非时标网络计划看起来不太直观，不能一目了然地在网络计划图上直接反映各项工作的开始和完成时间，同时不能按天统计资源，编制资源需用量计划。

双代号时标网络计划（简称时标网络计划）是以时间坐标为尺度编制的网络计划，该网络计划既具有一般网络计划的优点，又具有横道图计划直观易懂的优点，在网络计划基础上引入横道图，它清晰地把时间参数直观地表达出来，同时表明网络计划中各工作之间的逻辑关系。

一、时标网络计划绘制的一般规定

① 双代号时标网络计划必须以水平时间坐标为尺度表示工作时间。时标的时间单位应根据需要在编制网络计划之前确定，可为小时、天、周、月或季等。

② 时标网络计划应以实箭线表示工作，以虚线表示虚工作，以波形线表示工作的自由时差。

③ 时标网络计划中所有符号在时间坐标上的水平投影位置，都必须与其时间参数相对应。节点中心必须对应相应的时标位置。虚工作必须以垂直方向的虚箭线表示，自由时差用波形线表示。

二、时标网络计划的绘制法

时标网络计划一般按最早时间编制，其绘制方法有间接绘制法和直接绘制法。

1. 时标网络计划的间接绘制法

所谓间接绘制法，是指先根据无时标的网络计划草图计算其时间参数并确定关键线路，然后在时标网络计划表中进行绘制。在绘制时应先将所有节点按其最早时间定位在时标网络计划表中的相应位置，然后用规定线型（实箭线和虚箭线）按比例绘出工作和虚工作。当某些工作箭线的长度不足以到达该工作的完成节点时，须用波形线补足，箭头应画在与该工作完成节点的连接处。

2. 时标网络计划的直接绘制法

直接绘制法是不计算网络计划时间参数，直接在时间坐标上进行绘制的方法。其绘制步骤和方法可归为如下绘图口诀："时间长短坐标限，曲直斜平利相连，画完箭线画节点，节点画完补波线"。

（1）时间长短坐标限　箭线的长度代表着具体的施工持续时间，受到时间坐标的制约。

（2）曲直斜平利相连　箭线的表达方式可以是直线、折线或斜线等，但布图应合理，直观清晰，尽量横平竖直。

（3）画完箭线画节点　工作的开始节点必须在该工作的全部紧前工作都画完后，定位在这些紧前工作全部完成的时间刻度上。

（4）节点画完补波线　某些工作的箭线长度不足以达到其完成节点时，用波形线补足，箭头指向与位置不变。

如图 4-22 所示的一般网络计划，根据绘图口诀及绘制要求，按最早时间参数不经计算直接绘制的时标网络计划，如图 4-26 所示。

三、时标网络计划的识读

1. 最早时间参数

（1）最早开始时间

$$ES_{i\text{-}j} = ET_i \tag{4-14}$$

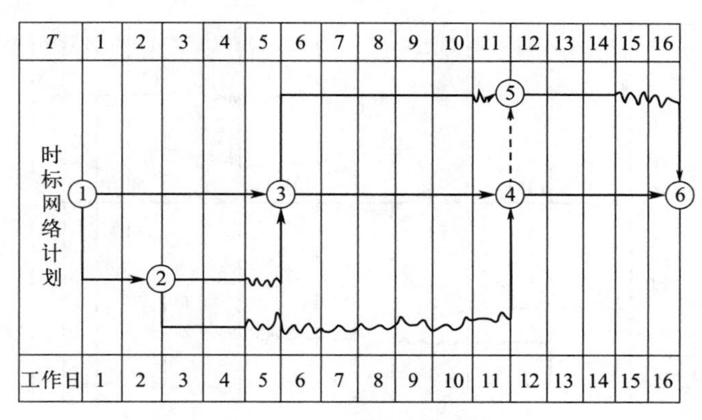

图 4-26　时标网络计划

开始节点或箭尾节点所在位置对应的坐标值，表示最早开始时间。

（2）最早完成时间

$$EF_{i\text{-}j}=ES_{i\text{-}j}+D_{i\text{-}j} \tag{4-15}$$

用实线右端坐标值表示最早完成时间。若实箭线抵达箭头节点（右端节点），则最早完成时间就是箭头节点（右端节点）中心的时标值；若实箭线达不到箭头节点（右端节点），则其最早完成时间就是实箭线右端末端所对应的时标值。

2. 计算工期

$$T_c=ET_n \tag{4-16}$$

终点节点所在位置与起点节点所在位置的时标值之差表示计算工期。

3. 自由时差 $FF_{i\text{-}j}$

波形线的水平投影长度表示自由时差的数值。

4. 总时差

总时差识读从右向左，逆着箭线，其值等于本工作的自由时差加上各紧后工作的总时差的最小值。计算公式如下。

$$TF_{i\text{-}j}=FF_{i-i}+\min\{TF_{j\text{-}k},TF_{j\text{-}l},TF_{j\text{-}m}\} \tag{4-17}$$

式中，$TF_{j\text{-}k}$、$TF_{j\text{-}l}$、$TF_{j\text{-}m}$ 表示工作 $i\text{-}j$ 的紧后工作的总时差。

5. 关键线路

自终点节点逆着箭线方向朝起点箭线方向观察，从始至终不出现波形线的线路为关键线路，图 4-26 中，关键线路为①→③→④→⑥。

6. 最迟时间参数

（1）最迟开始时间

$$LS_{i\text{-}j}=ES_{i\text{-}j}+TF_{i\text{-}j} \tag{4-18}$$

（2）最迟完成时间

$$LF_{i\text{-}j}=EF_{i\text{-}j}+TF_{i\text{-}j}=LS_{i\text{-}j}+D_{i\text{-}j} \tag{4-19}$$

如图 4-27 所示的时标网络计划各参数的识读，见表 4-5。

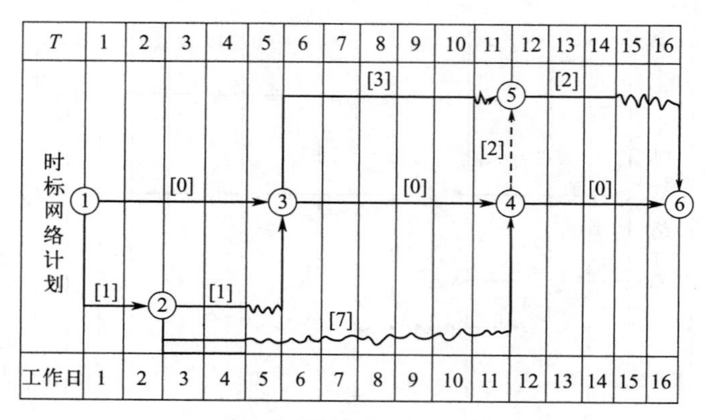

图 4-27 时标网络计划识读

表 4-5 时标网络计划各参数的识读

工作	参数					
	ES	EF	FF	TF	LS	LF
1-3	0	5	0	0	0	5
1-2	0	2	0	1	1	3
2-3	2	4	1	1	3	5
2-4	2	4	7	7	9	11
3-4	5	11	0	0	5	11
3-5	5	10	1	3	8	13
4-5	11	11	0	2	13	13
4-6	11	16	0	0	11	16
5-6	11	14	2	2	13	13

任务五　单代号网络计划

一、单代号网络计划的组成

单代号网络计划的基本符号也是箭线、节点和节点编号。

1. 箭线

单代号网络计划中，箭线表示紧邻工作之间的逻辑关系。箭线应画成水平直线、折线或斜线。箭线水平投影的方向自左向右，表达工作的进行方向，如图 4-28 所示。

A B C D E F

图 4-28　单代号网络计划

2. 节点

单代号网络计划中每一个节点表示一项工作，宜用圆圈或矩形表示。节点所表示的工作名称、持续时间和工作代号等应标注在节点内，如图 4-28 所示。

3. 节点编号

单代号网络计划中节点编号与双代号网络计划一样。

二、单代号网络计划的绘制规则

① 单代号网络计划必须正确表述已定的逻辑关系。

② 单代号网络计划中，严禁出现循环回路。

③ 单代号网络计划中，严禁出现双向箭头或无箭头的连线。

④ 单代号网络计划中，严禁出现没有箭尾节点的箭线和没有箭头节点的箭线。

⑤ 绘制网络计划时，箭线不宜交叉，当交叉不可避免时，可采用过桥法和指向法绘制。

⑥ 单代号网络计划中只应有一个起点节点和一个终点节点，当网络计划中有多项起点节点或多项终点节点时，应在网络计划的两端分别设置一个虚拟的起点节点和终点节点。

⑦ 单代号网络计划中不允许出现有重复编号的工作，一个编号只能代表一项工作，而且箭头节点编号要大于箭尾节点编号。

三、单代号网络计划的绘制方法

单代号网络计划的绘制方法与双代号网络计划的绘制方法基本相同，而且由于单代号网络计划逻辑关系容易表达，因此绘制方法更为简便，其绘制步骤如下。先根据网络计划的逻辑关系绘制出网络计划草图，再结合绘图规则调整布局，最后形成正式网络计划。

① 提供逻辑关系表，一般只要求提供每项工作的紧前工作。

② 用矩阵图确定紧后工作。

③ 绘制没有紧后工作的工作，当网络计划中有多项起点节点时，应在网络计划的末端设置一项虚拟的起点节点。

④ 依次绘制其他各项工作一直到终点节点。当网络计划中有多项终点节点时，应在网络计划的末端设置一项虚拟的终点节点。

⑤ 检查、修改并进行结构调整，最后绘出正式网络计划。

四、单代号网络计划时间参数的计算

设有路线 h-i-j，则常用符号为：

ES_i——工作 i 的最早开始时间；

EF_i——工作 i 的最早完成时间；

LF_i——在总工期已经确定的情况下，工作 i 的最迟完成时间；

LS_i——在总工期已经确定的情况下，工作 i 的最迟开始时间；

TF_i——工作 i 的总时差；

FF_i——工作 i 的自由时差；

D_i——工作 i 的持续时间；

D_h——工作 i 的紧前工作 h 的持续时间；

D_j——工作 i 的紧后工作 j 的持续时间。

① 工作最早开始时间的计算应符合下列规定。

a. 工作 i 的最早开始时间 ES_i 应从网络计划的起点节点开始，顺着箭线方向依次逐个计算。

b. 起点节点的最早开始时间 ES_i 如无规定，其值等于零，即

$$ES_i = 0 \tag{4-20}$$

c. 其他工作的最早开始时间 ES_i 应为

$$ES_i = \max\{ES_h + D_h\} \tag{4-21}$$

式中 ES_h——工作 i 的紧前工作 h 的最早开始时间；

D_h——工作 i 的紧前工作 h 的持续时间。

② 工作 i 的最早完成时间 EF_i 的计算应符合下式规定。

$$EF_i = ES_i + D_i \tag{4-22}$$

③ 网络计划计算工期 T_c 的计算应符合下式规定。

$$T_c = EF_n \tag{4-23}$$

式中 EF_n——终点节点 n 的最早完成时间。

④ 网络计划的计划工期 T_p 应按照下列情况分别确定。

a. 当已规定了要求工期 T_r 时

$$T_p < T_r \tag{4-24}$$

b. 当未规定要求工期时

$$T_p = T_c \tag{4-25}$$

⑤ 相邻两项工作 i 和 j 之间的时间间隔 LAG_{i-j} 的计算应符合下式规定。

$$LAG_{i-j} = ES_j - EF_i \tag{4-26}$$

式中 ES_j——工作 j 的最早开始时间。

⑥ 工作总时差的计算应符合下列规定。

a. 工作 i 的总时差 TF_i 应从网络计划的终点节点开始，逆着箭线方向依次逐项计算。当部分工作分期完成时，有关工作的总时差必须从分期完成的节点开始逆向逐项计算。

b. 终点节点所代表的工作 n 的总时差 TF_n 值为零，即

$$TF_n = 0 \tag{4-27}$$

分期完成的工作的总时差值为零。

其他工作的总时差 TF_i 的计算应符合下式规定。

$$TF_i = \min\{LAG_{i-j} + TF_j\} \tag{4-28}$$

式中 TF_i——工作 i 的紧后工作 j 的总时差。

当已知各项工作的最迟完成时间 LF_i 或最迟开始时间 LS_i 时，工作的总时差 TF_i 计算也应符合下列规定。

$$TF_i = LS_i - ES_j \tag{4-29}$$

$$TF_i = LF_i - EF_j \tag{4-30}$$

⑦ 工作 i 的自由时差 FF_i 的计算应符合下列规定。

$$FF_i = \min\{LAG_{i-j}\} \tag{4-31}$$

$$FF_i = \min\{ES_j - EF_i\} \tag{4-32}$$

或符合下式规定。

$$FF_i = \min\{ES_j - ES_i - D_i\} \tag{4-33}$$

⑧ 工作最迟完成时间的计算应符合下列规定。

a. 工作 i 的最迟完成时间 LF_i 应从网络计划的终点节点开始，逆着箭线方向依次逐项计算。当部分工作分期完成时，有关工作的最迟完成时间应从分期完成的节点开始逆向逐项计算。

b. 终点节点所代表的工作 n 的最迟完成时间 LF_n 应按网络计划的计划工期 T_p 确定，即

$$LF_n = T_p \tag{4-34}$$

分期完成的那项工作的最迟完成时间应等于分期完成的时刻。

c. 其他工作 i 的最迟完成时间 LF_i 应为

$$LF_i = \min\{LF_j - D_j\} \tag{4-35}$$

式中　LF_j——工作 i 的紧后工作 j 的最迟完成时间；

D_j——工作 i 的紧后工作 j 的持续时间。

⑨ 工作 i 的最迟开始时间 LS_i 的计算应符合下列规定。

$$LS_i = LF_i - D_i \tag{4-36}$$

【例 4-4】 试计算如图 4-29 所示的单代号网络计划的时间参数。

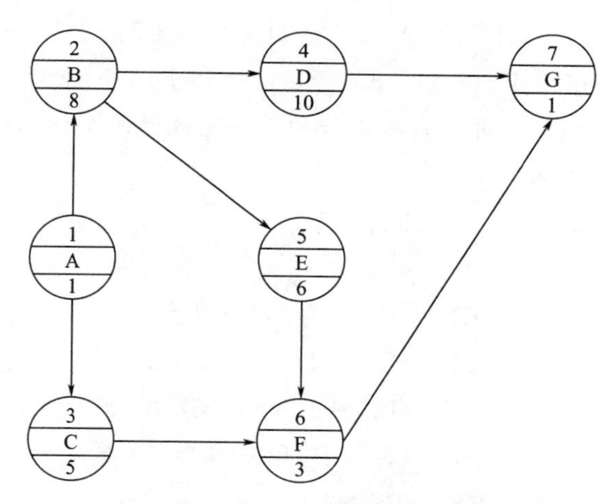

图 4-29　单代号网络计划的时间参数

【解】 计算结果如图 4-30 所示。其计算方法说明如下。

(1) 工作最早开始时间的计算　工作的最早开始时间从网络计划的起点节点开始，顺着箭线方向自左至右，依次逐个计算。因起点节点的最早开始时间未做出规定，故

$$ES_i = 0$$

其后续工作的最早开始时间是其各紧前工作的最早开始时间与其持续时间之和，并取其最大值，其计算公式为

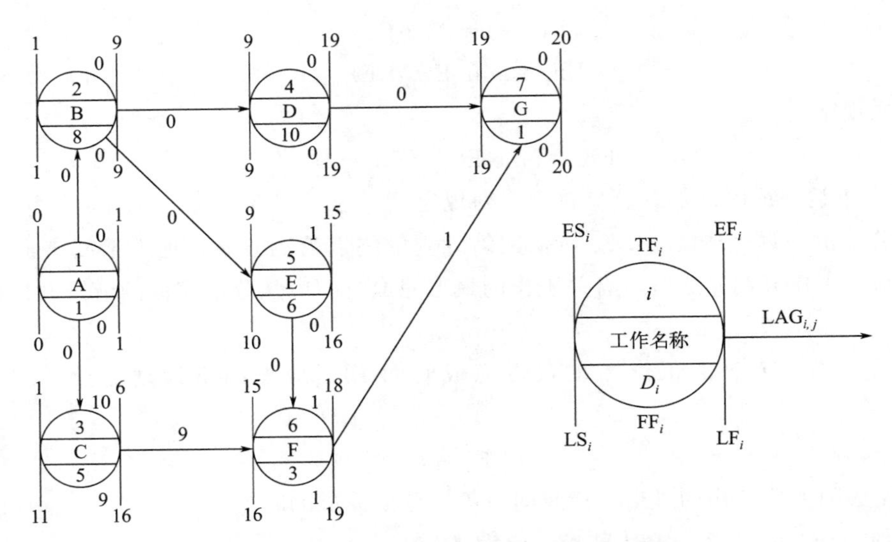

图 4-30 单代号网络计划的时间参数计算结果

$$ES_i = \max\{ES_h + D_h\}$$

由此得到

$$ES_2 = ES_1 + D_1 = 0+1=1$$
$$ES_3 = ES_1 + D_1 = 0+1=1$$
$$ES_4 = ES_2 + D_2 = 1+8=9$$
$$ES_5 = ES_2 + D_2 = 1+8=9$$
$$ES_6 = \max\{ES_3 + D_3, ES_5 + D_5\} = \{1+5, 9+6\} = 15$$
$$ES_7 = \max\{ES_4 + D_4, ES_6 + D_6\} = \{9+10, 15+3\} = 19$$

(2) 工作最早完成时间的计算 每项工作的最早完成时间是该工作的最早开始时间与其持续时间之和，其计算公式为

$$EF_i = ES_i + D_i$$

因此可得

$$EF_1 = ES_1 + D_1 = 0+1=1$$
$$EF_2 = ES_2 + D_2 = 1+8=9$$
$$EF_3 = ES_3 + D_3 = 1+5=6$$
$$EF_4 = ES_4 + D_4 = 9+10=19$$
$$EF_5 = ES_5 + D_5 = 9+6=15$$
$$EF_6 = ES_6 + D_6 = 15+3=18$$
$$EF_7 = ES_7 + D_7 = 19+1=20$$

(3) 网络计划的计算工期 网络计划的计算工期 T_c 按公式 $T_c = EF_n$ 计算。由此得到

$$T_c = EF_7 = 20$$

(4) 网络计划的计划工期的确定 由于本计划没有要求工期，故 $T_p = T_c = 2$。

(5) 相邻两项工作之间的时间间隔的计算 相邻两项工作的时间间隔，是后项工作的最早开始时间与前项工作的最早完成时间的差值，它表示相邻两项工作之间有一段时间间歇，

相邻两项工作 i 与 j 之间的时间间隔 $LAG_{i\text{-}j}$ 按公式 $LAG_{i\text{-}j}=ES_j-EF_i$ 计算，因此可得到

$$LAG_{1\text{-}2}=ES_2-EF_1=1-1=0$$
$$LAG_{1\text{-}3}=ES_3-EF_1=1-1=0$$
$$LAG_{1\text{-}2}=ES_2-EF_1=1-1=0$$
$$LAG_{2\text{-}4}=ES_4-EF_2=9-9=0$$
$$LAG_{2\text{-}5}=ES_5-EF_2=9-9=0$$
$$LAG_{3\text{-}6}=ES_6-EF_3=15-6=9$$
$$LAG_{5\text{-}6}=ES_6-EF_5=15-15=0$$
$$LAG_{4\text{-}7}=ES_7-EF_4=19-19=0$$
$$LAG_{6\text{-}7}=ES_7-EF_6=19-18=1$$

(6) 工作总时差的计算　每项工作的总时差，是该项工作在不影响计划工期的前提下所具有的机动时间。它的计算应从网络计划的终点节点开始，逆着箭线方向依次计算。终点节点所代表的工作的总时差 TF_n 值，由于本例没有给出规定工期，故应为零，即

$$TF_n=0$$

故 $TF_7=0$。

其他工作的总时差 TF_i 可按公式 $TF_i=\min\{LAG_{i\text{-}j}+TF_j\}$ 计算。

当已知各项工作的最迟完成时间 LF_i 或最迟开始时间 LS_i 时，工作的总时差 TF_i 也可按公式 $TF_i=LS_i-ES_i$ 或公式 $TF_i=LF_i-EF_i$ 计算，计算的结果是

$$TF_6=LAG_{6\text{-}7}+TF_7=1+0=1$$
$$TF_5=LAG_{5\text{-}6}+TF_6=0+1=1$$
$$TF_4=LAG_{4\text{-}7}+TF_7=0+0=0$$
$$TF_3=LAG_{3\text{-}6}+TF_6=9+1=10$$
$$TF_2=\min\{LAG_{2\text{-}4}+TF_4,LAG_{2\text{-}5}+TF_5\}=\min\{0+0,0+1\}=0$$
$$TF_1=\min\{LAG_{1\text{-}2}+TF_2,LAG_{1\text{-}3}+TF_3\}=\min\{0+0,0+10\}=0$$

(7) 工作自由时差的计算　由工作 i 的自由时差 $FF_i=\min\{LAG_{i\text{-}j}\}$ 可算得

$$FF_6=LAG_{6\text{-}7}=1$$
$$FF_5=LAG_{5\text{-}6}=0$$
$$FF_4=LAG_{4\text{-}7}=0$$
$$FF_3=LAG_{3\text{-}6}=9$$
$$FF_2=\min\{LAG_{2\text{-}4},LAG_{2\text{-}5}\}=\min\{0,0\}=0$$
$$FF_1=\min\{LAG_{1\text{-}2},LAG_{1\text{-}3}\}=\min\{0,0\}=0$$

(8) 工作最迟完成时间的计算　工作 i 的最迟完成时间 LF_i 应为网络计划的终点节点开始，逆着箭线方向依次逐项计算。终点节点 n 所代表的工作的最迟完成时间 LF_n，应按公式 $LF_n=T_p$ 计算；其他工作 i 的最迟完成时间 LF_i 按公式 $LF_i=\min\{LF_j-D_j\}$ 计算得到。

$$LF_6=LF_7-D_7=20-1=19$$
$$LF_5=LF_6-D_6=19-3=16$$
$$LF_4=LF_7-D_7=20-1=19$$
$$LF_3=LF_6-D_6=19-3=16$$

$$LF_2=\min\{LF_4-D_4, LF_5-D_5\}=\min\{19-10, 16-6\}=9$$
$$LF_1=\min\{LF_2-D_2, LF_3-D_3\}=\min\{9-8, 16-5\}=1$$

(9) **工作最迟开始时间的计算** 由工作 i 的最迟开始时间 $LS_i=LF_i-D_i$ 进行计算，因此可得

$$LS_7=LF_7-D_7=20-1=19$$
$$LS_6=LF_6-D_6=19-3=16$$
$$LS_5=LF_5-D_5=16-6=10$$
$$LS_4=LF_4-D_4=19-10=9$$
$$LS_3=LF_3-D_3=16-5=11$$
$$LS_2=LF_2-D_2=9-8=1$$
$$LS_1=LF_1-D_1=1-1=0$$

五、常用网络图关键工作和关键线路的确定

1. 关键工作的确定

网络计划中机动时间最少的工作称为关键工作。因此，网络计划中工作总时间差最小的工作也就是关键工作。当计划工期等于计算工期时，应更多研究总时差以缩短计算工期；当计划工期大于计算工期时，关键工作的总时差为正值，说明计划已留有余地，进度控制变为主动。

2. 关键线路的确定

网络计划中从始至终全由关键工作组成的线路称为关键线路。在肯定型网络计划中是指线路上工作总持续时间最长的线路。关键线路在网络计划中宜用粗线、双线或彩色线标注。

单代号网络计划中，将相邻两项间隔时间为零的关键工作连接起来而形成的自起点节点到终点节点的通路就是关键线路。因此，【例 4-4】中的关键线路是 1-2-4-7。

六、单代号网络计划和双代号网络计划的比较

① 单代号网络计划绘制比较方便，节点表示工作，箭线表示逻辑关系，而双代号用箭线表示工作，可能有虚工作。在这一点上，比绘制双代号网络计划简单。

② 单代号网络计划具有便于说明、容易被非专业人员所理解和易于修改的优点，这对于推广应用统筹法编制工程进度计划，进行全面的科学管理是非常重要的。

③ 双代号网络计划表示工程进度比用单代号网络计划更为形象，特别是在应用带时间坐标的网络计划中。

④ 双代号网络计划应用电子计算机进行程序化计算和优化更为简便，这是因为双代号网络计划中用两个代号代表一项工作，可直接反映其紧前或紧后工作的关系。而对于单代号网络计划，必须按工作逐个列出其紧前、紧后工作关系，这在计算机中需占用更多的存储单元。由于单代号和双代号网络计划有上述各自的优缺点，故两种表示法在不同的情况下，其表现的繁简程度是不同的。在有些情况下，应用单代号表示法较为简单，而在另外情况下，使用双代号表示法则更为清楚。因此，单代号和双代号网络计划是两种互为补充、各具特色的表现方法。

⑤ 单代号网络计划与双代号网络计划均属于网络计划，能够明确地反映出各项工作之

间错综复杂的逻辑关系。通过网络计划时间参数的计算，可以找出关键工作和关键线路；通过网络计划时间参数的计算，可以明确各项工作的机动时间。网络计划可以利用计算机进行计算。

单代号网络计划与双代号网络计划的比较见表4-6。

表4-6 单代号网络计划与双代号网络计划的比较

比较项目	单代号网络计划	双代号网络计划
箭线	表示逻辑关系及工作顺序	表示工作及工作流向
节点	表示工作	表示工作的开始、结束瞬间
虚工作	无	可能有
虚拟节点	可能有虚拟开始节点、虚拟结束节点	无
逻辑关系	反映	反映
关键线路	总持续时间最长的线路	总持续时间最长的线路
	关键工作的连线且相邻关键工作时间间隔为零的线路	关键工作相连的线路

七、流水原理与网络计划的比较

① 土木工程组织施工中，常用的进度计划表达形式有两种：横道图与网络计划，尽管横道图与网络计划施工内容完全一样，但两者用不同的计划方法，在进度计划安排上侧重点不同，造成计算工期的差异。

② 专业工作队在分段施工中，网络计划强调逻辑关系（工艺逻辑和组织逻辑），流水施工进度计划强调施工连续，连续施工除隐含网络计划要求的工艺逻辑和组织逻辑关系外，还要求专业工作队连续施工的“工艺连续”以及保证工作面不空闲的“空间连续”，这样加大流水步距，导致按流水施工进度计划的计算工期变长。按流水施工进度安排的计算工期 $T_{流}$ 与按网络计划安排的计算工期 $T_{网}$ 的大小关系为

$$T_{流}>T_{网}$$

八、案例

【例4-5】 某县的土建基础工程，施工过程按挖槽（A）→垫层（B）→墙基（C）→回填土（D），施工段 $M=4$（Ⅰ，Ⅱ，Ⅲ，Ⅳ），其施工过程在各施工段上的流水节拍（持续时间）见表4-7，试分别编制该土建基础工程的流水进度计划和网络进度计划。

表4-7 施工过程的流水节拍（持续时间） 单位：d

施工过程	施工段Ⅰ	施工段Ⅱ	施工段Ⅲ	施工段Ⅳ
挖槽A	5	6	5	6
垫层B	2	1	2	1
墙基C	4	3	5	4
回填土D	2	2	4	2

【解】（1）按流水施工安排进度计划——横道图　按潘特考夫斯基法“累加数列错位相减，取其最大值”求流水步距。

首先，将施工过程的流水节拍依次累加得到一个数列，计算过程见表4-8。

表4-8　施工过程累加数列求和

施工过程	施工段Ⅰ	施工段Ⅱ	施工段Ⅲ	施工段Ⅳ
挖槽A	5	11	16	22
垫层B	2	3	5	6
墙基C	4	7	12	16
回填土D	2	4	8	10

其次，将上述数列错位相减取最大值得流水步距，见表4-9。

表4-9　流水步距计算

A与B	5	11	16	22	0
一)	0	2	3	5	6
	5	9	13	17	−6
$K_{AB}=\max[5,9,13,17,-6]=17$					
B与C	2	3	5	6	0
一)	0	4	7	12	16
	2	−1	−2	−6	−16
$K_{BC}=\max[2,-1,-2,-6,-16]=2$					
C与D	4	7	12	16	(0)
一)	(0)	2	4	8	10
	4	5	8	8	−10
$K_{CD}=\max[4,5,8,8,-10]=8$					

然后计算工期

$$\sum K+t_n=K_{AB}+K_{BC}+K_{CD}+t_n=17+2+8+10=37$$

绘制横道图，如图4-31所示。

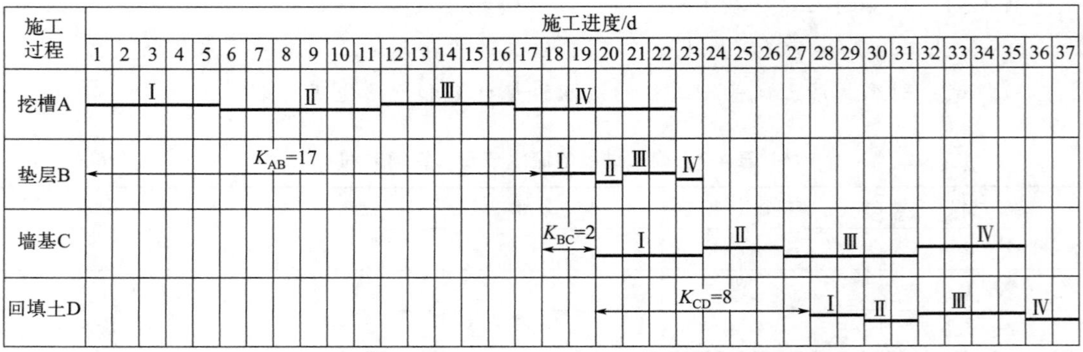

施工过程 | 施工进度/d（1～37）

挖槽A：Ⅰ　Ⅱ　Ⅲ　Ⅳ

垫层B：K_{AB}=17　Ⅰ　Ⅱ　Ⅲ　Ⅳ

墙基C：K_{BC}=2　Ⅰ　Ⅱ　Ⅲ　Ⅳ

回填土D：K_{CD}=8　Ⅰ　Ⅱ　Ⅲ　Ⅳ

图4-31　某土建基础工程按流水进度计划安排

计算流水步距采用的“累加数列错位相减取其最大值”法实际上体现了流水施工连续性的实质。

（2）按网络计划安排进度计划　按一般网络计划绘制双代号时标网络计划。时标网络计划本质上也是网络计划，常用双代号表示。按网络计划的逻辑关系绘制双代号网络计划后，不经计算，按最早时间参数直接绘制双代号时标网络计划（图 4-32），计算工期为 29d，短于流水施工工期 37d。

（3）结论　流水施工与网络计划是安排进度计划的两种方法，流水施工强调连续施工，而网络计划强调施工过程之间的逻辑关系正确，因而在安排进度计划时得出完全不同的计算工期。从本案例得出，按流水施工进度计划计算的工期为 $T_{流}=37\mathrm{d}$，按一般网络计划计算的工期为 $T_{网}=29\mathrm{d}$。根据图 4-31 与图 4-32 比较分析，不难得出它们在进度安排上的实质，在分段施工的条件下，按流水施工进度安排的计算工期 $T_{流}$ 与按网络计划安排的计算工期 $T_{网}$ 的大小关系为

$$T_{流}>T_{网}$$

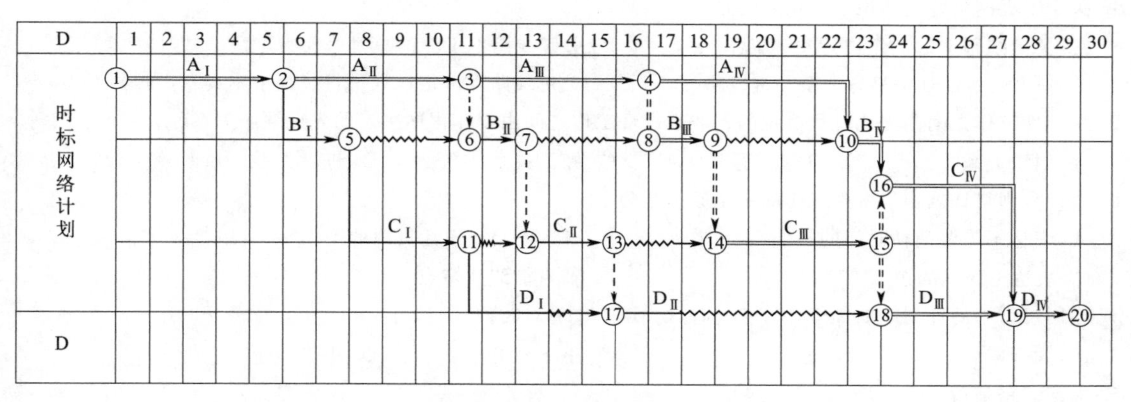

图 4-32　某土建基础工程按时标网络计划安排

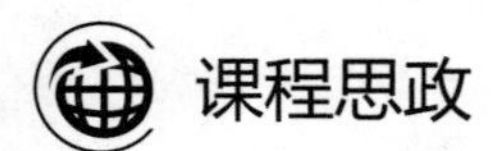

课程思政

华罗庚与统筹法

什么是统筹法？统筹法是一种为生产建设服务的数学方法。它的适用范围极为广泛，在国防、工业生产和关系复杂的科研项目的组织与管理中，皆可应用。它是一种基于多个目标的决策方法，通常用于处理复杂的问题，需要考虑多个因素并权衡它们。在统筹法中，决策者需要确定每个因素的重要性，并分配一定的权重，然后对每个选项进行评估和比较，得出有效的最优的决策方法。

有的人习惯把一切准备好再开工，如先洗净开水壶、茶壶和茶杯，再拿好茶叶，然后烧水。有的人走一步看一步，需要什么现抓，如先洗开水壶，然后烧水，水烧开后再洗茶壶、茶杯，找茶叶。这两种做法都需要 20min。

而用统筹方法来做，先洗开水壶，然后烧开水。在烧开水的同时去洗茶壶、茶杯、准备

茶叶。这样做，只需要16min，节约了4min的时间。

20世纪60～70年代，华罗庚的统筹法得到周恩来总理和党中央的高度重视与关怀，并成立了以华罗庚为中心团体的统筹法科学研究中心小组，对全国人民进行广泛普及教育，使之成为群众化和大众化的科学，这对当时我国的经济发展起到了极大的推动作用。

中国建筑学会工程管理研究分会成立于1983年，由从事建筑统筹与管理现代化理论、方法学术研究和推广应用的生产、科研、教学的单位和个人组成。华罗庚先生任第一任名誉理事长。分会成立之初是以在建筑领域研究推广华罗庚的统筹法，提高我国建筑业的科学管理水平作为宗旨。分会成立四十多年来，不断拓展研究领域，开展了卓有成效的工作。

习题

一、单项选择题

1. 关于工程网络计划的说法，正确的是（　　）。
   A. 关键线路上的工作均为关键工作　　B. 关键线路上工作的总时差均为零
   C. 一个网络计划中只有一条关键线路　　D. 关键线路在网络计划执行过程中不会发生转移
2. 生产性工作之间由工艺过程决定的、非生产性工作之间由工作程序决定的先后顺序关系称为（　　）。
   A. 组织关系　　B. 工艺关系　　C. 施工关系　　D. 进度关系
3. 双代号网络计划中引入虚工作的一个原因是为了（　　）。
   A. 表达不需要消耗时间的工作　　B. 表达不需要消耗资源的工作
   C. 表达工作间的逻辑关系　　D. 节省箭线和节点
4. 当网络计划的计划工期等于计算工期时，关键工作的总时差（　　）。
   A. 大于零　　B. 等于零　　C. 小于零　　D. 小于等于零
5. 关键线路是指（　　）。
   A. 不含虚工作的线路　　B. 持续时间之和最长的线路
   C. 含关键工作的线路　　D. 没有虚工作组成的线路
6. 在双代号时标网络计划中，以波形线表示工作的（　　）。
   A. 逻辑关系　　B. 关键线路　　C. 自由时差　　D. 总时差
7. 在工程网络计划中，M工作的最早开始时间为第16天，其持续时间为4天，该工作有3项紧后工作，它们的最早开始时间分为第22天、第24天、第25天，则M工作的自由时差为（　　）天。
   A. 2　　B. 3　　C. 4　　D. 5
8. 在某工程双代号网络计划中，工作M的最早开始时间为第15天，其持续时间为7天。该工作有两项紧后工作，它们的最早开始时间分别为第27天和第30天，最迟开始时间分别为第28天和第33天，则工作M的总时差和自由时差（　　）天。
   A. 均为5　　B. 分别为6和5　　C. 均为6　　D. 分别为11和6

二、多项选择题

1. 横道图和网络计划是建设工程进度计划的常用表示方法，将双代号时标网络计划与横道计划相比较，其特点包括（　　）。
   A. 时标网络计划和横道计划均能直观地反映各项工作的进度安排及工程总工期
   B. 时标网络计划和横道计划均能明确地反映工程费用与工期之间的关系

C. 横道计划不能像时标网络计划一样，明确地表达各项工作之间的逻辑关系

D. 横道计划与时标网络计划一样，能够直观地表达各项工作的机动时间

E. 横道计划不能像时标网络计划一样，直观地表达工程进度的重点控制对象

2. 下列选项中，自由时差的特点有（　　）。

A. 不影响紧后工作最早开始时间　　B. 总时差为零时自由时差必然为零

C. 非关键线路上自由时差一定为零　　D. 它为全线路所共有

E. 自由时差一定小于等于总时差

3. 某工程双代号网络计划中，正确的说法有（　　）。

A. 可以确定网络计划的计算工期

B. 关键线路至少有一条

C. 在计划的执行过程中，关键线路是不可改变的线路

D. 在计划工期等于计算工期时，关键工作是总时差为零的工作

E. 时间参数一目了然

4. 绘制双代号网络计划时，节点编号的原则是（　　）。

A. 不应重复编号

B. 可以随机编号

C. 箭尾节点编号小于箭头节点编号

D. 编号之间可以有间隔

E. 虚工作的节点可以不编号

5. 下列关于双代号时标网络计划的表述中错误的有（　　）。

A. 工作箭线左端节点中心所对应的时标值为该工作的最早开始时间

B. 工作箭线中波形线的水平投影长度表示该工作与其紧后工作之间的时间间隔

C. 工作箭线中实线部分的水平投影长度表示该工作的持续时间

D. 工作箭线中不存在波形线时，表明该工作的总时差为零

E. 工作箭线中存在波形线时，波形线表示工作与其紧后工作之间的时间间隔

三、职业资格考试题

1. 2010 一级建造师考试真题

某办公楼工程，地下 1 层，地上 10 层。现浇钢筋混凝土框架结构，为管桩基础。建设单位与施工总承包单位签订了施工总承包合同，合同工期为 29 个月。按合同约定，施工总承包单位将预应力管桩工程分包给了符合资质要求的专业分包单位。施工总承包单位提交的施工总进度计划如下图所示（时间单位：月），该计划通过了监理工程师的审查和确认。

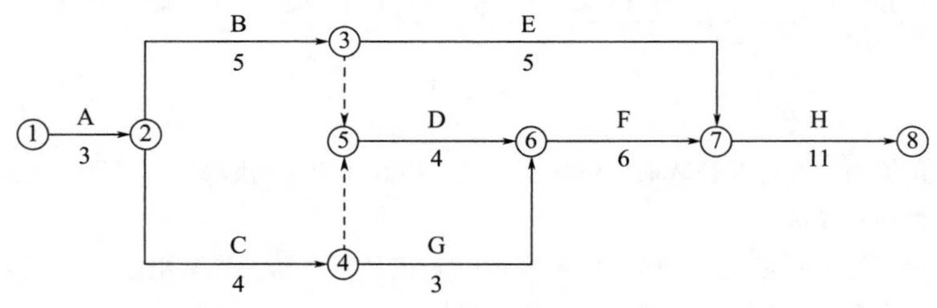

工进度计划网络计划

合同履行过程中，发生了如下事件。

事件 1：在工程施工进行到第 7 个月时，因建设单位提出设计变更，导致 G 工作停止施工 1 个月。由

于建设单位要求按期完工，施工总承包单位据此向监理工程师提出了赶工费索赔。根据合同约定，赶工费标准为 18 万元/月。

事件 2：在 H 工作开始前，为了缩短工期，施工总承包单位将原施工方案中 H 工作的异节奏流水施工调整为成倍节拍流水施工。原施工方案中 H 工作异节奏流水施工横道图如下图所示（时间单位：月）。

施工工序	施工进度										
	1	2	3	4	5	6	7	8	9	10	11
P	Ⅰ		Ⅱ		Ⅲ						
R					Ⅰ	Ⅱ	Ⅲ				
Q						Ⅰ			Ⅱ		Ⅲ

H工作异节奏流水施工横道图

问题：(1) 施工总承包单位计划工期能否满足合同工期要求？为保证工程进度目标，施工总承包单位应重点控制哪条施工线路？

(2) 事件 1 中，施工总承包单位可索赔的赶工费为多少万元？说明理由。

(3) 事件 2 中，流水施工调整后，H 工作相邻工序的流水步距为多少个月？工期可缩短多少个月？按照以上横道图格式绘制调整后 H 工作的施工横道图。

2. 2018 一级建造师考试真题

某高校图书馆工程，地下二层，地上五层，建筑面积约 35000m²，现浇钢筋混凝土框架结构，部分屋面为正向抽空四角锥网架结构，施工单位与建设单位签订了施工总承包合同，合同工期为 21 个月。

在工程开工前，施工单位按照收集编制依据、划分施工过程（段）、计算劳动量、优化并绘制正式进度计划图等步骤编制了施工进度计划，并通过了总监理工程师的审查与确认，项目部在开工后进行了进度检查，发现施工进度拖延，其部分检查，结果如下图所示。

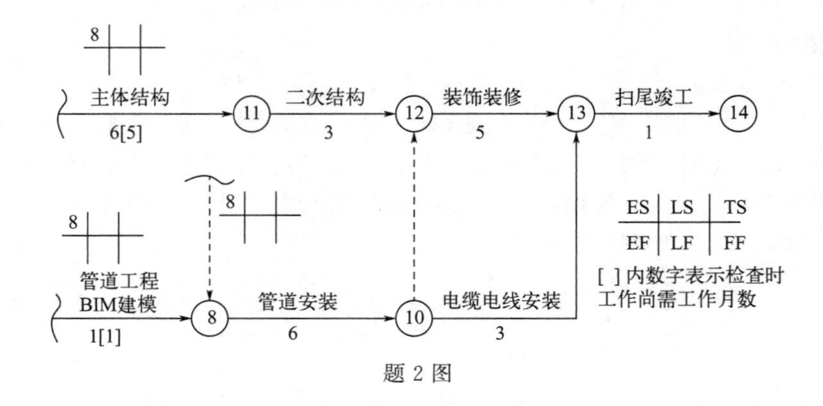

题 2 图

项目部为优化工期，通过改进装饰装修施工工艺，使其作业时间缩短为 4 个月，据此调整的进度计划通过了总监理工程师的确认。

管道安装按照计划进度完成后，因甲供电缆电线未按计划进场，导致电缆电线安装工程最早开始时间推迟了 1 个月，施工单位按规定提出索赔工期 1 个月。

问题：(1) 题 2 图中工程总工期是多少？管道安装的总时差和自由时差分别是多少？除工期优化外，进度网络计划的优化目标还有哪些？

(2) 施工单位提出的工期索赔是否成立？并说明理由。

3. 2019 年一级建造师考试真题改

某新建办公楼工程，地下二层，地上二十层，框架-剪力墙结构，建筑高度 87m。建设单位通过公开招标选定了施工总承包单位并签订了工程施工合同，基坑深 7.6m，基础底板施工计划网络计划如下图所示。

项目部在施工至第 33 天时，对施工进度进行了检查，实际施工进度如网络计划中实际进度前锋线所示，对进度有延误的工作采取了改进措施。

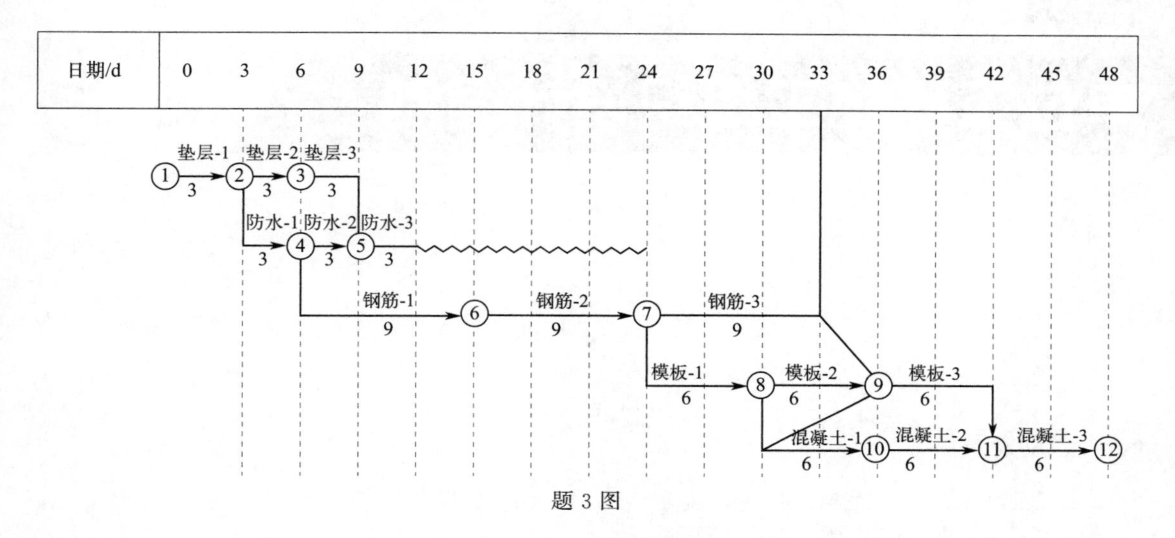

题 3 图

问题：(1) 指出网络计划中各施工工作的流水节拍，如采用成倍节拍流水施工，计算各施工工作专业队数量。

(2) 进度计划监测检查方法还有哪些？写出第 33 天的实际进度检查结果。

模块五

单位工程施工组织设计编制

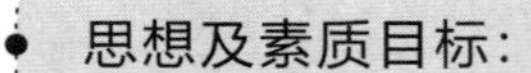

思想及素质目标：

1. 统筹兼顾意识、创新思维、抓关键、抓重点，凸显两点论和重点论
2. 科学精神、安全标准、规范意识、知行合一
3. 文明施工、绿色施工、实事求是、诚信守则、法治意识、职业精神

知识目标：

1. 了解施工组织设计的编制依据和编制内容
2. 熟悉资料收集的内容及会编制施工项目的工程概况
3. 能够根据工程信息编制项目的施工方案
4. 掌握进度计划的编制方法
5. 掌握施工现场平面图的编制方法
6. 能够编制各种资源需要量计划

技能目标：

1. 能够编制单位工程施工组织设计
2. 能够布置施工现场平面图

任务一　单位工程施工组织设计概述

一、施工组织设计的分类

施工组织设计按照编制对象不同，大致可以分为三类：施工组织总设计（施工组织大

纲）、单位工程施工组织设计和分部（分项）工程施工作业设计。这三类施工组织设计是由大到小、由粗到细、由战略部署到战术安排的关系，但各自要解决问题的范围和侧重等要求有所不同。

1. 施工组织总设计

施工组织总设计是以一个建设项目或建筑群为编制对象，用以规划整个拟建工程施工活动的技术经济文件。它是整个建设项目施工任务总的战略性的部署安排，涉及范围较广，内容比较概括。它一般是在初步设计或扩大初步设计批准后，由总承包单位负责，并邀请建设单位、设计单位、施工分包单位参加编制。如果编制施工组织设计条件尚不具备，可先编制一个施工组织大纲，以指导开展施工准备工作，并为编制施工组织总设计创造条件。

施工组织总设计的主要内容包括：工程概况、施工部署与施工方案、施工总进度计划、施工准备工作及各项资源需要量计划、施工总平面图、主要技术组织措施及主要技术经济指标等。

由于大、中型建设项目施工工期往往需要几年，因此施工组织总设计对以后年度施工条件等变化很难精确地预见到，这样，就需要根据变化的情况，编制年度施工组织设计，用以指导当年的施工部署并组织施工。

2. 单位工程施工组织设计

单位工程施工组织设计是以一个单位工程或一个不复杂的单项工程（如一个厂房、仓库、构筑物或一幢公共建筑、宿舍等）为对象而编制的，对单位工程的施工起指导和制约作用。它是根据施工组织总设计的规定要求和具体实际条件对拟建的工程对象的施工工作所做的战术性部署，内容比较具体、详细。它是在全套施工图设计完成并交底、会审完后，根据有关资料，由工程项目技术负责人负责编制的。

单位工程施工组织设计的主要内容包括：编制依据、工程概况、施工部署、施工进度计划、施工准备工作及各项资源需要量计划、主要施工方法、施工现场平面布置及主要施工管理计划等基本内容。

对于建筑结构比较简单、工程规模比较小、技术要求比较低，且采用传统施工方法组织施工的一般工业与民用建筑，其施工组织设计可以编制得简单一些，其内容一般只包括施工方案、施工进度表、施工平面图，辅以扼要的文字说明，简称为“一案一表一图”。

3. 分部（分项）工程施工作业设计

分部（分项）工程施工作业设计是以某些新结构、技术复杂或缺乏施工经验的分部（分项）工程为对象（如高支模、有特殊要求的高级装饰工程等）而编制的，用以指导和安排该分部（分项）工程施工作业完成。

分部（分项）工程施工作业设计的主要内容包括：施工方法、技术组织措施、主要施工机具、配合要求、劳动力安排、平面布置、施工进度等，它是编制月、旬作业计划的依据。

二、单位工程施工组织设计编制依据

单位工程的施工组织设计，必须准备相应的文件和施工资料以及熟悉相关情况，编制的依据主要包括：

① 与工程建设有关的法律、法规和文件；

② 国家现行有关标准和技术经济指标；

③ 工程所在地区行政主管部门的批准文件，建设单位对施工的要求；

④ 工程施工合同或招标投标文件；

⑤ 工程设计文件；

⑥ 工程施工范围内的现场条件，工程地质及水文地质、气象等自然条件；

⑦ 与工程有关的资源供应情况；

⑧ 施工企业的生产能力、机具设备状况、技术水平等。

提示

① 法律、法规、规范、规程、标准和制度等应按以下顺序写：国家→行业→地方→企业；法规→规范→规程→规定→图集→标准。

② 特别注意法律、法规、规范、规程、标准和地方标准图集等应是现行的，不能使用过时、作废的作为依据。

三、单位工程施工组织设计编制程序

单位工程施工组织设计编制程序是指对施工组织设计的各组成部分形成的先后顺序。虽然单位工程施工组织设计的作用、编制内容和要求不尽相同，但其具体编制工作的程序通常包括如下几个方面。

① 熟悉、审查设计施工图，到现场进行实地调查，并搜集有关施工资料。

② 划分施工段和施工层，分层、分段计算各施工过程的工程量，注意工程量的单位与相应的定额单位相同。

③ 拟定该单位工程的组织机构及管理体系。

④ 拟定施工方案，确定各施工过程的施工方法；进行技术经济分析比较，并选择最优施工方案。

⑤ 分析拟采用的新技术、新材料、新工艺的技术措施和施工方法。

⑥ 编制施工进度计划，并进行多项方案比较，选择最优进度方案。

⑦ 根据施工进度计划和实际条件，编制原材料、预制构件、成品、半成品等的需用量计划，列出该工程项目采购计划表，并拟定材料运输方案和制订供应计划。

⑧ 根据各施工过程的施工方法和实际条件，选择适用的施工机械及机具设备，编制需用量计划表。

⑨ 根据施工进度计划和实际条件，编制总劳动力及各专业劳动力需用量计划表或劳务分包计划。

⑩ 计算临时性建筑数量和面积，包括仓储面积、堆场面积、工地办公室面积、生活用房面积等。

⑪ 计算和设计施工临时供水、排水、供电、供暖和供气的用量，布置各种管线的位置

和主接口的位置，确定变压器、配电箱、加压泵等的规格和型号。

⑫ 根据施工进度计划和实际条件设计施工平面布置图。

⑬ 拟定保证工程质量，降低工程成本，保证工期、冬雨期施工、施工安全等方面的措施，以及施工期间的环境保护措施和降低噪声、避免扰民的措施等。

⑭ 主要技术经济指标的计算与分析。

四、单位工程施工组织设计编制重点

从突出“组织”的角度出发，编制单位工程施工组织设计时，应重点编好以下三个方面内容。

① 单位工程施工组织设计中的施工方案和施工方法。这一部分是解决施工中的组织指导思想和技术方法问题。在编制中，要努力做到在多方案中优化和多方法中选择更合理的方案及更有效的方法。

② 单位工程施工组织设计中的施工进度计划。这部分所要解决的问题是工序衔接和搭接及其工序作业时间，且应能熟练地用横道图或网络图表现出来。

③ 单位工程施工组织设计中的施工平面图。这一部分的技术性、经济性都很强，还涉及许多政策和法规问题，如占地、环保、安全、消防、用电、交通、运输和文明施工等。在有限的可利用场地和空间，如何有效地进行施工平面布置，需综合各方面因素，严格依照施工平面布置原则做好规划和安排。

总之，以上三方面重点突出了施工组织设计中的技术、时间和空间三大要素，这三者又是密切相关的，设计的顺序也不能颠倒。抓住这三方面重点，也就抓住了单位工程施工组织设计的核心。

五、施工组织设计的管理

1. 编制和审批

施工组织设计的审批和施工组织设计的编制一样，应视工程大小、内容复杂程度的不同而进行分级审批。《建筑施工组织设计规范》(GB/T 50502—2009) 规定如下。

① 施工组织设计应由项目负责人主持编制，企业主管部门审核，可根据需要分阶段审批。

② 施工组织总设计应由总承包单位技术负责人审批；单位工程施工组织设计应由施工单位技术负责人或技术负责人授权的技术人员审批；施工方案应由项目技术负责人审批；重点、难点分部（分项）工程和专项工程施工方案应由施工单位技术部门组织相关专家评审，施工单位技术负责人批准。

③ 由专业承包单位施工的分部（分项）工程或专项工程的施工方案，应由专业承包单位技术负责人或技术负责人授权的技术人员审批；有总承包单位时，应由总承包单位项目技术负责人核准备案。

④ 规模较大的分部（分项）工程和专项工程的施工方案应按单位工程施工组织设计进行编制与审批。

提示

项目监理机构应审查施工单位报审的施工组织设计，符合要求时，应由总监理工程师签认后报建设单位。项目监理机构应要求施工单位按已批准的施工组织设计组织施工，施工组织设计需要调整时，项目监理机构应按程序重新审查。

施工组织设计审查应包括下列基本内容。

① 编审程序应符合相关规定。

② 施工进度、施工方案及工程质量保证措施应符合施工合同要求。

③ 资金、劳动力、材料、设备等资源供应计划应满足工程施工需要。

④ 安全技术措施应符合工程建设强制性标准。

⑤ 施工总平面布置应科学合理。

2. 技术交底

单位工程施工组织设计经上级承包单位技术负责人或其授权人审批后，应在工程开工前由项目负责人组织，对项目部全体管理人员及主要分包单位进行交底并做好交底记录。

技术交底的形式有以下几种。

(1) 书面交底　把交底的内容和技术要求以书面形式向施工的负责人和全体有关人员交底，交底人与接收人在交底完成后，分别在交底书上签字。

(2) 会议交底　通过组织相关人员参加会议，向到会者进行交底。

(3) 样板交底　组织技术水平较高的工人做出样板，经质量检查合格后，对照样板向施工班组交底。交底的重点是操作要领、质量标准和检验方法。

(4) 挂牌交底　将交底的主要内容、质量要求写在标牌上，挂在操作场所。

(5) 口头交底　适用于人员较少、操作时间比较短、工作内容比较简单的项目。

(6) 模型交底　对于比较复杂的设备基础或建筑构件，可做模型进行交底，使操作者加深认识。

3. 过程检查与验收

① 单位工程的施工组织设计在实施过程中应进行检查。过程检查可按照工程施工阶段进行，通常划分为地基基础、主体结构、装饰装修三个阶段。

② 过程检查由企业技术负责人或相关部门负责人主持，企业相关部门、项目经理部相关部门参加，检查施工部署、施工方法的落实和执行情况，如对工期、质量、效益有较大影响的应及时调整，并提出修改意见。

4. 发放与归档

单位工程施工组织设计审批后加盖受控章，由项目资料员报送及发放并登记记录，报送监理方及建设方，发放企业主管部门、项目相关部门、主要分包单位。

工程竣工后，项目经理部按照国家、地方有关工程竣工资料编制的要求，将《单位工程施工组织设计》整理归档。

5. 施工组织设计的动态管理

如果项目施工过程中，发生以下情况之一时，施工组织设计应及时进行修改或补充：

① 工程设计有重大修改；
② 有关法律、法规、规范和标准实施、修订和废止；
③ 主要施工方法有重大调整；
④ 主要施工资源配置有重大调整；
⑤ 施工环境有重大改变。
经修改或补充的施工组织设计应重新审批后实施。

任务二　工程概况的编制

一、编制工程建设概况

工程建设概况是对拟建工程的工程特点、建设地点特征和施工条件等所做的一个简明扼要的介绍。

工程建设概况应包括下列内容：
① 工程名称、性质和地理位置；
② 工程的建设、勘察、设计、监理和总承包等相关单位的情况；
③ 工程承包范围和分包工程范围；
④ 施工合同、招标文件或总承包单位对工程施工的重点要求；
⑤ 其他应说明的情况。
工程建设概况见表 5-1。

表 5-1　工程建设概况

工程名称		工程地址	
建设单位		勘察单位	
设计单位		监理单位	
质量监督部门		总包单位	
主要分包单位		建设工期	
合同工期		总投资额	
合同工程投资额		质量目标	
工程功能或用途		建设期	

二、编制工程设计概况

各专业设计简介应包括下列内容。

1. 建筑设计简介

建筑设计简介应依据建设单位提供的建筑设计文件进行描述，包括建筑规模、建筑功能、建筑特点、建筑耐火、防水及节能要求等，并应简单描述工程的主要装修做法，可根据实际情况列表说明。建筑设计概况一览见表 5-2。

表 5-2 建筑设计概况一览表

<table>
<tr><td colspan="2">占地面积</td><td>m^2</td><td colspan="2">首层建筑面积</td><td>m^2</td><td>总建筑面积</td><td>m^2</td></tr>
<tr><td rowspan="2">层数</td><td>地上</td><td></td><td rowspan="3">层高</td><td>地下</td><td>m</td><td>地上面积</td><td>m^2</td></tr>
<tr><td rowspan="2">地下</td><td rowspan="2"></td><td>首层</td><td>m</td><td>地下面积</td><td>m^2</td></tr>
<tr><td></td><td>标准层</td><td>m</td><td></td><td></td></tr>
<tr><td rowspan="8">装饰</td><td>外墙</td><td colspan="6"></td></tr>
<tr><td>楼地面</td><td colspan="6"></td></tr>
<tr><td>墙面</td><td colspan="6"></td></tr>
<tr><td>顶棚</td><td colspan="6"></td></tr>
<tr><td>楼梯</td><td colspan="6"></td></tr>
<tr><td>电梯厅</td><td colspan="6"></td></tr>
<tr><td>地下</td><td colspan="6"></td></tr>
<tr><td>屋面</td><td colspan="6"></td></tr>
<tr><td rowspan="3">防水</td><td>卫生间</td><td colspan="6"></td></tr>
<tr><td>阳台</td><td colspan="6"></td></tr>
<tr><td>雨篷</td><td colspan="6"></td></tr>
<tr><td colspan="2">保温节能</td><td colspan="6"></td></tr>
<tr><td colspan="2">绿化</td><td colspan="6"></td></tr>
<tr><td colspan="2">环境保护</td><td colspan="6"></td></tr>
</table>

注：可根据实际情况附典型平、剖面图。

2. 结构设计简介

结构设计简介应依据建设单位提供的结构设计文件进行描述，主要包括结构形式、地基基础形式、结构安全等级、抗震设防类别、主要结构构件类型及要求等。结构设计一览见表 5-3。

表 5-3 结构设计一览表

<table>
<tr><td>地基</td><td>结构类型</td><td>桩</td><td colspan="2">桩长 m，桩径 mm</td></tr>
<tr><td>基础</td><td>结构形式</td><td></td><td>板厚</td><td></td></tr>
<tr><td rowspan="2">主体</td><td>结构形式</td><td colspan="3"></td></tr>
<tr><td>主要结构尺寸</td><td colspan="2">柱子：</td><td>梁：</td></tr>
<tr><td>抗震设防等级</td><td colspan="2">级</td><td>人防等级</td><td>级</td></tr>
<tr><td rowspan="4">混凝土强度等级及抗渗要求</td><td>桩基</td><td></td><td>整体基础</td><td></td></tr>
<tr><td>墙体</td><td></td><td>梁</td><td></td></tr>
<tr><td>板</td><td></td><td>柱</td><td></td></tr>
<tr><td>楼梯</td><td></td><td>构造柱</td><td></td></tr>
<tr><td>钢筋种类级别</td><td colspan="4"></td></tr>
<tr><td>特殊结构</td><td colspan="4"></td></tr>
</table>

3. 机电及设备安装专业设计简介

机电及设备安装专业设计简介应依据建设单位提供的各相关专业设计文件进行描述，包括给水、排水及采暖系统、通风与空调系统、电气系统、智能化系统、电梯等各个专业系统的做法要求。

提示

工程概况中还可以附以下几种图进一步说明。

（1）周围环境条件图　主要说明周围建筑物与拟建建筑的尺寸关系、标高、周围道路、电源、水源、雨污水管道及走向、围墙位置等；城市市政管网系统工程。

（2）工程平面图　从中可以看到建筑物的尺寸、功用及围护结构等，这也是合理布置施工总平面的一个要素。

（3）工程结构剖面图　从中可了解到工程的结构高度、楼层标高、基础高度及底板厚度等，这些是施工的依据。

任务三　施工部署施工方案的编制

一、编制施工部署

1. 施工部署的目标

工程施工目标应该根据施工合同、招标文件以及本单位对工程管理目标的要求确定，包括进度、质量、安全、环境和成本等目标。各项目标应满足施工组织总设计中确定的总体目标。

2. 施工部署的内容

① 工程主要施工内容及其进度安排应明确说明，施工顺序符合工序逻辑关系。

② 施工流水段应结合工程具体情况分阶段划分；单位工程施工阶段的划分一般应包括地基基础、主体结构、装饰装修和机电设备安装三个阶段。

③ 对于工程施工的重点和难点应进行分析，包括组织管理和施工技术两个方面。

④ 确定工程管理的机构形式并确定项目经理部的工作岗位设置及其职责划分。

⑤ 对于工程施工中开发和使用的新技术、新工艺应作出部署，对新材料和新设备的使用应提出技术及管理要求。

⑥ 对主要分包工程施工单位的选择要求及管理方式应进行简要说明。

3. 项目管理思路

按“质量、安全、工期、文明、效益、服务”六个“一流”的目标做好全面的施工和管理。

根据工程所具有的突出特点，有针对性地制订合理严谨的施工进度计划，发挥公司多年来同类型工程的宝贵施工管理经验，重合同、守信誉，精心组织施工，运用先进、成熟的施工工艺、科学合理的管理方法，建造精品工程，并为甲方提供满意的售后服务。

组织公司内具有同类型工程施工经验的工程技术人员和施工管理人员成立专门小组，全面分析工程条件及工程技术要求，并多次深入现场进行调查，仔细研究工程现状和改造建设要求，对工程特点、难点进行深入的分析，利用经验，充分发挥公司所拥有的工程施工能力，有决心、有把握把本工程按照六个“一流”目标顺利完成。

4. 施工部署原则

根据项目目标要求，确定合理的施工程序，实现施工的连续性和均衡性。

负责项目的成本管理工作。负责组织编制和办理工程款结算等工作。

二、编制施工方案

合理选择施工方案是单位工程施工组织设计的核心。它包括确定施工程序与施工段划分、施工起点及流向、分部分项工程施工顺序及施工机械的选择等。施工方案选择得恰当与否，将直接影响到单位工程的施工效率、施工质量和施工工期。

1. 施工程序与施工段划分

(1) 单位工程的施工程序　施工程序体现了施工步骤上的客观规律性，是指单位工程中各施工阶段或分部工程的先后次序及其制约关系，主要是解决时间搭接上的问题。

(2) 土建施工程序　施工程序是指一个建设项目（包括生产、生活、主体、配套、庭园、绿化、道路以及各种管道等）或单位工程，在施工过程中应遵循的合理的施工顺序。

施工顺序确定的原则：先场外、后场内，场外由远而近；先全场、后单项，全场从平土开始；先地下、后地上，地下先深后浅；管线及管道工程先主干、后分支，排水先下游，其他先源头。

① 先场外、后场内。对于与场内外有联系的一些工程，如道路工程、管线工程等，其施工应从场外开始，然后逐步向场内延伸。这样完工一部分就有一部分可以利用，对施工极其方便性。正确的施工顺序，使修建道路所需的器材可以直接通过干道运抵施工地点，随着道路向场内延伸，修建好的部分道路即可加以利用，从而保证现场所需器材的顺利供应，既能充分发挥新建工程的效益，又能经济地解决运输问题，争取施工的时间。

② 先全场、后单项。即应该先完成全场性的工程，然后完成各独立的建筑物和构筑物。所谓全场性工程，是指对于许多工程的施工或使用者有关的、其作业面遍及整个施工现场的那些公用工程，如场地平整，各种管道、电缆线的主干，场内的铁路和主要干道等。

③ 先地下、后地上。这是任何工程的施工都须严格遵循的重要原则。所谓先地下，后地上，就是说在施工时应先完成零点标高以下的工程，然后完成零点标高以上的部分。从整个施工现场来看，零点标高以下的工程，大致包括如下的工作：铺设地下管网，修建专用线和现场内的铁路与公路。在地下工程的施工中，除遵守上述顺序外，还应贯彻先深后浅的原则，即先做深层的，再做浅层的。一层一层地做上来，只有在完成零点标高以下的工程之后，才进行地面以上工程的施工。地下工程按照先深后浅的程序施工，在许多情况下是属于施工工艺上的严格要求，而一般情况下也是最为合理的。

④ 管线及管道工程先主干、后分支，排水先下游，其他先源头。管线道路中的先主干、后分支的施工顺序，能使完成部分的工程得以迅速发挥作用。如果先进行分支、管线道路的施工，由于这些管线道路没有与干管、干线和干道接通，它们也就不能发挥工程的效益，上水道不能供水，下水道的水仍然排不出去，煤气、蒸汽、电力也没有来源，道路也不能充分利用。管线道路工程的施工必须首先完成主干，道路也就从与附近干道连接处逐渐通向场内。

上面所讲的这些原则，一般是不允许打乱的，打乱了就会造成混乱，就可能损害工程质量，必然会增加施工费用，形成浪费，延误工期，总而言之是会导致“少、慢、差、费”。当然，遵循上述的施工顺序也并不是完全机械的。首先，由于施工条件不同，在特殊情况下变动上述的某一施工顺序也可能是必要的和合理的。比如在填土的地段，就可以先铺管子。其次，遵循上述顺序也并不意味着必须先施工的工程全部完工以后才能进行在顺序上应后施工的工程，先后施工工程之间的交叉和穿插作业是可以的，甚至是必要的。这里重要的是要掌握一个合理的交叉搭接的界限。这种合理的交叉搭接界限也是因条件不同而互异的。

一般的原则是后一环节的工作必须要在前一环节提供了必要的工作条件后才能开始，而后一环节工作的开始既不应该影响前一环节工作，也不应该影响本身工作的连续与顺利进行。

2. 土建施工与设备安装之间的程序安排

工业厂房施工，除了要完成一般土建工程施工外，还要同时完成工艺设备和电器、管道等安装工作。为了早日竣工投产，在考虑施工方案时应合理安排土建施工与设备安装之间的施工程序。一般来说，土建与设备安装有以下三种施工程序。

(1) 封闭式施工　即土建主体结构完成之后，即可进行设备安装的施工程序，如一般机械工业厂房、精密仪表厂房、要求恒温恒湿的车间等，应在土建装饰工程完成后才能进行设备安装。

(2) 敞开式施工　即先安装工艺设备，后建厂房的施工程序，如某些重型工业厂房、冶金车间、发电厂等。敞开式施工的优缺点与封闭式相反。

(3) 设备安装与土建施工同时进行　指当土建施工为设备安装创造了必要的条件，同时又采取能够防止被砂浆、垃圾等污染的措施时，设备安装与土建施工可同行进行。如建造水泥厂时，经济上最适宜的施工程序是两者同时进行。

3. 施工段的划分

① 专业工作队在各个施工段上的劳动量要大致相等，其相差幅度不宜超过10%～15%。

② 对多层或高层建筑物，施工段的数量要满足合理流水施工组织的要求，即 $m \geqslant n$。

③ 每个施工段都要有足够的工作面，使其所容纳的劳动力人数或机械台数，能满足合理劳动组织的要求。

④ 为了保证拟建工程项目的结构整体完整性，施工段的分界线应尽可能与结构的自然界线（如沉降缝、伸缩缝）相一致。

⑤ 多层施工项目既要平面上划分施工段，又要竖向上划分施工层。施工段数是各层段数之和，各层应有相同的段数，以保证相应的专业工作队在施工段与施工层之间，组织有节奏、连续、均衡的流水施工。

4. 施工流向与施工顺序

(1) 单位工程的施工起点和流向　施工起点和流向是指单位工程在平面或空间上开始施工的部位及流动方向，这主要取决于生产需要、缩短工期和保证质量等要求。一般来说，对单层建筑物，只需按其工段、跨间分区分段地确定平面上的施工流向；对多层建筑物，除了确定每层平面上的施工流向外，还要确定其层间或单元空间上的施工流向，如多层房屋的内墙抹灰是采用自上而下的方式，还是采用自下而上的方式。

确定单位工程施工流向时，应考虑如下因素。

① 应考虑车间的工艺流程及其使用要求。一个多跨单层装配式工业厂房，从施工角度考虑，厂房的哪一端都可作为起点进行施工，但如果按生产工艺的顺序进行施工，不但能保证设备安装工程的分期进行，缩短工期，而且可提早投产，充分发挥其建设的投资效果。

② 考虑单位工程的繁简程度和施工过程之间的关系。一般是技术复杂、施工进度慢、工期长的区段和部位应先施工。另外，关系密切的分部分项工程的流水施工，如果紧前工作的起点流向已经确定，则后续施工过程的起点流向应与其一致。

③ 考虑房屋的高低层和高低跨。当房屋有高低层或高低跨时，应从高低层或高低跨并列处开始。如柱子的吊装应从高低跨并列处开始；屋面防水层施工应按先低后高方向施工；基础施工应按先深后浅的顺序施工。

④ 考虑工程施工的现场条件。施工场地的大小、道路布置和施工方案中采用的施工机械等也都是确定施工流向的主要因素。如土方工程边开挖边外运余土，施工的起点一般应选在离道路远的位置，按从远而近的流向进行施工。

⑤ 考虑施工方案的要求不同。施工流向应按所选的施工方案及所制定的施工组织要求进行安排。如在结构吊装工程中，采用分件吊装法，其施工流向不同于综合吊装法；同样，设计人员的要求不同，其施工流向也不同。

⑥ 分部分项工程的特点和相互关系。分部分项工程不同，其相互关系不同，决定其施工流向不同。特别是在确定竖向与平面组合的施工流向时，尤其重要。

分部工程或施工阶段的特点及其相互关系：基础工程由施工机械和方法决定其平面的施工流向。从主体结构工程平面上看，从哪一边先开始都可以；从竖向看，一般应自下而上施工。装修工程竖向的施工流向比较复杂，下面做简单介绍。

根据装修工程的工期、质量和安全要求以及施工条件，室内装修工程的施工流向有“自上而下”“自下而上”以及“自中而下再自上而中”三种。

a. “自上而下”的施工流向。通常是指主体结构工程封顶、做好屋面防水层后，从顶层开始，逐层往下进行。“自上而下”的施工流向有水平向下和垂直向下两种情况，如图 5-1 所示，通常采用水平向下的施工流向较多。

在组织流水施工时，如采用水平向下的施工流向，可以一层作为一个施工段；如采用垂直向下的施工流向，可以竖向空间划分的施工区段（如单元）作为一个施工段。

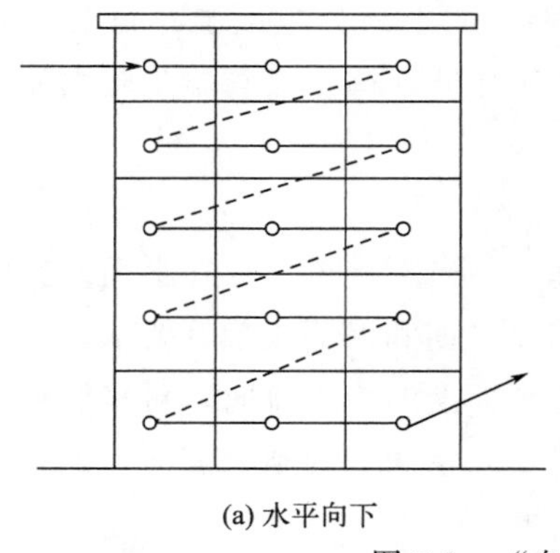

(a) 水平向下

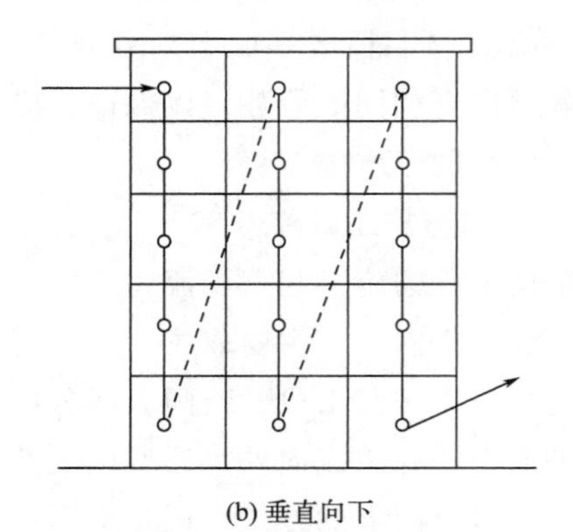

(b) 垂直向下

图 5-1 “自上而下”的施工流向

这种施工流向的优点是主体结构完成后，有一定的沉降时间，沉降变化趋于稳定，能保证装修工程的质量，同时，各工序之间交叉少，便于组织施工，保证施工安全，而且从上往下清理垃圾也很方便。其缺点是装修工程不能与主体结构施工进行搭接，因而工期较长。

b. “自下而上”的施工流向。通常是指当主体结构工程施工到四层，且底层模板拆除后，装修工程即可从一层开始，逐层向上进行。自下而上的施工流向有水平向上和垂直向上两种情况，如图 5-2 所示。在组织流水施工时，如采用水平向上的施工流向，可以一层作为一个施工段；如采用垂直向上的施工流向，可以竖向空间划分的施工区段（如单元）作为一个施工段。

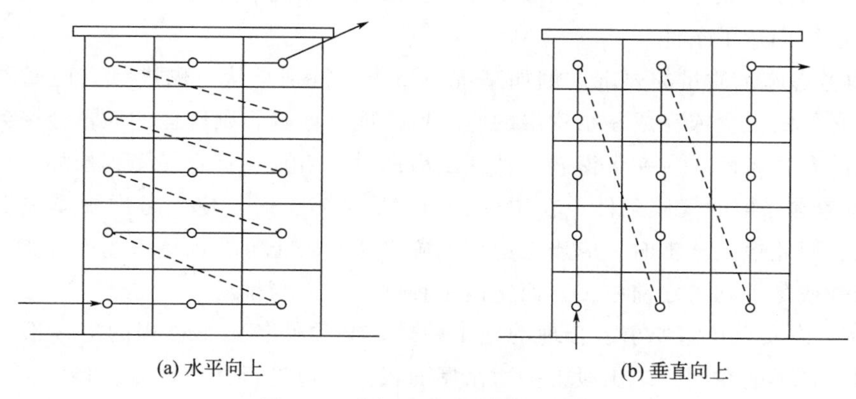

图 5-2　“自下而上”的施工流向

这种施工流向的优点是装修工程与主体结构交叉施工，故工期缩短。其缺点是工序之间相互交叉多，需要很好地组织施工，并采取安全防护措施。

c. “自中而下再自上而中”的施工流向。其综合了上述两者的优点，克服了缺点，通常是高层建筑主体结构施工到一半左右的时候，即可“自中而下”进行室内装修工程的施工；当主体结构工程施工结束且中间楼层的装修工程结束时，即可“再自上而中”，进行内装修工程的施工。

室外装修工程的施工流向一般为“自上而下”。

（2）分部分项工程的施工顺序　组织单位工程施工时，应将其划分为若干个分部工程（或施工阶段），每一个分部工程（或施工阶段）又划分为若干个分项工程（施工过程），并对各个分部分项工程的施工顺序做出合理安排。

确定施工顺序的基本原则如下。

① 必须遵守施工工艺的要求。各个施工过程之间客观上存在着一定的工艺顺序关系，随着房屋的结构和构造的不同而不同。在确定顺序时，不能违背，必须服从这种关系。例如砖混结构住宅的施工（楼板为预制），应先把墙砌到一个楼层高度后，才能安装预制楼板。

② 必须考虑施工方法和施工机械的要求。例如装配式单层工业厂房的构件吊装，如果采用分件吊装法，施工顺序应该是先吊柱，后吊吊车梁，最后吊屋架和屋面板；如果采用综合吊装法，则施工顺序应该是吊完一个节间的柱，吊车梁、屋架和屋面板之后，再吊装另一节间的构件。又如在安装装配式多层多跨工业厂房时，如果采用塔式起重机，则可以自下而

上地逐层吊装；如果采用桅杆式起重机，则可以把整个房屋在平面上划分成若干单元，由下向上地吊装完一个单元构件，再吊下一个单元构件。

③ 必须考虑施工组织的要求。例如，地下室的混凝土地坪，可以在地下室的上层楼板铺设以前施工，也可以在上层楼板铺设以后施工。但是从施工组织的角度来看，前一种施工顺序比较合理，因为它便于利用安装楼板的起重机向地下室运输浇筑地坪所需的混凝土。又如多层框架结构工程完成后，由于框架承受围护墙的荷载，砌筑框架间各层墙体时，可以自下层开始向上逐层先砌内墙、后砌外墙，也可以自上先砌女儿墙，然后逐层向下先砌内墙、后砌外墙的施工顺序。如果内装饰工程采用自顶层开始自上而下进行流水施工，则应相应地采取自上而下的砌筑顺序，不仅使砌墙工程与装饰工程在流水方向保持一致，而且为屋面防水工程提早进行创造了条件。

④ 必须考虑施工质量的要求。例如基坑回填土，特别是从一侧进行室内回填土，必须在砌体达到必要的强度或完成一结构层的施工后才能开始，否则砌体的质量会受到影响。又如工业厂房的卷材屋面，应在天窗嵌好玻璃以后铺设，否则卷材容易受到损坏。

⑤ 必须考虑当地的气候条件。在中南、华东地区施工时，应当考虑雨季施工影响；在东北、华北、西北地区施工时，应当考虑冬季施工影响。土方、砌墙、屋面等工程，应当尽量安排在雨季或冬季到来之前施工，而室内工程则可以适当推后。

⑥ 必须考虑安全技术要求。合理的施工顺序，必须使各施工过程的搭接不至于引起安全事故。例如，不能在同一施工段上一边吊屋面板，一边进行其他作业。多层房屋施工，只有在已经有层间楼板或坚固的临时铺板把一个一个楼层分开的条件下，才允许同时在各个楼层展开施工工作。

(3) 多层砖混结构的施工顺序　多层砖混结构的施工一般可分为基础（包括地下室结构）、主体、屋面、室内外装修、水电暖卫气等管道与设备安装工程。若按施工阶段划分，一般可以分为基础（地下室）、主体结构、屋面及装修与房屋设备安装三个阶段。

① 基础阶段施工顺序。这个阶段施工过程与施工顺序，一般是挖土、垫层、基础、防潮层、回填土。这一阶段，挖土和垫层在施工安排上要紧凑，时间间隔不能太长，也可将挖土与垫层划分为一个施工过程，避免槽（坑）灌水或受冻，影响地基土承载力，造成质量事故或人工材料浪费。如有桩基，则应另列桩基工程施工。如有地下室，则在垫层完成后进行地下室底板、墙身施工，再做防水层，安装地下室顶板，最后回填土。

各种管沟挖土、管道的铺设等应尽可能与基础施工配合，平行搭接进行。回填土一般在基础完工后一次分层夯填完毕，以便为后道工序施工创造条件。室内房间地面回填土，如果施工工期较紧，可安排在内装修前进行回填。

② 主体结构施工阶段施工顺序。这个阶段施工过程包括搭脚手架及垂直运输设施、砌筑墙体、现浇钢筋混凝土圈梁和雨篷、安装楼板等。在主体结构施工阶段，砌墙和吊装楼板是主要施工过程，它们在各楼层之间先后交替施工，而各层现浇混凝土等分项工程，与楼层施工紧密配合，同时或相继完成。组织主体结构施工时，尽量设法使砌砖连续施工。通常采用划分流水施工段的方法，就是将拟建工程在平面上划分为两个或几个施工段，组织流水施工。至于吊装楼板，如能设法做到连续吊装，则与砌墙工程组织流水施工；若不能连续吊装，则和各层现浇混凝土工程一样，只能与砌墙工程紧密配合，做到砌墙连续进行，可不强

调连续作业。

在组织砌墙工程流水施工时，不仅在平面上要划分施工段，而且在垂直方向上要划分施工层，按一个可砌高度为一个施工层，每完成一个施工段的一个施工层的砌筑，再转到下一个施工段砌筑同一施工层，就是按水平流向在同一施工层逐段流水作业。也可以在同一结构层内，由下向上依次完成各砌筑施工层后再流入下一施工段，这就是在一个结构层内采用垂直向上的流水方向的砌墙组织方法。还可以在同一结构层内各施工段间，采用对角线流向的阶段式的砌墙组织方法。砌墙组织的流水方向不同，安装楼板投入施工的时间间隔也不同。设计时，根据可能条件，作业不同流向的砌墙组织，分析比较后确定。

③ 屋面、装修、房屋设备安装阶段的施工顺序。这一阶段的特点是施工内容多，繁而杂；有的工程量大，有的小而分散；劳动消耗量大，手工操作多，工期长。

室外装修工程均采用自上而下的流水施工顺序。即从檐口开始，逐层往下进行，当由上往下每层所有工序都完成后，即开始拆除该层的脚手架。散水及台阶等，在外架子拆除后进行施工。室内装修工程有自上而下和自下而上两种顺序。室内装修工程自上而下的顺序，通常是指主体结构工程封顶，做好防水层以后，由顶层开始，逐层往下进行。这种顺序的优点是主体结构完成后，有一定的沉降时间，做好屋面防水层后，可防止雨水渗漏，因此，可保证装修工程质量。另外，这种施工顺序，各工序间交叉少，影响小，便于组织施工，有利于保证施工安全，且清理也很方便。其缺点是不能与主体结构施工搭接，工期较长。

室内装修工程自下而上的施工顺序，是指主体结构工程的墙砌到 2～3 层以上时，装修工程从 1 层开始，逐层往上进行。这种顺序的优点是可以和主体砌墙工程搭接提前施工。其缺点是工序之间交叉多，需要很好安排并采取安全措施。当采用预制楼板时，板缝往往填灌不实，易渗漏施工用水，且板靠墙一边易渗漏雨水。为此在上下两相邻楼层中，应采取抹好上层地面，再做下层天棚抹灰的施工顺序。高层建筑室内抹灰工程适于采用自中而下再自上而中的施工顺序，它综合了上述两者的优缺点。

室内抹灰工程在同一层内的顺序一般是：地面和踢脚线、天棚、墙面。这样顺序清理简便，地面质量易于保证，且便于收集墙面和天棚落地灰，节约材料。但由于地面需要技术间歇，墙和天棚抹灰时间推迟，影响后续工序，会使工期延长。有时为了缩短抹灰工期，也可以按天棚、墙面、地面的施工顺序进行，此时必须把楼面上落地灰和渣子扫清洗净后再做地面面层，否则会影响面层与预制楼板的黏结。底层地面一般多在各层墙面、楼地面做好以后进行。楼梯间和踏步，因为在施工期间容易受到损坏，通常在整个抹灰工程完成以后，自上而下统一施工。

门窗扇的安装安排在抹灰之前或抹灰之后进行，视气候和施工条件而定。一般是先抹灰后安装门窗扇。若室内抹灰在冬季施工，为防止抹灰层冻结和加速干燥，则门窗扇和玻璃应在抹灰前安装好。门窗刷油漆后再安装玻璃。室内装修工程与室外装修工程的施工顺序通常互相干扰很小，哪个先施工，哪个后施工，或者室内外同时进行都可以，应视施工条件而定。屋面防水工程的顺序是依次铺保温层、抹找平层、刷冷底子油、铺卷材等。屋面工程在主体结构完成后开始，并尽快完成，为顺利进行室内装修工程创造条件。一般它可以和装修工程平行进行。

房屋设备安装工程的施工可与土建有关分部分项工程交叉进行，紧密配合。主体结构阶段，应在砌墙或现浇楼板的同时，预留电线、水管等的孔洞或预埋木砖和其他埋件；装修阶段，应安装各种管道和附墙暗管，接线盒等。水暖煤卫电等设备安装，最好在楼地面和墙面抹灰之前或之后穿插施工。室外上下水管道等施工可安排在土建工程之前或与土建工程同时进行。

（4）单层装配式厂房的施工顺序　单层装配式厂房的施工一般可分为基础、预制、吊装、围护和屋面及装修、设备安装等五个阶段。装配式钢筋混凝土单层工业厂房施工顺序如图 5-3 所示。

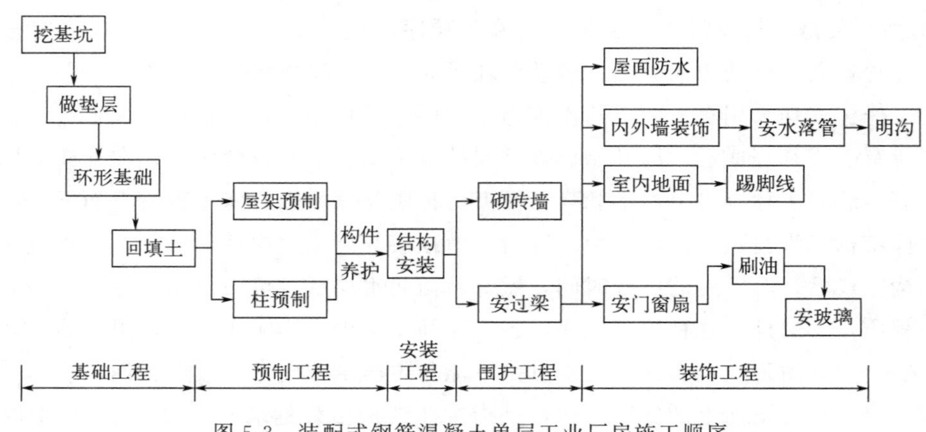

图 5-3　装配式钢筋混凝土单层工业厂房施工顺序

① 基础阶段的施工顺序。单层工业厂房不但有柱基础，一般还有设备基础。中、小型工业厂房没有大型设备基础，设备基础埋置不深，柱基础的埋置深度大于设备基础的埋置深度，故采取厂房柱基础先施工，待主体结构施工完毕后，再进行设备基础施工的“封闭式”施工顺序。这种施工顺序，柱基础施工和构件预制的工作面较宽，便于布置机械开行路线，可加快主体结构的施工速度，设备基础在室内施工，由于设备基础埋置深度浅于柱基，因此对厂房结构稳定性无影响，施工不受气候影响，如有可能，还可以利用厂房的桥式吊车为设备基础施工服务。

在组织施工时，柱基础或设备基础的主要施工过程和施工顺序是：基坑挖土-垫层-杯形基础（可分为扎筋、支模、浇混凝土等）-回填土。柱基施工从基坑开挖到柱基回填土应分段进行流水施工，与现场预制工程、结构吊装工程相结合。

② 预制阶段的施工顺序。单层工业厂房预制构件较多，哪些构件在现场预制，哪些构件在预制厂加工，应根据具体条件做技术经济分析比较。一般来说，对重量较大、运输不便的大型构件，可在现场拟建车间内部就地预制，如柱、托架梁、屋架以及吊车梁等。中、小型构件可在加工厂预制，如大型屋面板等标准构件。种类及规格繁多的异形构件，可在现场拟建车间外部集中预制，如门窗过梁等构件。

现场预制钢筋混凝土柱和屋架，其施工过程和施工顺序是：地胎模施工（或多节脱模的支墩施工）、支模板、扎钢筋（有时先扎筋后支模）、屋架预应力张拉（先张法）或屋架预应力钢筋孔预埋钢管或加压橡胶管（后张法）、浇捣混凝土、养护、拆模；屋架预应力钢筋张拉、锚固、灌浆、养护等。柱与屋架预制时，先柱后屋架（分件吊装法）或柱、屋架依次分批预制（节间吊装法），先吊先预制。钢筋混凝土构件预制后养护并达到一定强度要求，必须有技术间歇时间，其长短取决于当地气温、混凝土拌制时的技术措施（加减水剂或早强剂等）、养护条件等因素。柱、非预应力屋架在强度分别达到70%和100%设计强度等级后才可以进行吊装；预应力屋架、托架梁等构件在混凝土的强度达到设计强度等级时才允许张拉预应力筋，而灌浆后的砂浆强度达到15kN/mm^2 时才能进行就位和吊装。

③ 结构吊装阶段的施工顺序。结构吊装工程是单层工业厂房施工中的主导工程，其施工内容有：柱、吊车梁、连系梁、地基梁、托架、屋架、天窗架、大型屋面板等构件吊装、校正和固定。吊装前准备工作包括：检查混凝土构件强度、杯底抄平、柱基杯口弹线、吊装验算和加固及起重机械安装等。

构件开始吊装日期取决于吊装前准备工作完成的情况，吊装流向和顺序主要由后续工程对它的要求来确定。吊装流向通常应与预制构件制作的流向一致。如果车间为多跨又有高低跨时，安装流向应从高低跨柱列开始，以适应吊装工艺的要求。

吊装的顺序取决于安装的方法。若采用分件吊装法时，其吊装顺序一般是：第一次开行路线吊装柱，随后对柱校正与固定；待柱与柱基杯口接头混凝土强度达到设计强度等级的70%后，第二次吊装吊车梁、托架与连系梁；第三次吊装屋盖构件。有时也可将第二、第三次进行合并。若采用综合吊装法时，其吊装顺序一般是：先安装柱，迅速校正并临时固定，再安装吊车梁及屋盖等构件，如此依次逐间安装，直至整个厂房安装完毕。

抗风柱的吊装顺序一般有两种方法：一是吊装柱的同时先安装该跨一端的抗风柱，另一端则于屋盖安装完毕后进行；二是全部抗风柱的安装均待屋盖安装完毕后进行。

④ 围护、屋面及装修阶段的施工顺序。这个阶段包括三个分部工程，其总的施工顺序一般是先维护结构，再屋面，最后做装修工程。但有时也可相互交叉平行搭接施工。围护结构施工过程及施工顺序是：搭设垂直运输设施、砌墙、搭脚手架（与砌砖配合）、现浇大门框、雨篷、圈梁等。砌墙时，木门窗框可以同时安装。屋面工程施工顺序与多层砖混结构屋面工程相同。装修工程包括室内装修（包括地面、门窗扇、油漆、玻璃安装、刷白等）和室外装修（包括勾缝、抹灰、勒脚、散水等），两者可平行施工，并可与其他施工过程交叉穿插进行。室外抹灰一般自上而下；室内地面工程必须在地面以下的各施工内容先做完后进行；刷白应在墙面干燥和大型屋面板灌缝之后进行，并在油漆开始之前结束。

⑤ 设备安装阶段的施工顺序。水暖煤电卫安装与砖混结构相同。而生产设备的安装，一般由专业公司承担。上面所述的施工过程和顺序，仅适用于一般情况。建筑施工是一个复杂的过程，建筑结构、现场条件、施工环境不同，均对施工过程和顺序的安排产生不同的影响。因此，对每一个单位工程，必须根据其特点和具体情况，合理确定其施工顺序。

5. 选择施工方法和施工机械

在单位工程施工组织设计中的施工方法，是针对本工程的主要分部分项工程而言的，是属于施工方案的技术方面，是施工方案的重要组成部分。施工方法和施工机械的选择是紧密联系的，在技术上它是解决各主要分部分项工程的施工手段和工艺问题。分部分项工程施工手段和工艺在建筑施工技术部分已有叙述，这里仅将需重点拟定施工方法和选择施工机械的内容和要求分述如下。

（1）基础工程　挖基槽（坑）土方是基础施工的主要施工过程之一，其施工方法包括下述若干问题需研究确定。

① 挖土方法确定。采用人工挖土还是机械挖土。如采用机械挖土，则应选择挖土机的型号、数量，机械开挖方向与路线，机械开挖时，人工如何配合修整槽（坑）底坡。

② 挖土顺序。根据基础施工流向，同时考虑基础挖土中基底标高。

③ 挖土技术措施。根据基础平面尺寸及深度、土壤类别等条件，确定基坑单个挖土还是按柱列轴线连通大开挖；是否留工作面及确定放坡系数；如基础尺寸不大也不深时，也可考虑按垫层平面尺寸直壁开挖，以便减少土方量、节约垫层支模；如可能出现地下水，应如何采取排水或降低地下水的技术措施；排除地面水的方法，以及沟渠、集水井的布置和所需设备；冬期与雨期的有关技术与组织措施等；运、填、夯实机械的型号和数量。在基础工程中的挖土、垫层、扎筋、支模、浇筑混凝土、养护、拆模、回填土等工序，应采用流水作业连续施工，也就是说，基础工程施工方法的选择，除了技术方法外，还必须对组织方法即对施工段的划分做出合理的选择。

（2）混凝土和钢筋混凝土工程　应着重于模板工程的工具化和钢筋、混凝土施工的机械化。

① 模板的类型和支模方法。根据不同的结构类型、现场条件确定现浇和预制用的各种模板（如工具式钢模、木模、翻转模板、土胎模等）、各种支承方法（如钢、木立柱、桁架等）和各种施工方法（如分节脱模、重叠支模、滑模、大模等），并分别列出采用的项目、部位和数量，明确加工制作的分工以及隔离剂的选用。

② 钢筋加工、运输和安装方法。明确在加工厂或现场加工的范围（如成形程度是加工成单根、网片或骨架）。除锈、调直、切断、弯曲、成形方法，钢筋冷拉、预加应力方法，焊接方法（如电弧焊、对焊、点焊、气压焊等），以及运输和安装方法，从而提出加工申请计划和机具设备需用量计划。

③ 混凝土搅拌和运输方法。确定混凝土集中搅拌还是分散搅拌，其砂石筛洗、计量和后台上料方法，混凝土运输方法，并选用搅拌机的型号，以及所需的掺和料、附加剂的品种和数量，提出所需材料机具设备数量。混凝土的浇筑顺序、施工缝位置、分层高度、工作班制、振捣方法和养护制度等。

（3）预制工程　装配式单层工业厂房的柱子和屋架等在现场预制的大型构件，应根据厂房平面尺寸、柱与屋架数量及其尺寸，吊装路线及选用的起重吊装机械的型号、吊装方法等因素，确定柱与屋架现场预制平面布置图。构件现场预制的平面布置应按照吊装工程的布置原则进行，并在图上标出上下层叠浇时屋架与柱的编号，这与构件的翻转、就位次序与方式有密切的关系。在预应力屋架布置时，应考虑预应力筋孔的留设方法，采取钢管抽芯法时拔出预留孔钢管及穿预应力筋所需的空间。

（4）结构吊装工程　根据建筑物的外形尺寸；所吊装构件外形尺寸、位置及重量；工程量与工期；现场条件，吊装工地拥挤的程度与吊装机械通向建筑工地的可能性；工地上可能获得吊装机械的类型等条件与吊装机械的参数和技术特性加以比较，选出最适当的吊装机械类型和所需的数量。确定吊装方法（分件吊装法、综合吊装法），安排吊装顺序、机械位置和行驶路线以及构件拼装方法及场地。安排好构件运输、装卸、堆放方法，以及所需的机具设备（如平板拖车、载重汽车、卷扬机及架子车等）型号、数量并满足对运输道路的要求。吊装工程准备工作包括杯底找平、杯口面弹出中心轴线、柱子就位、弹出柱面中心线等；起重机行走路线压实加固；各种吊具、临时加固、电焊机等要求及吊装有关的技术措施。

（5）砌砖工程　主要是确定现场垂直、水平运输方式和脚手架类型。在砖混结构建筑中，还应就砌砖与吊装楼板如何组织流水作业施工做出安排，以及砌砖与搭架子的配合。选择垂直运输方式时，应结合吊装机械的选择并充分利用构件吊装机械做一部分材料的运输。当吊装机械不能满足运输量的要求时，一般可采用井架、门架等垂直运输设施，并确定其型号及数量、设置的位置。选择水平运输方式，如各种运输车（手推车、机动小翻斗车、架子车、构件安装小车等）的型号与数量。为提高运输效率，还应确定与上述配套使用的专用工具设备，如砖笼、混凝土及砂浆料斗等，并综合安排各种运输设施的任务和服务范围，如划分运送砖、砌块、构件、砂浆、混凝土的时间和工作班次，做到合理分工。

（6）装修工程　确定抹灰工程的施工方法和要求，根据抹灰工程机械化施工方法，提出所需的机具设备（如灰浆的制备、喷灰机械、地面抹光及磨光机械等）的型号和数量。确定工艺流程和施工组织、组织流水施工。

6. 主要技术措施

应在严格执行施工验收规范、检验标准、操作规程的前提下，针对工程施工特点，制定下述措施。

（1）技术措施　对新材料、新结构、新工艺、新技术的应用，对高耸、大跨度、重型构件以及深基础、设备基础、水下和软弱地基项目，均应编制相应的技术措施。其内容包括：

① 需要表明的平面、剖面示意图以及工程量一览表；

② 施工方法的特殊要求和工艺流程；

③ 水下及冬雨期施工措施；

④ 技术要求和质量安全注意事项；

⑤ 材料、构件和机具的特点、使用方法及需用量。

（2）质量措施　保证质量措施，可从以下几方面来考虑：

① 确保定位放线、标高测量等准确无误的措施；

② 确保地基承载力及各种基础、地下结构施工质量的措施；

③ 确保主体结构中关键部位施工质量的措施；

④ 确保屋面、装修工程施工质量的措施；

⑤ 保证质量的组织措施（如人员培训、编制工艺卡及质量检查验收制度等）。

（3）安全措施　保证安全施工的措施，可从下述几方面来考虑：

① 保证土石方边坡稳定的措施；

② 脚手架、吊篮、安全网的设置及各类洞口、临边防止人员坠落的措施；

③ 外用电梯、井架及塔吊等垂直运输机具拉结要求和防倒塌措施；

④ 安全用电和机电设备防短路、防触电的措施；

⑤ 易燃、易爆、有毒作业场所的防火、防爆、防毒措施；

⑥ 季节性安全措施，如雨期的防洪、防雨，夏季的防暑降温，冬期的防滑、防火等措施；

⑦ 现场周围通行道路及居民保护隔离措施；

⑧ 保证安全施工的组织措施，如安全宣传、教育及检查制度等。

（4）降低成本措施　应根据工程情况，按分部分项工程逐项提出相应的节约措施，计算有关技术经济指标，分别列出节约工料数量与金额数字，以便衡量降低成本效果。其内容包括：

① 合理进行土石方平衡，以节约土石方运输及人工费用；

② 综合利用吊装机械，减少吊次，以节约台班费；

③ 提高模板精度，采用整装整拆的方式，加速模板周转，以节约木材或钢材；

④ 混凝土、砂浆中掺外加剂或掺和料（如粉煤灰、硼泥等），以节约水泥；

⑤ 采用先进的钢筋焊接技术（如气压焊）以节约钢筋；

⑥ 构件及半成品采用预制拼装、整体安装的方法，以节约人工费、机械费等。

（5）现场文明施工措施　文明施工或场容管理一般包括以下内容：

① 施工现场围栏与标牌设置，出入口交通安全，道路畅通，场地平整，安全与消防设施齐全；

② 临时设施的规划与搭设，办公室、宿舍、更衣室、食堂、厕所的安排与环境卫生；

③ 各种材料、半成品、构件的堆放与管理；

④ 散碎材料、施工垃圾的运输及防止各种环境污染；

⑤ 成品保护及施工机械保养。

7. 施工方案编制方法

（1）编制思路　目前由于对施工方案的理解不同，所以在各地及各单位编制方案的过程中内容有所区别，为了进一步理解施工方案的作用，以下主要介绍施工方案的编制内容和编制技巧。

为了严格施工方案的编制要求，在颁布《建设工程项目管理规范》(GB/T 50326—2017)中，就关于施工方案的编制内容作了要求；《建设工程项目管理规范》中 4.3.7 条规定，施工方案应包括以下内容。

① 施工流向和施工顺序。

② 施工阶段划分。

③ 施工方法和施工机械选择。

④ 安全施工设计。

⑤ 环境保护内容及方法。

如果该方案包含在项目管理规划大纲或项目管理实施大纲中，则上述内容能满足施工的要求。如果对一个分项工程单独编制施工方案，则上述内容略显单薄。通常来讲，对一个分项工程单独编制的施工方案应主要包括以下内容。

① 编制依据。

② 分项工程概况和施工条件，说明分项工程的具体情况，选择本方案的优点和因素，以及在方案实施前应具备的作业条件。

③ 施工总体安排，包括施工准备、劳动力计划、材料计划、人员安排、施工时间、现

场布置及流水段的划分等。

④ 施工方法工艺流程，施工工序，“四新”项目详细介绍。可以附图附表直观说明，有必要时进行设计计算。

⑤ 质量标准。阐明标准项目、基本项目和允许偏差项目的具体根据和要求，注明检查工具和检验方法。

⑥ 质量管理点及控制措施。分析分项工程的重点和难点，制定针对性的施工和控制措施及成品保护措施。

⑦ 安全、文明及环境保护措施。

⑧ 其他事项。

（2）主要施工方法的选择

① 确定施工方法应遵守的原则。编制施工组织设计时，必须注意施工方法的技术先进性与经济合理性的统一；兼顾施工机械的适用性，尽量发挥施工机械的性能和使用效率，应充分考虑工程的建筑特征、结构形式、抗震烈度、工程量大小、工期要求、资源供应情况、施工现场条件、周围环境、施工单位的技术特点和技术水平、劳动组织形式和施工习惯等。

② 确定施工方法的重点。拟订施工方法时，应着重考虑影响整个单位工程施工的分部分项工程的施工方法。对于按常规做法和工人熟悉的施工方法，不必详细拟订，只提出应注意的特殊问题即可。对于下列一些项目的施工方法则应详细、具体。

a. 工程量大，在单位工程中占重要地位，对工程质量起关键作用的分部分项工程，如基础工程、钢筋混凝土工程等。

b. 施工技术复杂，施工难度大，或采用新工艺、新技术、新材料的分部分项工程，如大体积混凝土结构施工、模板早拆体系、无黏结预应力混凝土等。

c. 施工人员不太熟悉的特殊结构，以及专业性很强、技术要求很高和由专业施工单位施工的工程，如仿古建筑、大跨度空间结构、大型玻璃幕墙、薄壳和悬索结构等。

（3）确定施工方法的主要内容　拟订主要的操作过程和施工方法，包括施工机械的选择；提出质量要求和达到质量要求的技术措施；指出可能遇到的问题及防治措施；提出季节性施工措施和降低成本措施；制定切实可行的安全施工措施。

（4）主要分部工程施工方法要点

① 土石方工程。选择土石方工程施工机械；确定土石方工程开挖或爆破方法；确定土壁开挖的边坡坡度、土壁支护形式及打桩方法；地下水、地表水的处理方法及有关配套设备；计算土石方工程量并确定土石方调配方案。

② 基础工程。浅基础的垫层、混凝土基础和钢筋混凝土基础施工的技术要求，以及地下室施工的技术要求；桩基础施工方法及施工机械选择。

基础工程强调，在保证质量的前提下，要求加快施工速度，突出一个“抢”字；混凝土浇筑要求一次成型，不留施工缝。

③ 钢筋混凝土结构工程。模板的类型和支模方法、拆模时间和有关要求；对复杂工程尚需进行模板设计和绘制模板放样图；钢筋的加工、运输和连接方法选择，混凝制备方案，确定搅拌、运输与浇筑顺序和方法，以及泵送混凝土和普通垂直运输混凝土的机城选择；确定混凝土搅拌、振捣设备的类型和规格及施工缝留设位置；预应力钢材、锚夹具、张拉设备

的选用和验收，成孔材料及成孔方法（包括灌浆孔、泌水孔），端部和梁柱节点处的处理方法，预应力、张拉力、张拉程序以及张拉方法、要求等；混凝土养护及质量评定。

在选择施工方法时，应特别注意大体积混凝土、高强度混凝土、特殊条件下混凝土及冬季混凝土施工中的技术方法，注重模板的早拆化、标准化，钢筋加工中的联动化、机械环境化，混凝土运输中采用开型搅拌运输车、泵送混凝土，计算机控制混凝土配料等。

④ 结构安装工程。选择起重机械（类型、型号、数量）；确定结构构件安装方法，拟订安装顺序，起重机开行路线及停机位置；构件平面布置设计，工厂预制构件的运输、装卸、堆放方法；现场预制构件的就位、堆放的方法，确定吊装前的准备工作、主要工程量的吊装进度。

⑤ 砌筑工程。墙体的组砌方法和质量要求，大规格砌墙的排列图；确定脚手架搭设方法及安全网的布置；砌体标高及垂直度的控制方法；垂直运输及水平运输机具的确定；砌体流水施工组织方式的选择。

⑥ 屋面及装饰工程。确定屋面材料的运输方式，屋面工程和各分项工程的施工操作及质量要求；装饰材料运输及储存方式；各分项工程的操作及质量要求，新材料的特殊工艺及质量要求。

（5）特殊项目　对于特殊项目，如采用新材料、新技术、新工艺、新结构的项目以及大跨度、高耸结构、水下结构、深基础和软地基等，应单独选择施工方法，阐明施工技术关键，进行技术交底，加强技术管理，制定安全质量措施。

（6）主要施工机械的选择　施工方法拟订后，必然涉及施工机械的选择。施工机械对施工工艺、施工方法有直接的影响，机械化施工是当今的发展趋势，是现代化大生产的显著标志，是改变建筑业落后状况的基础，对于加快建设速度、提高工程质量、保证施工安全、节约工程成本等，起着至关重要的作用。因此，选择施工机械是确定施工方案的中心环节，应着重考虑以下几个方面。

① 结合工程特点和其他条件，选择最适合的主导工程施工机械。例如，装配式单层工业厂房结构安装起重机的选择，若吊装工程量较大且比较集中，可选择生产率较高的塔式起重机或桅杆式起重机；若吊装工程量较小或工程量虽较大但比较分散时，则选用无轨自行式起重机较为经济。无论选择何种起重机械，都应当使起重机性能满足起重量、起重高度和起重半径的要求。

② 施工机械之间的生产能力应协调一致。在选择各种辅助机械或运输工具时，应注意与主导施工机械的生产能力协调一致，充分发挥主导施工机械的生产能力。例如，在土方开挖施工中，若采用自卸汽车运土，汽车的容量是一般应是挖掘机铲斗容量的整倍数，汽车的数量应保证挖掘机能连续工作，发挥其生产效率。又如，在结构安装施工中，选择的运输机的数量及每次运输量，应保证起重机连续工作。

③ 在同一建筑工地上，选择施工机械的种类和型号尽可能少，以利于现场施工机械的管理和维修，同时减少机械转移费用。在工程量较大时，应该采用专业机械以适应专业化大生产；在工程量较小且又分散时，尽量采用多用途的施工机械，使一种施工机械能满足不同分部工程施工的需要。例如，挖土机不仅可以用于挖土，将工作装置改装后，也可用于装卸、起重和打桩。

④ 施工机械选择应考虑充分发挥施工单位现有施工机械的能力，并争取实现综合配套，以减少资金投入，在保证工程质量和工期的前提下，充分发挥施工单位现有施工机械的效率，以降低工程造价。如果现有机械不能满足工程需要，应根据实际情况，采取购买或租赁的方式补充。

⑤ 对于高层建筑或结构复杂的建筑物（构筑物），其主体结构施工的垂直运输机械最佳方案往往是多种机械的组合，例如，塔式起重机和施工电梯；塔式起重机、施工电梯和混凝土泵；塔式起重机、施工电梯和井架；井架、快速提升机和施工电梯等。

（7）施工项目机械设备的选择　施工项目机械设备的选择是在施工方案编制时进行的。其原则是：切合需要，实际可行，经济合理；减少闲置，立足现有设备，发挥现有机械设备能力；充分利用社会机械设备租赁资源，同时要将企业自身闲置的机械设备向社会开放，打破封闭自锁的观念，为企业赢得更高的经济效益。

施工项目机械设备选择的方法有以下几种。

① 用单位工程量成本比较优选。在使用机械时，总要消费一定的费用，这些费用可分成两类：一类称为操作费或可变费用，它随着机械的工作时间而变化，如操作人员的工资、燃料动力费、小修理费、直接材料费等；另一类是按一定施工期限分摊的费用，称为固定费，如折旧费、大修理费、机械管理费、投资应付利息、固定资产占用率等。用这两类费用计算单位工程量成本的公式是

$$\text{单位工程量成本}=\frac{\text{操作时间固定费用}+\text{操作时间}\times\text{单位时间操作费}}{\text{操作时间}\times\text{单位时间产量}}$$

② 用界限使用时间判断应选用哪种机械。单位工程量成本受使用时间的制约。如果能将两种机械单位工程量成本相等时的使用时间计算出来，则决策工作更可靠，把这个时间称为“界限使用时间”。

假如 R_a 和 R_b 分别为 A 机器和 B 机器的固定费用；Q_a 和 Q_b 分别为 A 机器和 B 机器的单位时间产量，P_a 和 P_b 分别为 A 机器和 B 机器的每小时操作费；界限使用时间为 X_0，则两机器的单位工程量成本相等时可表示为

$$\frac{R_a+P_aX_0}{Q_aX_0}=\frac{R_b+P_bX_0}{Q_bX_0} \tag{5-1}$$

解此式得

$$X_0=\frac{R_bQ_a-R_aQ_b}{P_aQ_b-P_bQ_a} \tag{5-2}$$

这就是界限使用时间的计算公式。显然，使用时间高于这个时间或低于这个时间，单位工程量成本的变化都会使选用机械的决策得到相反的结果。

为了判断使用时间的变化对决策的影响，假设两机器的单位时间产量相等，则式(5-2)可以简化成

$$X_0=\frac{R_b-R_a}{P_a-P_b} \tag{5-3}$$

这样，欲做决策，首先要计算界限使用时间，然后根据实际工程需要的预计使用时间，做出选用机械的决策。

③ 用折算费用法进行优选。当机械在一项工程中使用时间较长，甚至涉及购置费时，在选择时往往涉及机械的原值（投资）；利用银行贷款时又涉及利息，甚至复利计息。这时，可采用折算费用法（又称等值成本法）进行计算，低者为优。

折算费用是预计机械使用时间按年或按月摊入成本的机械费用，这项费用涉及机械原值、年使用费、残值和复利利息。计算公式是

年折算费用＝每年按等值分摊的机械投资＋每年的机械使用费

在考虑复利和残值的情况下

年折算费用＝(原值－残值)×资金回收系数＋残值×利率＋年度机械使用费

$$资金回收系数=\frac{i(1+i)^n}{(1+i)^{n-1}} \tag{5-4}$$

式中 i——复利率；

n——计利期。

任务四 施工进度计划的编制

单位工程施工进度计划指的是控制工程施工进度和工程竣工期限等各项施工活动的实施计划，是在确定了施工方案的基础上，根据规定工期和各种资源的供应条件，按照施工过程的合理顺序及组织施工的原则，用网络图或者横道图的形式表示。

一、施工进度计划的作用与分类

1. 施工进度计划的作用

单位工程施工进度计划是施工组织设计的重要组成内容之一，是控制各分部分项工程施工进度的主要依据，也是编制月、季度施工作业计划及各项资源需要量计划的依据。它的主要作用如下。

① 确定各主要分部分项工程名称及其施工顺序，确定各施工过程需要的延续时间，它们互相之间的衔接、穿插、平行搭接、协作配合等关系。

② 指导现场施工安排；确保施工进度和施工任务如期完成。

③ 确定为完成任务所必需的劳动工种和总劳动量及各种机械、各种技术物资资源的需要量，为编制相关的施工计划做好准备、提供依据。

2. 施工进度计划的分类

根据施工项目划分的粗细程度，单位工程施工进度计划可分为控制性施工进度计划和指导性施工进度计划两类。

（1）控制性施工进度计划　这种计划是以分部工程作为施工项目划分对象，控制各分部工程的施工时间及它们之间互相配合、搭接关系的一种进度计划。它主要适用于工程结构比较复杂、规模较大、工期较长而需要跨年度施工的工程，例如：大型工业厂房、大型公共建筑。还适用于规模不是很大或者结构不算复杂，但由于施工各种资源（劳动力、材料、机械等）不落实，或者由于工程建筑、结构等可能发生变化以及其他各种情况。

（2）指导性施工进度计划 这种计划是以分项工程或施工过程为施工项目划分对象，具体确定各个主要施工过程施工所需要的时间以及相互之间搭接、配合的关系。它适用于任务具体而明确、施工条件落实、各项资源供应正常、施工工期不太长的工程。编制控制性施工进度计划的单位工程，当各分部工程或施工条件基本落实以后，在施工之前也应编制指导性施工计划。这时，可按各施工阶段分别具体地、比较详细地进行编制。

二、施工进度计划的编制依据和程序

1. 施工进度计划的编制依据

编制单位工程施工进度计划，主要依据下列资料。

① 经过审批的建筑总平面图及工程全套施工图、地形图及水文、地质、气象等资料。

② 施工组织总设计对本单位工程的有关规定。

③ 建设单位或上级规定的开竣工日期。

④ 单位工程的施工方案，如施工程序、施工段划分、施工方法、技术组织措施等。

⑤ 工程预算文件可提供工程量数据，但要依据施工段、分层、施工方法等因素作解、合并、调整、补充。

⑥ 劳动定额及机械台班定额。

⑦ 施工企业的劳动资源能力。

⑧ 其他有关的要求和资料，如工程合同等。

2. 施工进度计划的编制程序

单位工程施工进度计划的编制程序如图 5-4 所示。

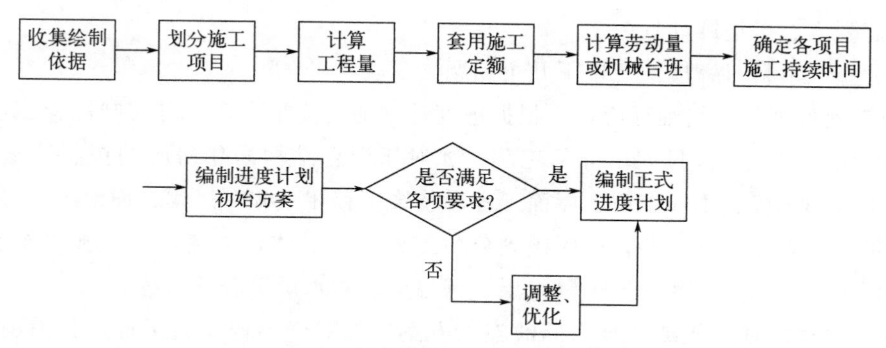

图 5-4 单位工程施工进度计划的编制程序

三、施工进度计划的表示方法

施工进度计划的表示形式有多种，最常用的为横道图和网络图两种。这里介绍横道图格式，它由两大部分组成，左侧部分是以分部分项工程为主的表格，包括相应分部分项工程内容及其工程量、定额（劳动效率）、劳动量或机械量等计算数据；表格右侧部分是以左侧表格计划数据设计出来的指示图表。它用线条形象地表现了各分部分项工程的施工进度，各个工程阶段的工期和总工期，并且综合反映了各个分部分项工程相互之间的关系。进度计划表的形式见表 5-4。

表 5-4 进度计划表

<table>
<tr><th rowspan="3">序号</th><th rowspan="3">分部分项工程名称</th><th colspan="2">工程量</th><th rowspan="3">定额</th><th colspan="2">劳动量</th><th colspan="2">需要机械</th><th rowspan="3">每天工作班次</th><th rowspan="3">每天工人数</th><th rowspan="3">工作天数</th><th colspan="6">进度日程</th></tr>
<tr><th rowspan="2">单位</th><th rowspan="2">数量</th><th rowspan="2">工种</th><th rowspan="2">数量</th><th rowspan="2">机械名称</th><th rowspan="2">台班数</th><th colspan="3">×月</th><th colspan="3">×月</th></tr>
<tr><th></th><th></th><th></th><th></th><th></th><th></th></tr>
<tr><td></td><td></td><td></td><td></td><td></td><td></td><td></td><td></td><td></td><td></td><td></td><td></td><td></td><td></td><td></td><td></td><td></td><td></td></tr>
<tr><td></td><td></td><td></td><td></td><td></td><td></td><td></td><td></td><td></td><td></td><td></td><td></td><td></td><td></td><td></td><td></td><td></td><td></td></tr>
<tr><td></td><td></td><td></td><td></td><td></td><td></td><td></td><td></td><td></td><td></td><td></td><td></td><td></td><td></td><td></td><td></td><td></td><td></td></tr>
<tr><td></td><td></td><td></td><td></td><td></td><td></td><td></td><td></td><td></td><td></td><td></td><td></td><td></td><td></td><td></td><td></td><td></td><td></td></tr>
</table>

四、编制施工进度计划

根据施工进度计划的程序，现将其编制的主要步骤和方法介绍如下。

1. 划分施工项目

编制施工进度计划时，首先应按照图纸和施工顺序将拟建单位工程的各个施工过程列出，并结合施工方法、施工条件、劳动组织等因素，加以适当调整，使之成为编制施工进度计划所需的施工项目。施工项目是包括一定工作内容的施工过程，它是施工进度计划的基本组成单元。

单位工程施工进度计划的施工项目仅是包括现场直接在建筑物上施工的施工过程，如砌筑、安装等，而对于构件制作和运输等施工过程，则不包括在内，但现场就地预制钢筋混凝土构件的制作，不仅单独占用工期，而且对其他施工过程的有影响，需要列入施工进度计划；或构件的运输需要与其他施工过程的施工密切配合，如楼板的随运随吊，这些制作和运输过程仍需列入施工进度计划。

在划分施工项目时，应注意以下几个问题。

① 施工项目划分的粗细程度，应根据进度计划的需要来决定。对控制性施工进度计划，项目划分得粗一些，通常只列出分部工程，如对于混合结构居住房屋的控制性施工进度计划，只列出基础工程、主体工程、屋面工程和装饰工程 4 个施工过程；而对于指导性施工进度计划，项目的划分要细一些，应明确到分项工程或更具体，以满足指导施工作业的要求，如对于屋面工程应划分为找平层、隔汽层、保温层、防水层等分项工程。

② 施工过程的划分要结合所选择的施工方案。如对于结构安装工程，若采用分件吊装方法，则施工过程的名称、数量、内容及其吊装顺序应按构件来确定；若采用综合吊装方法，则施工过程应按施工单元（节间或区段）来确定。

③ 适当简化施工进度计划的内容，避免施工项目划分过细、重点不突出。因此，可考虑将某些穿插性分项工程合并到主要分项工程中去，如门窗框安装可并入砌筑工程；而对于在同一时间内由同一施工班组施工的过程可以合并，如工业厂房中的钢窗油漆、钢门油漆、钢支撑油漆、钢梯油漆等可合并为钢构件油漆一个施工过程；对于次要的、零星的分项工程，可合并为“其他工程”一项列入。

④ 水、暖、电、卫和设备安装智能系统等专业工程不必细分具体内容，由各专业施工队自行编制计划并负责组织施工，而在单位工程施工进度计划中只要反映出这些工程与土建

工程的配合关系即可。

⑤ 所有施工项目应大致按施工顺序列成表格，编排序号，避免遗漏或重复，其名称可参考现行的施工定额手册上的项目名称。

2. 计算工程量

计算工程量是一项十分烦琐的工作，应根据施工图纸、有关计算规则及相应的施工方法进行，而且往往是重复劳动。如设计概算、施工图预算、施工预算等文件中均需计算工程量，故在单位工程施工进度计划中不必再重复计算，只需直接套用施工预算的工程量，或根据施工预算中的工程量总数，按各施工层和施工段在施工图中所占的比例加以划分即可，因为进度计划中的工程量仅用来计算各种资源需用量，不作为计算工资或工程结算的依据，故不必精确计算。计算工程量时应注意以下几个问题。

① 各分部分项工程的工程量计算单位应与采用的施工定额中相应项目的单位一致，以便计算劳动量及材料需要量时可直接套用定额，不再进行换算。

② 工程量计算应结合选定的施工方法和安全技术要求，使计算所得工程量与施工实际情况相符合。例如，挖土时是否放坡，是否加工作面，坡度大小与工作面尺寸是多少，是否使用支撑加固，开挖方式是单独开挖、条形开挖还是整片开挖，这些都直接影响到基础土方工程量的计算。

③ 结合施工组织要求，分区、分段、分层计算工程量，以便组织流水作业。若每层、每段上的工程量相等或相差不大时，可根据工程量的总数分别除以层数、段数，可得每层、每段上的工程量。

④ 如已编制预算文件，应合理利用预算文件中的工程量，以免重复计算。施工进度计划中的施工项目大多可直接采用预算文件中的工程量，可按施工过程的划分情况将预算文件中有关项目的工程量汇总。如“砌筑砖墙”一项的工程量，可首先分析它包括哪些内容，然后按其所包含的内容从预算的工程量中抄出并汇总求得。施工进度计划中的有些施工项目与预算文件中的项目完全不同或局部有出入时（如计量单位、计算规则、采用定额不同），则应根据施工中的实际情况加以修改、调整或重新计算。

3. 套用施工定额

根据所划分的施工项目和施工方法，套用施工定额（当地实际采用的劳动定额及机械台班定额或当地生产工人实际劳动生产效率），以确定劳动量和机械台班量。施工定额有两种形式，即时间定额和产量定额。

套用国家或地方的定额，必须注意结合本单位工人的技术等级、实际施工操作水平、施工机械情况和施工现场条件等因素，确定完成定额的实际水平，使计算出来的劳动量、机械台班量符合实际需要，为准确编制施工进度计划打下基础。

有些采用新技术、新材料、新工艺或特殊施工方法的项目，在施工定额中尚未编入，这时可参考类似项目的定额、经验资料，或按实际情况确定。

4. 劳动量与机械台班数的确定

劳动量与机械台班数应根据各分部分项工程的工程量、施工方法和现行的施工定额，结合当时当地的具体情况加以确定（施工单位可在现行定额的基础上，结合本单位的实际情况，制定扩大的施工定额，作为计算生产资源需要量的依据）。一般按下式计算。

$$P=\frac{Q}{S} \tag{5-5}$$

或

$$P=QH \tag{5-6}$$

式中 P——所需的劳动量（工日）或机械台班量（台班）；

Q——工程量，m^3，m^2，t…；

S——采用的产量定额，m^3，m^2，t…/工日或台班；

H——采用的时间定额，工日或台班/m^3，m^2，t…。

【例 5-1】 某混合结构民用住宅的基槽挖方量为 $700m^3$，用人工挖土时，产量定额为 $3.5m^3$/工日，由式(5-5) 得所需劳动量为

$$P=\frac{Q}{S}=\frac{700}{3.5}=200(\text{工日})$$

若用单斗挖土机开挖，其台班产量为 $120m^3$/台班，则机械台班需要量为

$$P=\frac{Q}{S}=\frac{700}{120}=6.83\approx 7(\text{台班})$$

① 计划中的一个项目包括定额中同一性质的不同类型的几个分项工程。这在查用定额时，定额对同一工种不一样，要用其综合定额（例如外墙砌砖的产量定额是 $0.85m^3$/工日；内墙则是 $0.94m^3$/工日）。当同一工种不同类型分项工程的工程量相等时，综合定额可用其绝对平均值，计算公式为

$$S=\frac{S_1+S_2+L+S_n}{n} \tag{5-7}$$

当同一工种不同类型分项工程的工程量不相等时，综合定额为其加权平均值，计算公式为

$$S=\frac{Q_1+Q_2+L+Q_n}{\frac{Q_1}{S_1}+\frac{Q_2}{S_2}+L+\frac{Q_n}{S_n}} \tag{5-8}$$

式中 S——综合产量定额；

Q_1，Q_2，…，Q_n——同一工种不同类型分项工程的工程量；

S_1，S_2，…，S_n——同一工种不同类型分项工程的产量定额。

或者先用其所包括的各自分项工程的工程量与其对应的分项工程产量定额（或时间定额）算出各自劳动量，然后求和，即为计划中项目的综合劳动量。

② 施工计划中的新技术或特殊施工方法的工程项目无定额可查用时，可参考类似项目的定额，或经过实际测算，确定其补充定额，然后套用。

③ 计划中“其他项目”所需劳动量，可视其内容和现场情况，按总劳动量的 10%～20%确定。

5. 施工过程持续时间的计算

各分部分项工程的作业时间应根据劳动力和机械需要量、各工序每天可能出勤人数与机械数量等，并考虑工作面的大小来确定。可按下列公式计算。

$$t=\frac{P}{Rb} \tag{5-9}$$

式中　t——某分部分项工程的施工天数；

P——某分部分项工程所需的机械台班数量（台班）或劳动量（工日）；

R——每班安排在某分部分项工程上的施工机械台数或劳动人数；

b——每天工作班数。

在确定施工过程的持续时间时，某些主要施工过程由于工作面限制，工人人数不能太多，而一班制又将影响工期时，可以采用两班制，尽量不采用三班制；大型机械的主要施工过程，为了充分发挥机械能力，有必要采用两班制，一般不采用三班制。在利用上述公式计算时，应注意下列问题。

① 对人工完成的施工过程，可先根据工作面可能容纳的人数并参照现有劳动组织的情况来确定每天出勤的工人人数，然后求出工作的持续时间。当工作的持续时间太长或太短时，则可增加或减少出勤人数，从而调整工作持续时间。

② 对于机械施工，可先凭经验假设主导机械的台数 n，然后从充分利用机械的生产能力出发求出工作的持续天数，再做调整。

③ 对于新工艺、新技术的项目，其产量定额和作业时间难以准确计算时，可根据过去的经验并按照实际的施工条件来进行估算。为提高其准确程度，可采用“三时估算法”，按式(5-10）算出其平均数 M 作为该项目的持续时间。

$$M=\frac{A+4C+B}{6} \tag{5-10}$$

式中　A——最长的估计持续时间；

B——最短的估计持续时间；

C——最大可能的估计持续时间。

在目前的市场经济条件下，施工的过程就是承包商履行合同的过程。通常是项目经理部根据合同规定的工期（或《项目管理目标责任书》的要求工期），结合自身的施工经验，先确定各分部分项工程的施工时间，再按各分部分项工程需要的劳动量或机械台班数量，确定每一分部分项工程的每个班组所需要的工人数或机械台班数。

6. 编制施工进度计划的初步方案

流水施工是组织施工、编制施工进度计划的主要方式，在本书模块三中已做了详细介绍。编制施工进度计划时，必须考虑各分部分项工程的合理施工顺序，尽可能组织流水施工，力求主要工种的施工班组连续施工，其编制方法如下。

① 对主要施工阶段（分部工程）组织流水施工。先安排其中主导施工过程的施工进度，使其尽可能连续施工，其他穿插施工过程尽可能与主导施工过程配合、穿插、搭接。如砖混结构房屋中的主体结构工程，其主导施工过程为砖墙砌筑和现浇钢筋混凝土楼板；现浇钢筋混凝土框架结构房屋中的主体结构工程，其主导施工过程为钢筋混凝土框架的支模、扎筋和浇混凝土。

② 配合主要施工阶段，安排其他施工阶段（分部工程）的施工进度。

③ 按照工艺的合理性和施工过程相互配合、穿插、搭接的原则，将各施工阶段（分部工程）的流水作业图表搭接起来，即得到单位工程施工进度计划的初始方案。

7. 施工进度计划的检查与调整

检查与调整的目的在于使施工进度计划的初始方案满足规定的目标，一般从以下几方面进行检查与调整。

① 各施工过程的施工工序是否正确，流水施工组织方法的应用是否正确，技术间歇是否合理。

② 工期方面，初始方案的总工期是否满足合同工期。

③ 劳动力方面，主要工种工人是否连续施工，劳动力消耗是否均衡。劳动力消耗的均衡性是针对整个单位工程或各个工种而言的，应力求每天出勤的工人人数不发生过大变动。劳动力消耗的均衡性指标可以采用劳动力均衡系数（K）来评估。

$$K=\frac{\text{高峰出工人数}}{\text{平均出工人数}} \tag{5-11}$$

式中的平均出工人数为出工人数被总工期除得之商。

最理想的情况是 K 接近 1。一般认为 K 在 2 以内为好，超过 2 为不正常。

④ 物资方面，主要机械、设备、材料等的利用是否均衡，施工机械是否充分利用。主要机械通常是指混凝土搅拌机、灰浆搅拌机、自动式起重机和挖土机等。机械的利用情况是通过机械的利用程度来反映的。

初始方案经过检查，对不符合要求的部分需进行调整。调整方法一般有：增加或缩短某些施工过程的施工持续时间；在符合工艺关系的条件下，将某些施工过程的施工时间向前或向后移动。必要时，还可以改变施工方法。

应当指出，上述编制施工进度计划的步骤不是孤立的，而是互相依赖、互相联系的，有的可以同时进行。还应看到，由于建筑施工是一个复杂的生产过程，受周围客观条件影响的因素很多，在施工过程中，由于劳动力和机械、材料等物资的供应及自然条件等因素的影响，使其经常不符合原计划的要求，因此不但要有周密的计划，而且必须善于使自己的主观认识随着施工过程的发展而转变，并在实际施工中不断修改和调整，以适应新的情况变化。同时在制订计划的时候要充分留有余地，以免在施工过程发生变化时，陷入被动的处境。

任务五　施工准备工作计划与各种资源需要量计划的编制

单位工程施工进度计划编出后，即可着手编制施工准备工作计划和劳动力及物资需要量计划。这些计划也是施工组织设计的组成部分，是施工单位安排施工准备及劳动力和物资供应的主要依据。

一、编制施工准备工作计划

单位工程施工前，应编制施工准备工作计划，这也是施工组织设计的一项重要内容。为使准备工作有计划地进行并便于检查、监督，各项准备工作应有明确的分工，由专人负责并规定期限，其计划表格形式见表 5-5。

表 5-5　施工准备工作计划

序号	准备工作项目	工作量		简要内容	负责单位或负责人	起止日期		备注
		单位	数量			日/月	日/月	

二、编制劳动力需要量计划

主要根据确定的施工进度计划提出，其方法是按进度表上每天所需人数，分工种分别统计，得出每天所需工种及人数，按时间进度要求汇总，其表格形式参见表 5-6。

表 5-6　劳动力需要量计划

序号	工种名称	总工日数	需要人数及时间											
			×月			×月			×月			×月		
			上旬	中旬	下旬	上旬	中旬	下旬	上旬	中旬	下旬	上旬	中旬	下旬

三、编制施工机械、主要机具需要量计划

主要根据单位工程分部分项施工方案及施工进度计划要求，提出各种施工机械、主要机具的名称、规格、型号、数量及使用时间，其表格形式参见表 5-7。

表 5-7　施工机具需要量计划

序号	机械名称	类型型号	需要量		货源	使用起止日期	备注
			单位	数量			

四、编制预制构件、半成品需要量计划

预制构件包括钢筋混凝土构件、木构件、钢构件、混凝土制品等，其表格形式见表 5-8。

表 5-8　预制构件需要量计划

序号	品名	规格	图号	需要量		使用部位	加工单位	供应日期	备注
				单位	数量				

五、编制主要材料需要量计划

主要根据工程量及预算定额统计、计算，并汇总施工现场需要的各种主要材料用量。主要材料需要量计划是组织供应材料、拟订现场堆放场地及仓库面积需用量和运输计划的依据。编制时，应提出各种材料的名称、规格、数量、使用时间等要求，其表格形式见表 5-9。

表 5-9　主要材料需要量计划

序号	材料名称	需要量		供应时间	备注
		单位	数量		

任务六　设计施工现场平面图

单位工程施工平面图是施工组织设计的重要内容，也是现场文明施工、节约土地、降低施工费用的先决条件。施工平面图设计就是结合工程特点和现场条件，按照一定的设计原则，对施工机械、施工道路、材料构件堆场、临时设施和水电管线等进行平面规划和布置，并绘制成施工平面图。

一、施工现场平面图设计的内容

单位工程施工平面图的绘制比例一般为 1∶(200～500)。一般在图上应标明以下内容。

① 建筑总平面上已建和拟建的地上、地下的一切建筑物、构筑物以及其他设施（道路和各种管线等）的位置和尺寸。

② 自行式起重机械的开行路线、轨道布置，或固定式垂直运输设备的位置、数量。

③ 测量轴线及定位线标志，测量放线桩及永久水准点位置、地形等高线和土方取、存场地。

④ 一切临时设施的布置。主要有材料、半成品、构件及机具等的仓库和堆场；生产用

临时设施，如加工厂、搅拌站、钢筋加工棚、木工房、工具房、修理站、化灰池和沥青锅等；生活用临时设施，如现场办公用房、休息室、宿舍、食堂、门卫和围墙等；临时道路、可利用的永久道路；临时水电气管网、变电站、加压泵房、消防设施、临时排水沟管等。

⑤ 场内外交通布置。包括施工场地内道路的布置，引入的铁路、公路和航道的位置，场内外交通联系方式。

⑥ 施工现场周围的环境。如施工现场邻近的机关单位、道路和河流等情况。

⑦ 一切安全及防火设施的位置。

二、设计的依据、原则与步骤

1. 单位工程施工平面图的设计依据

在进行施工平面图设计前，首先认真研究施工方案，并对施工现场做深入细致的调查研究，然后对施工平面图设计所需要的原始资料进行认真收集和周密分析，使设计与施工现场的实际情况相符，从而使其确实起到指导施工现场空间布置的作用。

2. 设计与施工所依据的有关原始资料

（1）自然条件资料　如气象、地形、水文及工程地质资料。主要用于确定临时设施的位置，布置施工排水系统，确定易燃、易爆及妨碍人体健康设施的位置。安排冬、雨季施工期间所需设施的地点。

（2）技术经济条件资料　如交通运输、水源、电源、物质资源、生活和生产基地情况等。这些技术经济资料，对布置水电管线、道路、仓库位置及其他临时设施等具有十分重要的作用。

① 建筑结构设计资料。

a. 建筑总平面图。图上包括一切地上、地下拟建和已建的房屋和构筑物，据此可以正确确定临时房屋和其他设施位置，以及布置工地交通运输道路和排水等临时设施。

b. 地上和地下管线位置。在设计平面图时，应根据工地实际情况，对一切已有和拟建的地下、地上管道，考虑是利用还是提前拆除或迁移，并需注意不得在拟建的管道位置上修建临时建筑物或构筑物。

c. 建筑区域的竖向设计和土方调配图，是布置水电管线，安排土方的挖填、取土或弃土地点的依据。

② 施工技术资料。

a. 单位工程施进度计划。从中详细了解各个施工阶段的划分情况，以便分阶段布置施工现场。

b. 单位工程施工方案。据此确定起重机械的行驶路线，其他施工机具的位置，吊装方案与构件预制、堆场的布置等，以便进行施工现场的总体规划。

c. 各种资料、构件、半成品等需要量计划。用以确定仓库和堆场的面积、尺寸和位置。

3. 单位工程施工平面图的设计步骤

单位工程施工平面图的设计步骤如图 5-5 所示。

4. 单位工程施工平面图的设计原则

施工现场平面布置图在布置设计时，应满足以下原则。

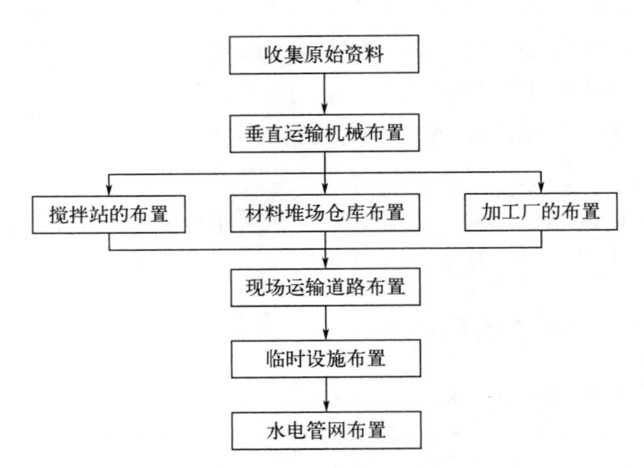

图 5-5　单位工程施工平面图的设计步骤

① 在满足现场施工要求的前提下，布置紧凑，便于管理，尽可能减少施工用地。

② 在确保施工顺利进行的前提下，尽可能减少临时设施，减少施工用的管线，尽可能利用施工现场附近的原有建筑作为施工临时用房，并利用永久性道路供施工使用。

③ 最大限度地减少场内运输，减少场内材料、构件的二次搬运；各种材料按计划分期分批进场，充分利用场地；各种材料堆放的位置，根据使用时间的要求，尽量靠近使用地点，节约搬运劳动力和减少材料多次转运中的消耗。

④ 临时设施的布置，应便利施工管理及工人生产和生活。办公用房应靠近施工现场。福利设施应在生活区范围之内。

⑤ 生产、生活设施应尽量分区，以减少生产与生活的相互干扰，保证现场施工生产安全进行。

⑥ 施工平面布置要符合劳动保护、保安、防火的要求。

施工现场的一切设施都要利于生产，保证安全施工。要求场内道路畅通，机械设备的钢丝绳、电缆、缆绳等不能妨碍交通，如必须横过道路时，应采取措施。有碍工人健康的设施（如熬沥青、化石灰）及易燃的设施（如木工棚、易燃物品仓库）应布置在下风向，离开生活区远一些。工地内应布置消防设备，出入口设门卫。对于山区建设，还要考虑防洪、山体滑坡等特殊要求。

根据以上基本原则并结合现场实际情况，施工平面图可布置几个方案，选取其技术上最合理、费用上最经济的方案。可以从如下几个方面进行定量比较：施工用地面积、施工用临时道路、管线长度、场内材料搬运量和临时用房面积等。

三、垂直运输机械位置的确定

垂直运输机械的位置直接影响着仓库、混凝土搅拌站、材料堆场、预制构件堆放位置以及场内道路、水电管网的布置等。因此，垂直运输机械的布置是施工平面布置的核心，必须首先考虑。

由于各种起重机械的性能不同，因此其机械布置的位置也不同。总体来讲，起重机械的布置主要根据机械性能、建筑物的平面形状和大小、施工段划分情况、材料来向、运输道路和吊装工艺等而定。

1. 有轨式起重机（塔吊）的布置

有轨式起重机是集起重、垂直提升、水平运输3种功能于一身的起重机械设备。一般按建筑物的长度方向布置，其位置尺寸取决于建筑物的平面尺寸和形状、构件重量、起重机的性能及四周的施工场地条件等。通常轨道的布置方式有单侧布置、双侧或环形布置、跨内单行布置和跨内环形布置4种方案。

（1）单侧布置　当建筑物宽度较小、构件重量不大、选择起重力矩在50kN·m以下的塔式起重机时，可采用单侧布置形式。其优点是轨道长度较短，不仅可节省工程投资，而且有较宽敞的场地堆放构件和材料。当采用单侧布置时，其起重半径R应满足下式要求。

$$R \geqslant B + A \tag{5-12}$$

式中　R——塔式起重机的最大回转半径，m；

B——建筑物平面的最大宽度，m；

A——建筑物外墙皮至塔轨中心线的距离。

一般无阳台时，A＝安全网宽度＋安全网外侧至轨道中心线距离；当有阳台时，A＝阳台宽度＋安全网宽度＋安全网外侧至轨道中心线距离。

（2）双侧或环形布置　当建筑物宽度较大、构件重量较重时，应采用双侧布置或环形布置起重机。此时，其起重半径R应满足下式要求。

$$R \geqslant \frac{B}{2} + A \tag{5-13}$$

（3）跨内单行布置　由于建筑物周围场地比较狭窄，不能在建筑物的外侧布置轨道，或由于建筑物较宽、构件重量较大时，采用跨内单行布置塔式起重机才能满足技术要求。

（4）跨内环形布置　当建筑物较宽、构件重量较大，采用跨内单行布置塔式起重机已不能满足构件吊装要求，且不可能在建筑物周围布置时，可选用跨内环形布置。

塔式起重机的位置和型号确定之后，应对起重量、回转半径和起重高度3项工作参数进行复核，看其是否能够满足建筑物吊装技术要求。如果复核不能满足要求，则需要调整上述公式中A的距离；如果A已是最小距离，则必须采用其他技术措施。然后绘制出塔式起重机的服务范围。以塔轨两端有效端点的轨道中点为圆心，以最大回转半径为半径画出两个半圆，连接两个半圆，即为塔式起重机的服务范围。

在确定塔式起重机的服务范围时，最好将建筑物的平面尺寸全部包括在塔式起重机的服务范围之内，以保证各种预制构件与建筑材料可以直接吊运到建筑物的设计部位。如果无法避免出现死角，则不允许在死角上出现吊装最重、最高的构件，同时要求死角越小越好。在确定吊装方案时，对于出现的死角，应提出具体的技术措施和安全措施，以保证死角部位的顺利吊装。当采取其他配合吊装方案时，要确保塔吊回转时不要有碰撞的可能。

可以看出，无论采取何种布置方式，有轨式起重机在布置时应满足以下3个基本要求。

① 服务范围大，力争将构件和材料运送到建筑物的任何部位，尽量避免出现死角。

② 争取布置成最大的服务范围、最短的塔轨长度，以降低工程费用。

③ 做好轨道路基四周的排水工作。

2. 自行无轨式起重机

这类起重机有履带式、轮胎式和汽车式三种。它们一般用作构件装卸的起吊构件之用，也适用于装配式单层工业厂房主体结构的吊装，其吊装的开行路线及停机位置主要取决于建筑物的平面布置、构件重量、吊装高度和吊装方法，一般不用作垂直和水平运输。

3. 固定式垂直运输机械

固定式垂直运输机械（如井架、龙门架、固定式塔式起重机等）的布置，主要根据机械性能、建筑物的形状和尺寸、施工段划分、起重高度、材料和构件重量、运输道路等情况而定。布置的原则是：使用方便、安全，便于组织流水作业，便于楼层和地面运输，充分发挥起重机械的能力，并使其运距最短。在具体布置时，应考虑以下几个方面。

① 建筑物各部位的高度相同时，应布置在施工段的分界线附近；建筑物各部位的高度不相同或平面较复杂时，应布置在高低跨分界处或拐角处；当建筑物为点式高层建筑时，固定式塔式起重机应布置在建筑物中部或转角处。

② 采用井架、龙门架时，其位置以布置在窗间墙处为宜，以减小墙体留槎和拆除后的墙体修补工作。

③ 井架、龙门架的数量，要根据施工进度、垂直提升构件和材料的数量、台班工作效率等因素计算确定，其服务范围一般为 50～60m。

④ 井架、龙门架所用的卷扬机位置不能离井架太近，一般应大于或等于建筑物的高度，以便使操作员能够比较容易地看到整个升降过程。

⑤ 井架应立在外脚手架之外，并有 5～6m 的距离为宜。

⑥ 布置塔式起重机时，应考虑塔机安装拆卸的场地；当有多台塔式起重机时，应避免相互碰撞。

4. 外用施工电梯

外用施工电梯又称人货两用电梯，是一种安装在建筑外部，施工期间用于运送施工人员及建筑材料的垂直提升机械。外用施工电梯是高层建筑施工中不可缺少的重要设备之一。在施工时应根据建筑类型、建筑面积、运输量、工期及电梯价格、供货条件等选择外用电梯，其布置的位置应方便人员上下和物料集散，便于安装附墙装置，并且由电梯口至各施工处的平均距离应较短等。

5. 混凝土泵

混凝土泵是在压力推动下沿管道输送混凝土的一种设备，它能一次完成水平运输和垂直运输，配以布料杆或布料机还可有效地进行布料和浇筑，在高层建筑施工中已得到广泛应用。对于混凝土泵，应根据工程结构特点、施工组织设计要求、泵的主要参数及技术经济比较进行选择。通常在浇筑基础或高度不大的结构工程时，如在泵车布料杆的工作范围内，采用混凝土泵车最为适宜。在使用中，混凝土泵设置处应场地平整，道路畅通，供料方便，距离浇筑地点近，便于配管、排水和供电，在混凝土泵作用范围内不得有高压线等。

四、搅拌站、加工厂、材料及周转工具堆场、仓库的布置

砂浆及混凝土搅拌站的位置要根据房屋类型、现场施工条件、起重运输机械和运输道路的位置等来确定。搅拌站应尽量靠近使用地点或在起重机的服务范围以内，使水平运输距离

最短，并考虑到运输和装卸料的方便；加工场、材料及周转工具堆场、仓库的布置，应根据施工现场的条件、工期、施工方法、施工阶段、运输道路、垂直运输机械和搅拌站的位置及材料储备量综合考虑。

堆场和库房的面积可按下式计算。

$$F=\frac{q}{P} \tag{5-14}$$

式中　F——堆场或仓库面积（包括通道面积），m^2；

P——每平方米堆场或仓库面积上可存放的材料数量，见表 5-10；

q——材料储备量，可按下式计算。

$$q=\frac{nQ}{T} \tag{5-15}$$

式中　n——储备时间，d；

Q——计划期内的材料需要量；

T——需要该材料的施工天数，大于 n。

表 5-10　仓库及堆场面积计算用参数

序号	材料名称	储备天数 n/d	每平方米储备量 P	堆置高度/m	仓库类型	备注
1	水泥	20～40	1.4t	1.5	库房	
2	石、砂	10～30	1.2m^3	1.5	露天	
3	石、砂	10～30	2.4m^3	3.0	露天	
4	石膏	10～20	1.2～1.7t	2.0	棚	
5	砖	10～30	0.5～1.7 千块	1.5	露天	
6	卷材	20～30	0.8 卷	1.2	库房	
7	钢管 ϕ200	30～50	0.5～0.7t	1.2	露天	
8	钢筋成品	3～7	0.36～0.72t		露天	
9	钢筋骨架	3～7	0.28～0.36t		露天	
10	钢筋混凝土板	3～7	0.14～0.24m^3	2.0	露天或棚	
11	钢模板	3～7	10～20m^3	1.8	露天	
12	钢筋混凝土梁	3～7	0.3m^3	1～1.5	露天	
13	钢筋混凝土柱	3～7	1.2m^3	1.2～1.5	露天	
14	大型砌块	3～7	0.9m^3	1.5	露天	
15	轻质混凝土	3～7	1.1m^3	2.0	露天	

根据起重机械的类型，搅拌站、加工场地、材料及周转工具堆场、仓库的布置有以下几种。

① 起重机的位置确定后，再确定搅拌站、加工场、材料及周转工具堆场，仓库的位置。材料、构件的堆放应在固定式起重机械的服务范围内，避免产生二次搬运。

② 当采用固定式垂直运输机械时，首层、基础和地下室所用的材料，宜沿建筑物四周布置，并距坑、槽边的距离不小于 0.5m，以免造成坑（槽）土壁的塌方事故；2 层以上的

材料、构件，应布置在垂直运输机械的附近。

③ 当多种材料和构件同时布置时，对大量的、重量大的和先期使用的材料，应尽可能靠近使用地点或起重机械附近布置；而少量的、重量轻的和后期使用的材料，可布置得稍远一些。混凝土和砂浆搅拌机，应尽量靠近垂直运输机械。

④ 当采用自行有轨式起重机械时，材料和构件堆场位置及搅拌站的出料口位置，应布置在自行有轨式起重机械的有效服务范围内。

⑤ 当采用自行无轨式起重机械时，材料和构件堆场位置及搅拌站的位置，应沿着起重机的开行路线布置，同时堆放区距起重机开行路线不小于 1.5m，且其所在的位置应在起重臂的最大起重半径范围内。

⑥ 在任何情况下，搅拌机都应有后台的场地，所有搅拌站所用的水泥、砂、石等材料都应布置在搅拌机后台附近。当基础混凝土浇筑量较大时，混凝土的搅拌站可以直接布置在基坑边缘附近，待基础混凝土浇筑完毕后，再转移搅拌站，以减少混凝土的运输距离。

⑦ 混凝土搅拌机需要的面积，冬季施工时为 $50m^2$/台，其他时间为 $25m^2$/台；砂浆搅拌机需要的面积，冬季施工时为 $30m^2$/台，其他时间为 $15m^2$/台。

⑧ 预制构件的堆放位置要考虑到其吊装顺序，力求做到送来即吊，避免二次搬运。

⑨ 按不同施工阶段使用不同材料的特点，在同一位置上可先后布置不同的材料。如砖混结构基础施工阶段，建筑物周围可堆放毛石，而在主体结构施工阶段，在建筑物周围可堆放标准砖。

五、运输道路的布置

现场主要运输道路应尽可能利用永久性道路，或预先修建好规划的永久性道路的路基，在土建工程结束之前再铺筑路面。

现场主要运输道路的布置应保证行驶畅通，并有足够的转弯半径。运输路线最好围绕建筑物布置成环形道路，主干道路和一般道路的最小宽度不得低于表 5-11 中的规定，道路两侧应结合地形设置排水沟，沟深不得小于 0.4m，底宽不小于 0.3m。在布置道路时应尽量避开地下管道，以免管线施工时使道路中断。

表 5-11 道路宽度取值

序号	车辆类型及要求	道路宽度/m
1	汽车单行道	≥3.0
2	汽车双行道	≥6.0
3	平板拖车单行道	≥4.0
4	平板拖车双行道	≥8.0

六、临时设施的布置

临时设施分为生产性临时设施（如钢筋加工棚、木工棚、水泵房和维修站等）和生活性临时设施（如办公室、食堂、浴室、开水房和厕所等）两大类。临时设施的布置原则是使用方便、有利施工、合并搭建、安全防火。一般应按以下方法布置。

① 生产性临时设施（钢筋加工棚、木工棚等）的位置宜布置在建筑物四周稍远的地方，且应有一定的材料、成品的堆放场地。

② 石灰仓库、淋灰池的位置应靠近砂浆搅拌站，并应布置在下风向。

③ 沥青堆放场和熬制锅的位置应远离易燃物品仓库或堆放场，并宜布置在下风向。

④ 工地办公室应靠近施工现场，并宜设在工地入口处；工人休息室应设在工人作业区；宿舍应布置在安全、安静的上风向一侧；收发室宜布置在入口处等。

临时宿舍、文化福利、行政管理房屋面积参考定额，见表5-12。

表5-12　临时宿舍、文化福利、行政管理房屋面积参考定额　单位：m^2/人

序号	行政生活福利建筑物名称	面积定额参考
1	办公室	3.5
2	单层宿舍(双层床)	2.6～2.8
3	食堂兼礼堂	0.9
4	医务室	0.06(总面积≥30m^2)
5	浴室	0.10
6	俱乐部	0.10
7	门卫室	6～8

七、临时供水、供电设施的布置

1. 施工水网的布置

现场临时供水包括生产、生活和消防等，通常施工现场临时用水应尽量利用工程的永久性供水系统，以减少临时供水费用。因此在做施工现场准备工时，应先修建永久性给水系统的干线，至少把干线修至施工工地入口处。若施工对象为高层建筑，必要时可增加高压泵以保证施工对水压的要求。

① 施工用的临时给水管，一般由建设单位的干管或自行布置的干管接到用水地点。布置时应力求管网总长度短，管径的大小和水龙头数量需视工程规模大小通过计算确定，其布置形式有环形、枝形、混合式三种。

② 供水管网应按防火要求布置室外消防栓，消防栓应沿道路设置，距道路边不大于2m，距建筑物外墙不应小于5m，也不应大于25m。消防栓的间距不应大于120m，工地消防栓应设有明显的标志，且周围3m以内不准堆放建筑材料。

③ 为了排除地面水和地下水，应及时修通永久性下水道，并结合现场地形在建筑物周围设置排泄地面水、集水坑等设施。

2. 施工用电的布置

随着机械化程度的不断提高，施工中的用电量也在不断增加。因此，施工用电的布置关系到工程质量和施工安全，必须根据需要，符合规范和总体规划，正确计算用电量，并合理选择电源。

① 为了维修方便，施工现场一般采用架空配电线路，且要求现场架空线与施工建筑物

水平距离不小于 10m，架空线与地面距离不小于 6m，跨越建筑物或临时设施时，垂直距离不小于 2m。

② 现场线路应尽量架设在道路的一侧，且尽量保持线路水平，在低压线路中，电杆间距应为 25～40m，分支线及引入线均应由电杆处接出，不得在两杆之间接线。

③ 单位工程施工用电应在全工地性施工总平面图中统筹考虑，包括用电量计算、电源选择、电力系统选择和配置。若为独立的单位工程，应根据计算的有用电量和建设单位可提供电量决定是否选用变压器。变压器的设置应将施工工期与以后长期使用相结合考虑，其位置应远离交通道口处，布置在现场边缘高压线接入处，在 2m 以外四周用高度大于 1.7m 铁丝网住，以保安全。

施工平面图是对施工现场科学合理的布局，是保证单位工程工期、质量、安全和降低成本的重要手段。施工平面图不但要设计好，而且应管理好，忽视任何一方面，都会造成施工现场混乱，使工期、质量、安全受到严重影响。因此，加强施工现场管理对合理使用场地，保证现场运输道路、给水、排水、电路的通畅，建立连续均衡的施工顺序，都有很重要的意义。要做到严格按施工平面图布置施工道路、水电管网、机具、堆场和临时设施；道路、水电应有专人管理维护；各施工阶段和施工过程中应做到工完料尽、场清；施工平面图必须随着施工的进展及时调整补充，以适应变化情况。

必须指出，建筑施工是一个复杂多变、动态的生产过程，各种施工机械、材料、构件等，随着工程的进展而逐渐进场，又随着工程的进展而不断消耗、变动，因此工地上的实际布置情况会随时改变，如基础施工、主体施工、装饰施工等各阶段在施工平面图上是经常变化的；同时，不同的施工对象，施工平面图布置也不尽相同。但是对整个施工期间使用的一些主要道路、垂直运输机械、临时供水供电线路和临时房屋等，则不要轻易变动，以节省费用。例如，工程施工如果采用商品混凝土，混凝土的制备可以在场外进行，这样现场的平面布置就显得简单多了；对于大型建筑工程，施工期限较长或建设地点较为狭小的工程，要按不同的施工阶段分别设计几张施工平面图，以便更有效地知道不同施工阶段的平面布置；对于较小的建筑物，一般按主要施工阶段的要求来布置施工平面图即可。设计施工平面图时，还应广泛征求各专业施工单位的意见，充分协商，以达到最佳布置。

八、施工现场平面图实例

××省体育馆工程位于××新区科教园区的核心地段，既是一个大型的民生工程，又是一座地标工程。体育馆由训练馆、比赛馆、锅炉房、配套服务设施及室外配套设施组成，项目总投资 7.85 亿元，总建设用地 306 亩（1 亩≈666.67m^2）。建筑面积 43300m^2，结构形式为钢筋（钢骨）混凝土框架结构。共 6 层结构（其中 2 层夹层），高度 32.4m。比赛馆场地净高 15.8m，平面为一个带有圆角的矩形，场地中央屋顶为跨度 76m 的 12 榀钢桁架，场地西侧设置一个高度 16m、跨度 15m 的通长悬挑钢架。外立面为玻璃幕墙及 GRC 挂板。看台区共设坐席 9104 个，其中固定 5493 个，活动 3306 个，贵宾坐席 215 个。

本工程合同造价 1.8429 亿元，合同工期 619 天。

1. 施工临时设施

（1）施工临时设施的布置　××省体育馆项目施工现场布置的临时设施有：钢筋加工

场、木工房、材料堆场、钢结构临时堆场、钢结构临时拼装场、设备堆场、项目经理部办公室、项目经理部生活区、作业处办公室、作业处生活区、样板间、标养室、厕所等。

施工临时设施尺寸、结构形式见表5-13。

表5-13 施工临时设施尺寸、结构形式

序号	临时设施名称	长度/m	宽度/m	面积/m^2	结构形式	备注
1	项目部办公室	56.4	30.8	1737.12	彩板房	
2	作业处办公室	112.7	47.5	5353.25	彩板房	
3	钢筋加工场	8	6	48	轻钢结构	
4	木工房	6	5	30	轻钢结构	
5	材料堆场	14	8	112		
6	设备堆放、装配场	50	30	1500		
7	钢结构临时堆场	60	30	1800		
8	钢结构临时拼装场	25	75	1875		
9	工具房	30	3	90	成品	
10	样板间	45	10	450	封闭维护	
11	标养间	6	4	24	彩板房	
12	体验区	15	10	150	封闭维护	
13	配电房	5	4	20	彩板房	
14	项目部生活区	56.24	25.44	1430.7	彩板房	
15	作业处生活区	24	9.6	230.4	彩板房	
16	厕所	21	3.6	75.6	砖混	
17	冲洗台	6	4	24	钢筋混凝土	

注:体育馆临时设施应以符合实际需要为准,可根据实际情况进行微调;所有搭建的临时设施需经验收合格后方可投入使用;生活设施应满足《建筑施工环境与卫生标准》(JGJ 146—2013)的防疫规定。

(2) 施工用地 已经考虑各专业实际需求，业主提供的红线内基本满足，同时在物流大门外侧预留一块空地（上有弃土，需要时整平)；作为钢结构等场内堆放位置不足时的补充。

(3) 临时设施的总体布置 具体分为三个阶段。

第一阶段（桩基工程施工阶段，2015年10～12月)：现场干成孔灌注桩施工阶段，完成现场围护、办公及员工生活临时设施建设，施工临时道路实现与纬十六路、北斗路连接，1号变压器实现供电，现场布置二级供电箱2个（分别布置在2个钢筋笼加工场位置)，施工现场钢筋笼安装焊接、移动照明等所需的三级箱采取移动式（设置时注意电缆的及时埋设或架空、三级箱接电安全等)，如图5-6所示。

第二阶段［主体结构（土建、钢结构等）施工阶段，2016年1～10月初］：桩基施工完成，现场二个钢筋笼加工区撤除（钢筋加工废料及剩余钢筋移位)，现场临时道路延伸形成宽6m的环形施工道路（兼作现场消防通道)，现场绿色（及安全文明）施工设施完善，增加800kV·A变压器投入使用，员工生活区根据需要扩建完成，施工用4台塔吊及钢筋棚、木工棚等布置到位，如图5-7所示。

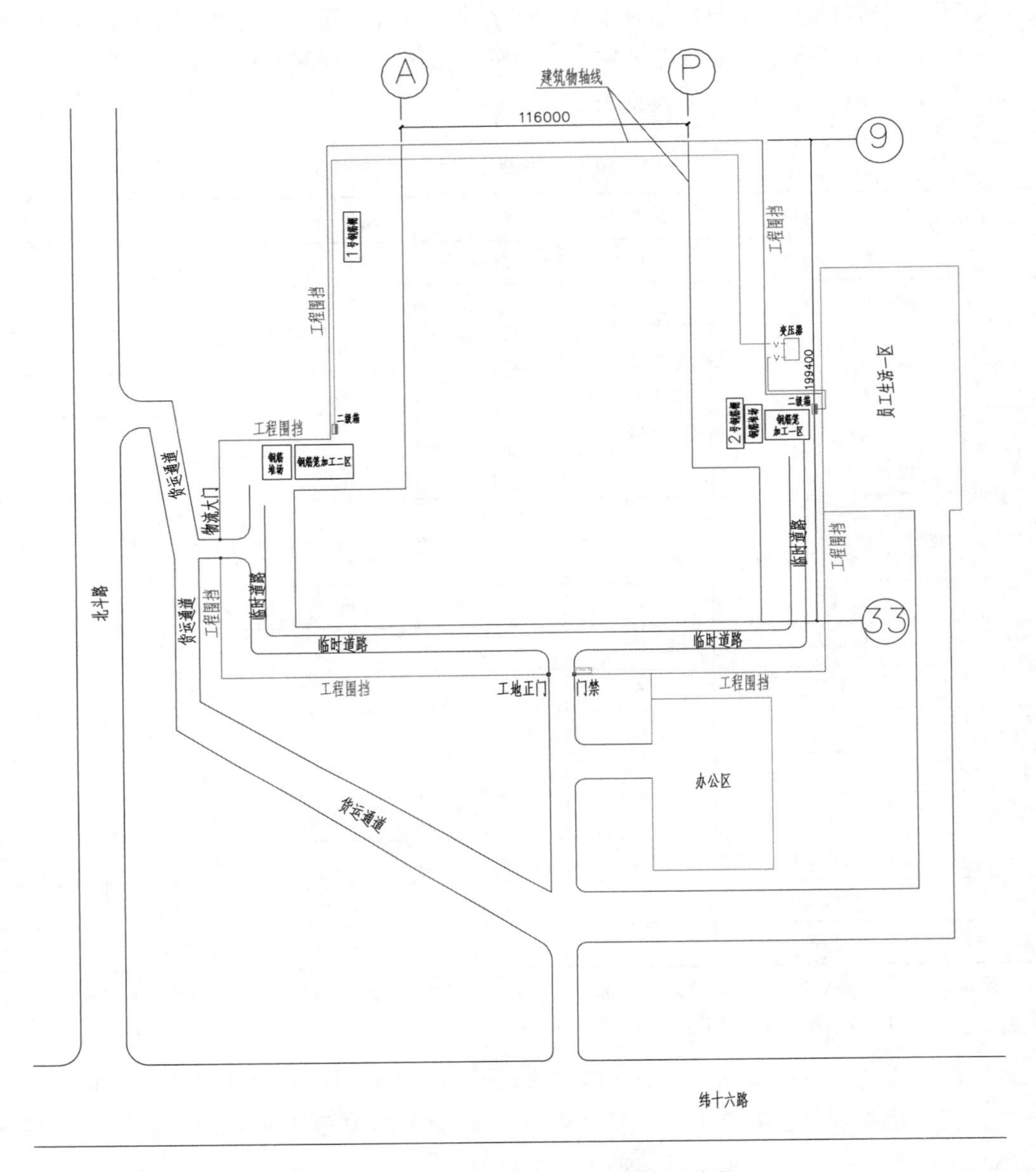

图 5-6 第一阶段布置（桩基工程施工阶段）

第三阶段（㉗～㉝轴线结构施工阶段，2016 年 10 月中至交工）：该阶段，主体结构已经完工，⑨～㉖轴线位置砌筑、管道配合主体结构安装、暖通等工作也已完成或部分收尾，抹灰及屋面工程接近尾声。㉗～㉝轴线位置部分 6m 平台、室外台阶、花池等结构施工阶段，部分装饰、装修施工。该阶段：3、4 号塔吊已经拆除，1、2 号塔吊移位至㉗～㉝轴线位置，原位 1～4 钢筋加工场、木工棚拆除，在㉗～㉝轴线位置重新布置两个钢筋加工场、木工棚，2 个钢结构临时堆场已经撤除，如图 5-8 所示。

交工阶段，施工现场所有临时设施全部拆除，员工生活区也已拆除，仅留下项目部办公区域。如能实现滚动发展，室外道路、绿化及配套设施等部分再中标，则施工平面再重新布置。

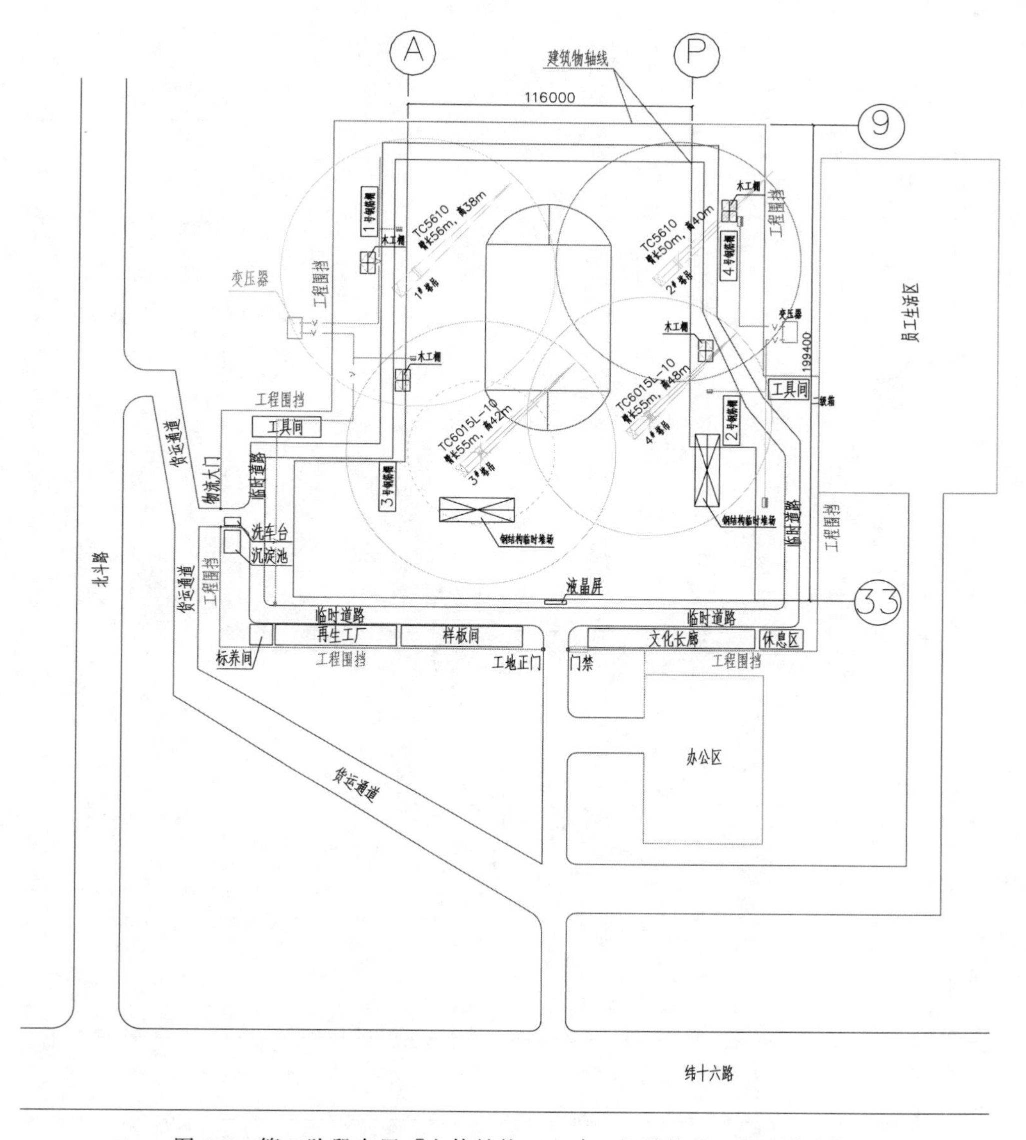

图 5-7　第二阶段布置［主体结构（土建、钢结构等）施工阶段］

2. 施工用水

（1）施工阶段用水条件和计划　根据体育馆工程施工特点，施工现场需要水的位置有：洗车台、绿化、降尘、混凝土养护、砌筑、抹灰及给排水压力试验等，还有办公区、生活区及消防用水。为满足各区域的供水使用、保证供水系统的水压和流量正常，本着经济实用的原则，编制临时供水方案。

① 消防用水计算。消防总用水量 $q_{11}=q_1+q_2=35$L/s，计算如下。

生活区消防用水量（q_1），经查手册得知，600 人以内的生活区，考虑火灾同时发生次数按 2 次计算，耗水量为 15～20L/s，本工程取 20L/s。

施工现场消防用水量（q_2），经查手册得知，考虑火灾同时发生次数按 2 次计算，耗水量为 10～15L/s，本工程取 15L/s。

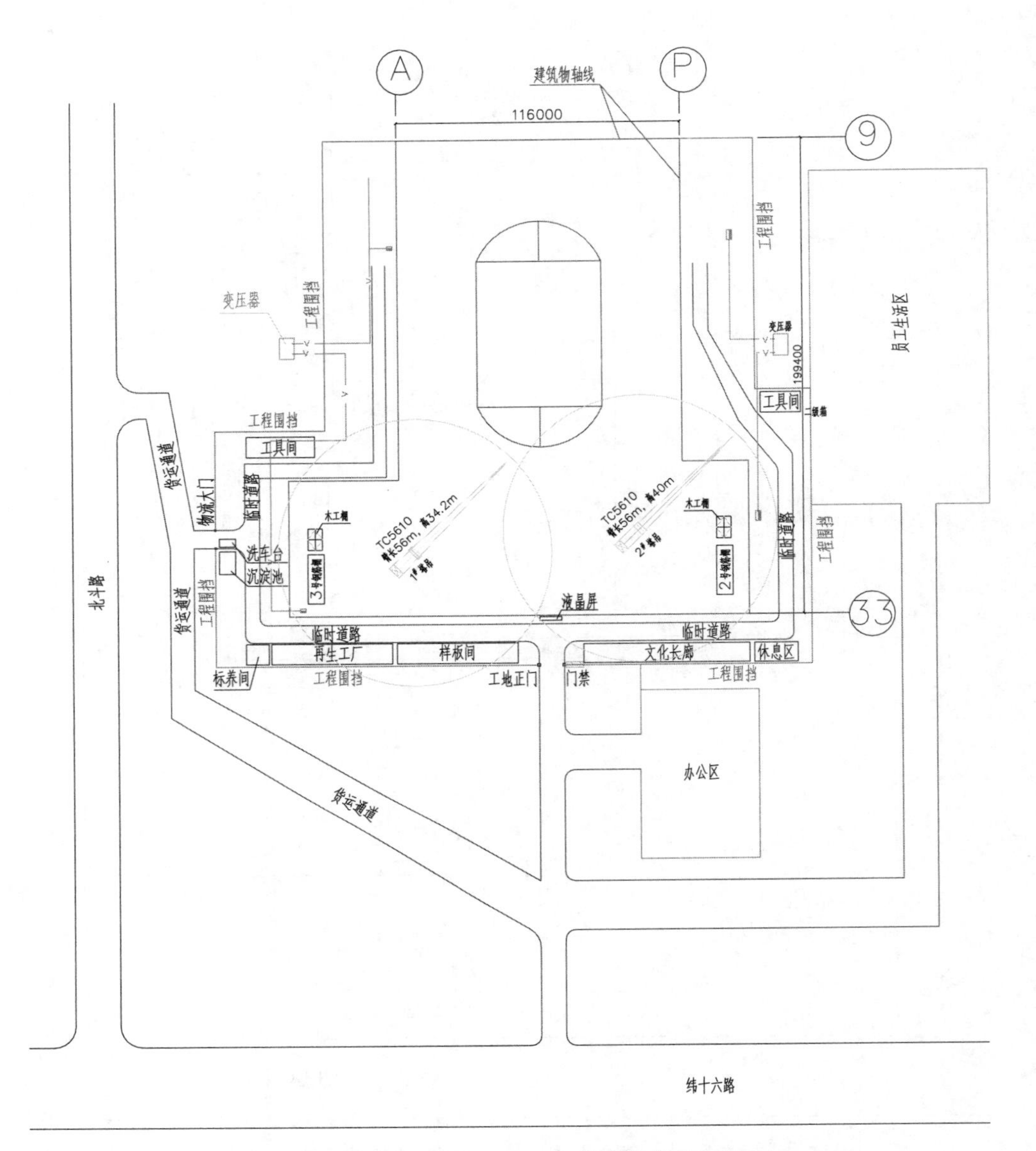

图 5-8 第三阶段布置（27～33 轴线结构施工阶段）

② 生活用水量计算。生活用水量（q_{22}）采用如下公式计算。

$$q_{22}=\frac{P_2N_4K_5}{24\times3600}$$

式中 q_{22}——生活用水量；

P_2——办公生活区居住人数；

N_4——生活区昼夜全部生活用水定额，取 $N_4=150$L；

K_5——生活区用水不均衡系数，取 $K_5=2.25$。

现场施工高峰期居住人数为 500 人，办公生活区用水量 $q_{22}=500\times150\times2.25/(24\times3600)=1.95$(L/s)。

施工现场用水量（考虑水的循环利用及洒水车直接拉水）与施工现场消防用水量比较可

以不计，按照消防用水来选择管径完全可以满足现场要求。

③ 总用水量（Q）计算。施工、生活、消防用水三者的耗水是在不同时间发生的，因此在保证消防用水的条件下按照下列公式来计算。

$$Q=q_{11}+\frac{q_{11}}{2}=35+\frac{1.95}{2}=35.98(\mathrm{L/s})$$

④ 管径选择。查手册得知，$v=1.3\sim2.5\mathrm{m/s}$ 为经济流速，取 $v=2\mathrm{m/s}$。

起点总管管径（d）可按以下公式计算。

$$d=\sqrt{\frac{4Q}{100\pi v}}$$

式中　d——配水管直径，m；

Q——施工工地用水量，L/s；

v——管网中水流速度，m/s，取 $v=2\mathrm{m/s}$。

供水管径计算：$d=[4\times35.98/(3.14\times2\times1000)]\times0.5=0.115(\mathrm{m})=115(\mathrm{mm})$，得临时网路需用内径为200mm的供水管。根据要求从给水点引出 $DN150$ 的镀锌钢管到施工现场和办公生活区域。

（2）施工用水管理　体育馆项目施工地点市政管网还没有开通，开通前施工、生活用水由洒水车灌入储水池，再由水泵送到各用户点。

现场及生活区水管敷设已经规划完成，生活区给排水管道已经敷设完成，施工区正在施工过程中，2016年1月底完成。

现场设置雨水收集及废水回收系统，减少水资源的消耗。

现场消防栓设置24个位置，4个木工棚位置各布置一个，施工区各楼层在4个拐角各布置一个，办公区和员工生活区各布置2个。

3. 施工排水

① 现场在临时道路内侧布置环形排水沟，排水沟连接终端为水资源回收利用系统。通过现场西门南侧布置三级沉淀水收集系统进行回收再利用，达到绿色施工节水的目的。

② 现场排水沟采取砖砌形式，长度约700m，宽度300mm，高度300mm，坡度设置为0.3%。

③ 现场水回收系统按照现场布置以及功能要求布置在西门南侧，主要达到出入车辆冲洗的效果，用于现场防尘、降尘用水等，水回收系统分为一级淤泥池，二、三级沉淀池，以及水池几个部分，系统水池主要为砖砌筑，内部进行防水处理。

4. 施工用电

① 项目部联系供电部门架设变压器2台至施工现场围挡外，变压器旁分别设置配电室一个，从配电室接线至各施工区域，变压器和一级配电房周围设置防护设施。

② 体育馆工程用电高峰期将出现于主体结构施工阶段，用电主要是现场施工机械和照明等，生活区用电与现场区分使用。

③ 临时用电布置原则。本工程临时施工现场用电采用三级配电系统。三级配电是指施工现场从电源进线开始至用电设备中间应经过三级配电装置配送，即由总配电箱（一级配电箱），经分（二级）配电箱（负荷或用电设备相对集中处），到开关箱（三级箱）（用电设备

处），分三个层次逐级配送电力（图 5-9）。而开关箱作为末级配电装置，与用电设备之间必须实行“一机一闸制”，即每一台用电设备必须有自己专用的控制开关箱，且动力与照明分路设置。

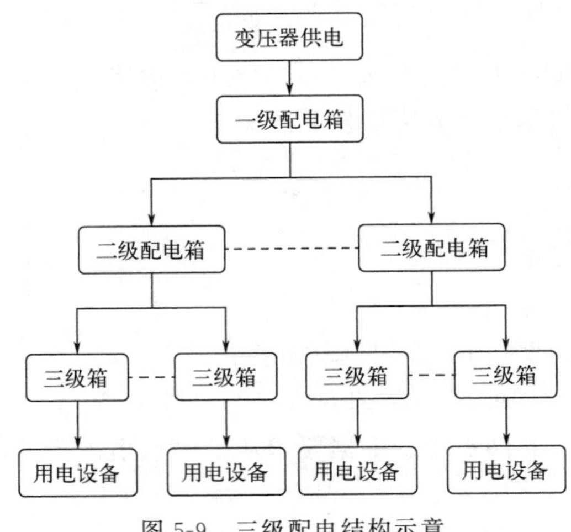

图 5-9 三级配电结构示意

工程现场临时用电采取 TN-S 供电系统，放射式多路主干线送至各用电区域，然后在每个供电区域内再呈分级放射式或树干式构成配电网络，并在二级配电箱处做重复接地（图 5-10）。

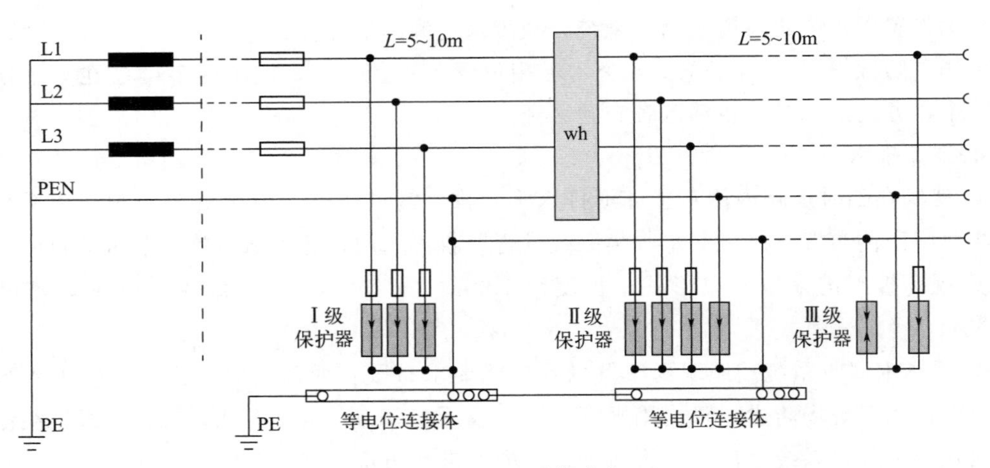

图 5-10 TN-S 系统示意

施工高峰期机械设备用电需求见表 5-14。

表 5-14 施工高峰期机械设备用电需求

序号	设备名称	型号规格	数量	额定功率	总荷载	备注
1	自升式塔吊	TC5610	2	44kW	88kW	结构
2	自升式塔吊	TC6015	2	65kW	130kW	结构
3	钢筋弯曲机	GJB-40	4	3kW	12kW	

续表

序号	设备名称	型号规格	数量	额定功率	总荷载	备注
4	钢筋切断机	GJ40-1	4	2～7.5kW	30kW	
5	钢筋调直机	GTJ4-4	2	2～5.5kW	11kW	
6	直螺纹加工设备		4	5.5kW	22kW	
7	交流电焊机	BX3-500-2	6	18.5kV·A	111kV·A	
8	插入式振捣器	ZN-50	20	1.1kW	22kW	
9	平板振捣器	HKW	10	1.1kW	11kW	
10	直流电焊机	ZX-500	10	21kV·A	210kV·A	结构
11	半自动切割机	CG1-30	2	15kW	30kW	结构
12	砂轮切割机	G10	8	4.5kW	36kW	结构
13	烘干箱	ZYHC-60	2	12kW	24kW	结构
14	空压机	XF-200	2	3kW	6kW	结构
15	CO_2 焊机	QTC-600	5	36kV·A	180kV·A	结构
16	其他零星设备				50kW	结构
17	现场临时用电			150kW	150kW	办公、生活区
18	电焊机	ZX7-315	10	17kV·A	170kV·A	电气
19	电焊机	ZX7-500	10	28kV·A	280kV·A	管道

④ 用电量计算。需要系数法计算公式为

$$S=K\left(K_1\sum\frac{P_1}{\cos\varphi}+K_2\sum P_2+K_3\sum P_3\right)$$

式中 S——供电设备总需用容量，kW·A；

P_1——动力用电设备额定功率，kW；

P_2——电焊机额定容量，kW·A；

P_3——现场临时用电及照明，kW·A；

K——用电不均衡系数，取值1.1；

$\cos\varphi$——电动机平均功率因数，取0.75；

K_1，K_2，K_3——需要系数，其中$K_1=0.6$，$K_2=0.5$，$K_3=1$。

$$\sum P_1=88+130+12+30+11+22+22+11+30+36+24+6+50=472(\mathrm{kW})$$

$$\sum P_2=111+210+180+170+280=951(\mathrm{kW\cdot A})$$

$$\sum P_3=150\mathrm{kW}$$

供电设备总需用容量为：

$$S=1.1\times[(0.6\times472)/0.75+0.5\times951+1\times150]=1103.1(\mathrm{kW\cdot A})$$

变压器容量计算：

$$S_{变}=1.05S=1.05\times1103.41=1158.58(kW\cdot A)$$

式中 $S_{变}$——变压器容量，kW·A；

1.05——功率损耗系数。

根据计算结果，考虑到现场实际情况，施工现场供电总需用容量为1200kV·A，现场需安装400kV·A变压器和800kV·A变压器各一台，以满足现场施工全过程的需要。

⑤ 现场施工临时用电具体布置参考上面布置图，现场用电遵守《施工现场临时用电安全技术规范》(GJ 46—2005) 的规定。

5. 施工道路

现场施工区域内布置为6m宽环形道路，道路项目部自行修筑，施工道路部分采用预制混凝土路面，可进行二次使用，以节省成本，其余路面均采用混凝土硬化。

6. 围墙

① 项目施工区域以及办公、生活等区域采用封闭围挡，项目部使用建造的不燃型夹芯彩钢板作为施工区域、办公、生活区围墙。围墙规格为金属式（围墙高2.0m，颜色为白色，在白色金属板上刷蓝顶蓝脚，围墙为项目施工，在围墙外侧按现场标识要求实施）。

② 现场大门按照标准图集进行布置、施工。

a. 本工程施工现场设置2个有门楼式大门。

b. 办公区采用楼式大门，与施工场地南侧广告围墙相连，生活区、办公区出入口设有花坛、道路、宣传栏、停车场。

c. 员工通道。南面大门设置员工实名验证通道，并在左侧设置电子显示屏。

7. 图牌与宣传栏

以例图效果为准，项目部名称、宣传广告语及相关内容必须表现；拟定尺寸宽6500mm、高4000mm（支架高500m)，可依据实际情况等比例缩放；颜色底色色阶为C100 M60 Y0 K0，MCC20水印效果（透明度20)，标准色渐变；材质使用户外PP印材、不锈钢、彩钢瓦楞板；固定式，摆放在项目办公区正门口处或醒目位置；内容范围有工程概况牌、管理人员名单及监督电话牌、消防保卫牌、安全生产牌、文明施工牌和施工现场总平面图等相关内容。

同时施工区域内布置宣讲台，安全、质量文化长廊、质量展示墙，以及绿色施工牌等。

8. 通信设施

(1) 通信　利用项目管理人员原有手机号建立项目部通讯录，与集团公司、分公司、设计、监理及劳务分包队伍等单位建立手机通信纵横网络，完善项目通信体系。

(2) 网络覆盖　和电信局合作，引入一条百兆光纤建立××省体育馆项目部网络体系。

(3) 通信设施应用　项目通信设施的建立，除了应用于工作联络、现场监控（拟在施工现场布置10个监控摄像头，进行全方位覆盖)、人脸识别员工通道以及项目宣传外，还为办公自动化系统（OA系统)、项目综合管理系统（ERP系统)、考勤系统、物资采购平台、财务NC系统等提供便捷平台。项目管理效率得到很大提升。

9. 施工总平面布置

施工总平面布置如图5-11所示。

图 5-11　施工总平面布置

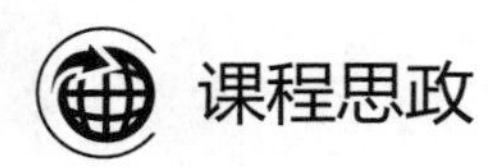

课程思政

钱学森与“山水城市”理论

钱学森是中国航天事业奠基人，也是系统工程理论与应用研究的倡导人，但你可知道他在国家城乡建设领域也有过深入研究？

凭借对于中国传统文化的精深理解和对现代科学技术发展趋势的准确把握，早在改革开放之初，钱学森就针对中国城市未来发展的趋势以及可能遇到的种种问题进行过深入的研究，并创新性地提出了“山水城市”理论及未来城市构想，极具前瞻性地将人、人工环境与自然环境进行有机融合，以期创造现代化与中国文化特色并重的新型生态城市。

1958 年，钱学森就在《人民日报》上发表了《不到园林，怎知春色如许——谈园林学》，从园林学的角度提出了城市建设应该向传统园林学习的建议。1990 年 7 月 31 日，在钱学森写给清华大学吴良镛的信件中，首先提出了“山水城市”一词。钱学森对于“山水城市”理论的构建倾注了大量的心血，仅目前能够收集到的相关信件就达 100 多封。

1993 年，在钱学森的号召与建议下，在北京召开了关于“山水城市”的第一次座谈会，为“山水城市”理论的形成奠定了坚实的基础，此后在城市建设领域举办的一系列关于“山水城市”及其相关理论的座谈会、讨论会，进一步推动了“山水城市”理论的发展。

钱学森先生“山水城市”的核心思想是将现代科学技术与中国传统文化相结合、中外文化相结合、城市园林与城市森林相结合，通过“尊重生态环境，追求山环水绕的境界”“把整个城市建成一座大型园林”，以“有山有水、依山傍水、显山露水和有足够森林绿地、足够江河湖面、足够自然生态”的“21 世纪的社会主义中国城市构筑的模型”来推动和提升中国城市的未来建设。

习题

一、单项选择题

1. 编制施工组织设计前，收集降雨气象资料是用于（　　）等。

A. 确定全年施工作业的有效工作天数　　B. 确定夏季防暑降温措施

C. 确定高空作业及吊装的方案与安全措施　　D. 选择路基土石方施工方法

2. 单位工程施工组织设计是在施工组织总设计的指导下，由直接组织施工的单位根据（　　）来编制。

A. 工程施工图　　B. 施工方案图　　C. 施工计划图　　D. 施工平面图

3. 编制单位工程施工组织设计的重点内容是（　　）。

A. 施工准备工作计划、施工方案、施工平面图　　B. 施工方案、施工进度计划、施工平面图

C. 工程概况、施工方案、施工质量　　D. 总工程量、施工进度计划、劳动力需要量

4. 施工组织设计的核心内容是（　　）。

A. 施工顺序　　B. 质量保证措施　　C. 施工方案　　D. 资源供用计划

5. 单位工程施工组织设计应由（　　）负责编制。

A. 建设单位　　B. 监理单位　　C. 施工单位　　D. 分包单位

6. 在单位工程施工组织设计编制程序中，以下几项顺序正确的是（　　）。

A. 划分工序-计算持续时间-绘制初始方案-确定关键线路

B. 施工进度计划-施工平面图-施工方案

C. 施工进度计划-施工方案-施工平面图

D. 施工方案-施工进度计划-施工平面

7. 以一个施工项目为编制对象，用以指导整个施工项目全过程的各项施工活动的技术、经济和组织的综合性文件叫（　　）。

A. 单位工程施工组织设计　　B. 施工组织总设计

C. 分部分项工程施工组织设计　　D. 专项施工组织设计

8. 教学楼屋面工程属于（　　）。

A. 分部工程　　B. 单项工程　　C. 单位工程　　D. 分项工程

9. 建筑红线由（　　）测定。

A. 施工单位　　B. 设计院　　C. 建设单位　　D. 城市规划部门

10. （　　）是单位工程施工组织设计的重要环节，是决定整个工程全局的关键。

A. 工程概况　　B. 施工进度计划　　C. 施工方案　　D. 施工平面布置图

11. 单位工程施工方案主要确定（　　）的施工顺序、施工方法和选择适用的施工机械。

A. 单项工程　　B. 分项工程　　C. 分部分项工程　　D. 施工过程

12. （　　）是控制各分部分项工程施工进程及总工期的主要依据。

A. 施工进度计划　　B. 工程概况　　C. 施工方案　　D. 施工平面布置图

13. 单位工程施工平面布置图应最先确定（　　）位置。

A. 材料堆场　　B. 仓库的位置　　C. 搅拌站的位置　　D. 起重机械的位置

14. 室外装饰工程的面层施工，宜采用（　　）流向，有利于工程质量和成品保护。

A. 自下而上　　B. 自上而下　　C. 自中向上向下　　D. 前两种均可

15. 在选择和确定施工方法与施工机械时，要首先满足（　　）要求。

A. 合理性　　B. 经济性　　C. 可行性　　D. 先进性

二、多项选择题

1. 单位工程施工组织设计编制的依据有（　　）。

A. 经过会审的施工图　　B. 施工现场的勘测资料

C. 施工企业生产能力、技术水平　　D. 建设单位的总投资计划

2. 施工部署中应解决（　　）问题。

A. 明确施工任务划分与组织安排　　B. 确定工程开展程序

C. 拟订工程项目的施工方案　　D. 编制施工准备工作计划

3. 单位工程施工组织设计的核心内容是（　　）。

A. 工程概况　　B. 施工方案　　C. 施工进度计划　　D. 施工平面布置图

4. 编制资源需用量计划包括（　　）。

A. 劳动力需用量计划　　B. 主要材料需用量计划

C. 施工进度计划　　D. 施工机具需用量计划

5. 单位工程施工平面图的设计要求做到（　　）。

A. 符合劳动保护、安全、防火等要求

B. 在满足施工需要的前提下，尽可能减少施工占用场地

C. 短运输、少搬运

D. 利用已有的临时工程

6. 选择施工机械时应着重考虑以下几方面（　　）。

A. 首先选择适宜主导工程的施工机械　　B. 尽量采用塔式起重机

C. 辅助机械应与主导机械协调配套　　D. 力求机械的种类和型号少一些

模块六
施工现场准备

● 思想及素质目标：

1. 培养学生具备科学精神、规范意识
2. 培养学生具备文明施工、绿色施工、法治意识

● 知识目标：

1. 了解施工现场准备工作的内容
2. 掌握临时用水、用电的计算及布置
3. 掌握临时设施的布置及面积计算
4. 了解季节施工准备

● 技能目标：

1. 能够设计施工现场临时设施进行计算和布置
2. 能够制定季节施工方案

任务一　施工现场准备的内容

施工现场准备就是一般所说的室外准备工作，它包括建立测量控制网及测量放线、拆除障碍物、“七通一平”、临时设施的搭设等工作内容。

一、施工现场准备工作的范围及各方职责

1. 建设单位施工现场准备工作的内容

① 开展土地征用、拆迁补偿、平整施工场地等工作，使施工场地具备施工条件。

② 将施工所需水、电、电信线路从施工场地外部接至专用条款约定地点，保证施工期间的需要。

③ 开通施工场地与城乡公共道路的通道，以及专用条款约定的施工场地内的主要道路，满足施工运输的需要，保证施工期间的畅通。

④ 向承包人提供施工场地的工程地质和地下管线资料，对资料的真实和准确性负责。

⑤ 办理施工许可证及其他施工所需证件、批件和临时用地、停水、停电、中断道路交通、爆破作业等的申请批准手续（证明承包人自身资质的证件除外）。

⑥ 确定水准点与坐标控制点，以书面形式交给承包人，进行现场交验。

⑦ 协调处理施工场地周围的地下管线和邻近建筑物、构筑物（包括文物保护建筑）、古树名木的保护工作，承担有关费用。

上述施工现场准备工作，承发包双方也可在合同专用条款内交由施工单位完成，其费用由建设单位承担。

2. 施工单位现场准备工作的内容

① 根据工程需要，提供和维修非夜间施工使用的照明，围栏设施，并负责安全保卫。

② 遵守政府有关主管部门对施工场地交通、施工噪声以及环境保护和安全生产等的管理规定，按规定办理有关手续，并以书面形式通知发包人，发包人承担由此产生的费用，因承包人责任造成的罚款除外。

③ 按专用条款约定做好施工场地地下管线和邻近建筑物、构筑物（包括文物保护建筑）、古树名木的保护工作。

④ 按专用条款约定的数量和要求，向发包人提供施工场地办公和生活的房屋及设施，发包人承担由此产生的费用。

⑤ 保证施工场地清洁，符合环境卫生管理的有关规定。

⑥ 建立测量控制网。

⑦ 搭设现场生产和生活用的临时设施。

⑧ 工程用地范围内的“七通一平”，其中平整场地工作应由建设单位承担，但建设单位也可要求施工单位完成，费用仍由建设单位承担。

二、建立测量控制网及测量放线

为了使建筑物的平面位置和高程严格符合设计要求，施工前应按总平面图的要求测出占地面积，并按一定的距离布点，组成测量控制网，以利施工时按总平面图准确地定出各建筑物的位置。控制网一般采用方格网，建筑方格网多由边长为100～200m的正方形或矩形组成。如果土方工程需要，还应测绘地形图。通常，这一工作由专业测量队完成，但施工单位还需根据施工的具体需要做一些加密网点和进行建筑物的测量放线工作。

三、拆除障碍物

这一工作通常由建设单位完成，但有时也委托施工单位完成。拆除时，一定要摸清情况，尤其是原有障碍物复杂或资料不全时，应采取相应措施，防止发生事故。

架空电线、埋地电缆、自来水管、污水管道、煤气管道等的拆除，都应与有关部门取得联系并办好手续后，方可进行。场内的树木需报请有关部门批准后方可砍伐。房屋只要在水源、电源、气源等截断后即可进行拆除。

四、“七通一平”工作

“七通一平”是指土地（生地）在通过一级开发后，使其达到具备上水、雨污水、电力、暖气、电信和道路通以及场地平整的条件，使二级开发商可以进场后迅速开发建设。主要包括：通给水、通排水、通电、通信、通路、通燃气、通热力（七通）以及场地平整（一平）。

“七通一平”工作一般是在施工组织设计的规划下进行的。对于一个新建工地，如果完全等到整个工地的“七通一平”工作做完再进行施工往往是不可能的。所以，全场性的“五通一平”工作是有计划、分阶段进行的。

五、临时设施的搭设

施工现场的临时设施是为满足施工生产和职工生活所需的临时建筑物，它包括现场办公室、职工宿舍、食堂、材料仓库、钢筋棚、木材加工棚等。

临时设施的搭设，应尽量利用原有的建筑物，或先修建一部分永久性建筑加以利用，不足部分修建临时建筑。尽量减少临时设施的搭设数量，以节约费用。

任务二　行政与生活临时设施设置

一、临时性房屋设置原则

临时性房屋一般有：办公室、汽车库、职工休息室、开水房、浴室、食堂、商店、俱乐部等。布置时应考虑：

① 全工地性管理用房（办公室、门卫等）应设在工地入口处；

② 工人生活福利设施（商店、俱乐部、浴室等）应设在工人较集中的地方；

③ 食堂可布置在工地内部或工地与生活区之间；

④ 职工住房应布置在工地以外的生活区，一般距工地 500～1000m 为宜。

二、办公及福利设施的规划与实施

工程项目建设中，办公及福利设施的规划应根据工程项目建设中的用人情况来确定。

1. 确定人员数量

一般情况下，直接生产工人（基本工人）数用下式计算。

$$R=n\frac{T}{t}K_2 \tag{6-1}$$

式中　R——需要工人数；

n——直接生产的基本工人数；

T——工程项目年（季）度所需总工作；

t——年（季）度有效工作日；

K_2——年（季）度施工不均衡系数，取1.1～1.2。

非生产人员参照国家规定的比例计算，可以参考表6-1的规定。

表6-1　非生产人员比例表

序号	企业类别	非生产人员比例/%	其中		折算为占生产人员比例/%
			管理人员	服务人员	
1	中央省、自治区属	16～18	9～11	6～8	19～22
2	省辖市、地区属	8～10	8～10	5～7	16.3～19
3	县(市)企业	10～14	7～9	4～6	13.6～16.3

注：1. 工程分散，职工数较大者取上限。

2. 新辟地区、当地服务网点尚未建立时应增加服务人员5%～10%。

3. 大城市、大工业区服务人员应减少2%～4%。

家属视工地情况而定，工期短、距离近时家属少安排些；工期长、距离远时家属多安排些。

2. 确定办公及福利设施的临时建筑面积

当工地人员确定后，可按实际人数确定建筑面积。

$$S=NP \tag{6-2}$$

式中　S——建筑面积，m^2；

N——工地人员实际数；

P——临时建筑面积指标，可参照表格6-2选取。

表6-2　临时建筑面积参考指标　　单位：m^2/人

序号	临时建筑名称	指标使用方法	参考指标	序号	临时建筑名称	指标使用方法	参考指标
一	办公室	按使用人数	3～4	3	理发室	按高峰年平均人数	0.01～0.03
二	宿舍			4	俱乐部	按高峰年平均人数	0.1
1	单层通铺	按高峰年(季)平均人数	2.5～3.0	5	小卖部	按高峰年平均人数	0.03
2	双层床	不包括工地人数	2.0～2.5	6	招待所	按高峰年平均人数	0.06
3	单层床	不包括工地人数	3.5～4.0	7	托儿所	按高峰年平均人数	0.03～0.06
三	家属宿舍		16～25m^2/户	8	子弟校	按高峰年平均人数	0.06～0.08
四	食堂	按高峰年平均人数	0.5～0.8	9	其他公用	按高峰年平均人数	0.05～0.10
	食堂兼礼堂	按高峰年平均人数	0.6～0.9	六	其他小型	按高峰年平均人数	
五	其他合计	按高峰年平均人数	0.5～0.6	1	开水房		10～40
1	医务所	按高峰年平均人数	0.05～0.07	2	厕所	按工地平均人数	0.02～0.07
2	浴室	按高峰年平均人数	0.07～0.1	3	工人休息室	按工地平均人数	0.15

任务三　工地临时供水系统的设置

设置临时性水电管网时，应尽量利用可用的水源、电源。一般排水干管和输电线沿主干道布置；水池、水塔等储水设施应设在地势较高处；总变电站应设在高压电入口处；消防站应布置在工地出入口附近，消火栓沿道路布置；过冬的管网要采取保温措施。

工地用水主要有三种类型：生活用水、生产用水和消防用水。

工地供水确定的主要内容有：确定用水量、水源选择、确定供水系统。

一、确定用水量

1. 生产用水量

包括工程施工用水量和施工机械用水量。

（1）工程施工用水量

$$q_1 = K_1 \sum \frac{Q_1 N_1}{T_1 b} \times \frac{K_2}{8 \times 3600} \tag{6-3}$$

式中　q_1——施工工程用水量，L/S；

K_1——未预见的施工用水系数，取 1.05～1.15；

Q_1——年（季）度工程量（以实物计量单位表示）；

N_1——施工用水定额，按表 6-3 选取；

T_1——年（季）度有效工作日，d；

b——每天工作班数，次；

K_2——用水不均衡系数，按表 6-4 选取。

表 6-3　施工用水（N_1）参考定额

序号	用水对象	单位	耗水量 N_1/L	备注
1	浇筑混凝土全部用水	m^3	1700～2400	
2	搅拌普通混凝土	m^3	250	实测数据
3	搅拌轻质混凝土	m^3	300～350	
4	搅拌泡沫混凝土	m^3	300～400	
5	搅拌热混凝土	m^3	300～350	
6	混凝土养护(自然养护)	m^3	200～400	
7	混凝土养护(蒸汽养护)	m^3	500～700	
8	冲洗模板	m^2	5	
9	搅拌机清洗	台班	600	实测数据
10	人工冲洗石子	m^3	1000	
11	机械冲洗石子	m^3	600	

续表

序号	用水对象	单位	耗水量 N_1/L	备注
12	洗砂	m^3	1000	
13	砌砖工程全部用水	m^3	150～250	
14	砌石工程全部用水	m^3	50～80	
15	粉刷工程全部用水	m^3	30	
16	砌耐火砖砌体	m^3	100～150	包括砂浆搅拌
17	洗砖	千块	200～250	
18	洗硅酸盐砌块	m^3	300～350	
19	抹面	m^2	4～6	不包括调制用水
20	楼地面	m^2	190	找平层同
21	搅拌砂浆	m^3	300	
22	石灰消化	t	3000	

表 6-4　施工用水不均衡系数

K	用水名称	系数
K_2	施工工程用水	1.5
	生产企业用水	1.25
K_3	施工机械运输机具	2.00
	动力设备	1.05～1.10
K_4	施工现场生活用水	1.30～1.50
K_5	居民区生活用水	2.00～2.50

（2）施工机械用水量

$$q_2=K_1\sum Q_2N_2\frac{K_3}{8\times 3600} \tag{6-4}$$

式中　q_2——施工机械用水量，L/S；

K_1——未预见施工用水系数，取 1.05～1.15；

Q_2——同种机械台数，台；

N_2——用水定额，参考表 6-5；

K_3——用水不均衡系数，参考表 6-4。

表 6-5　施工机械用水参考定额

序号	用水对象	单位	耗水量 N_2/L	备注
1	内燃挖土机	L/(台班·m^3)	200～300	以斗容量立方米计
2	内燃起重机	L/(台班·t)	15～18	以起重吨数计
3	蒸汽起重机	L/(台班·t)	300～400	以起重吨数计
4	蒸汽打桩机	L/(台班·t)	1000～1200	以锤重吨数计

续表

序号	用水对象	单位	耗水量 N_2/L	备注
5	蒸汽压路机	L/(台班·t)	100～150	以压路机吨数计
6	内燃压路机	L/(台班·t)	12～15	以压路机吨数计
7	拖拉机	L/(昼夜·台)	200～300	
8	汽车	L/(昼夜·台)	400～700	
9	标准轨蒸汽机车	L/(昼夜·台)	10000～20000	
10	窄轨蒸汽机车	L/(昼夜·台)	4000～7000	
11	空气压缩机	L/[台班·(m^3/min)]	40～80	以压缩空气机排气量(m^3/min)计
12	内燃机动力装置(直流水)	L/(台班·hp)	120～300	
13	内燃机动力装置(循环水)	L/(台班·hp)	25～40	
14	锅驼机	L/(台班·hp)	80～160	不利用凝结水
15	锅炉	L/(h·t)	1000	以小时蒸发量计
16	锅炉	L/(h·m^3)	15～30	以受热面积计
17	点焊机 25 型	L/h	100	实测数据
	点焊机 50 型	L/h	150～200	实测数据
	点焊机 75 型	L/h	250～350	实测数据
	点焊机 100 型	L/h	—	
18	冷拔机	L/h	300	
19	对焊机	L/h	300	
20	凿岩机 01-30(CM-56)	L/min	3	
	01-45(TN-4)	L/min	5	
	01-38(KⅡM-4)	L/min	8	
	YQ-100	L/min	8～12	

注:1hp=745.7W。

2. 生活用水量

包括施工现场生活用水量和生活区生活用水量。

(1) 施工现场生活用水量

$$q_3=\frac{P_1N_3K_4}{b\times8\times3600} \tag{6-5}$$

式中 q_3——生活用水量，L/s；

P_1——高峰人数，人；

N_3——生活用水定额，视当地气候、工种而定，一般取 100～120L/(人·昼夜)；

K_4——生活用水不均衡系数，参考表 6-4；

b——每天工作班数，次。

(2) 生活区生活用水量

$$q_4=\frac{P_2N_4K_5}{24\times3600} \tag{6-6}$$

式中 q_4——生活区生活用水量，L/s；

P_2——居民人数，人；

N_4——生活用水定额，参考表 6-6；

K_5——用水不均衡系数，参考表 6-4。

表 6-6　生活用水量（N_4）参考定额表

序号	用水对象	单位	耗水量 N_4/L	备注
1	工地全部生活用水	L/(人·d)	100～120	
2	生活用水(盥洗生活饮用)	L/(人·d)	25～30	
3	食堂	L/(人·d)	15～20	
4	浴室(淋浴)	L/(人·次)	50	
5	淋浴带大池	L/(人·次)	30～50	
6	洗衣	L/人	30～35	
7	理发室	L/(人·次)	15	
8	小学校	L/(人·d)	12～15	
9	幼儿园托儿所	L/(人·d)	75～90	
10	医院病房	L/(病床·d)	100～150	

3. 消防用水量（q_5）

包括居民生活区消防用水量和施工现场消防用水量，应根据工程项目大小及居住人数的多少来确定，可参考表 6-7 选取。

表 6-7　消防用水量

用水场所	规模	火灾同时发生次数	单位	用水量/L
居民区消防用水	5000 人以内 10000 人以内 25000 人以内	1 次 2 次 2 次	L/s L/s L/s	10 10～15 15～20
施工现场消防用水	施工现场在 25ha(公顷)以内	1 次	L/s	10～15[每增加 25ha(公顷)递增 5]

4. 总用水量

由于生产用水、生活用水和消防用水不同时使用，日常只有生产用水和生活用水，消防用水是在特殊情况下产生的，故总用水量不能简单地将几项相加，而应考虑有效组合，既要满足生产用水和生活用水，又要有消防储备。一般可分为以下三种组合。

当 $q_1+q_2+q_3+q_4\leqslant q_5$ 时，取 $Q=q_5+\frac{1}{2}(q_1+q_2+q_3+q_4)$。

当 $q_1+q_2+q_3+q_4>q_5$ 时，取 $Q=q_1+q_2+q_3+q_4$。

当工地面积小于 5ha，并且 $q_1-q_2+q_3+q_4<q_5$ 时，取 $Q=q_5$。

当总用水量 Q 确定后，还应增加 10%，以补偿不可避免的水管漏水等损失，即

$$Q_{总}=1.1Q \tag{6-7}$$

二、水源选择和确定供水系统

1. 水源选择

工程项目工地临时供水水源的选择，有供水管道供水和天然水源供水两种方式。最好的方式是采用附近居民区现有的供水管道供水，只有当工地附近没有现成的供水管道或现成的供水管道无法使用以及供水量难以满足施工要求时，才使用天然水源供水（如江、河、湖、井等）。

选择水源应考虑的因素有：水量是否充足、可靠，能否满足最大需求量要求；能否满足生活饮用水、生产用水的水质要求；取水、输水、净水设施是否安全、可靠；施工、运转、管理和维护是否方便。

2. 确定供水系统

供水系统由取水设施、净水设施、储水构筑物、输水管道、配水管道等组成。通常情况下，综合工程项目的首建工程应是永久性供水系统，只有在工程项目的工期紧迫时，才修建临时供水系统，如果已有供水系统，可以直接从供水源接输水管道。

3. 确定取水设施

取水设施一般由取水口、进水管和水泵组成。取水口距河底（或井底）一般不小于0.25m（河底）或0.9m（井底），在冰层下部边缘的距离不小于0.25m。给水工程一般使用离心泵、隔膜泵和活塞泵三种，所用的水泵应具有足够的抽水能力和扬程。

4. 确定贮水构筑物

贮水构筑物一般有水池、水塔和水箱。在临时供水时，如水泵不能连续供水，需设置贮水构筑物。其容量以每小时消防用水决定，但不得少于$10m^3$（水箱）或$20m^3$（水池和水塔）。

贮水构筑物的高度应根据供水范围、供水对象位置及水塔本身位置来确定。

5. 确定供水管径

$$D=\sqrt{\frac{4Q\times 1000}{\pi v}} \tag{6-8}$$

式中 D——配水管内径；

Q——用水量，L/s；

v——管网中水流速度，m/s，参考表6-8。

根据已确定的管径和水压的大小，可选择配水管，一般干管为钢管或铸铁管，支管为钢管。

表6-8 临时水管经济流速

管径	流速/(m/s)	
	正常时间	消防时间
支管 $D<0.1$m	2	
生产消防管道 $D=0.1\sim0.3$m	1.3	>3.0
生产消防管道 $D>0.3$m	1.5～1.7	2.5
生产用水管道 $D>0.3$m	1.5～2.5	3.0

任务四　工地临时供电系统的布置

工地临时供电的组织包括用电量的计算、电源的选择、确定变压器、配电线路设置和导线截面面积的确定。

一、工地总用电量的计算

施工现场用电一般可分为动力用电和照明用电。在计算用电量时，应考虑以下因素。

① 全工地动力用电功率。

② 全工地照明用电功率。

③ 施工高峰用电量。

工地总用电量按下式计算。

$$P=1.05\sim1.10\left(K_1\frac{\sum P_1}{\cos\varphi}+K_2\sum P_2+K_3\sum P_3+K_4\sum P_4\right) \tag{6-9}$$

式中　P——供电设备总需要容量，kV·A；

P_1——电动机额定功率，kW；

P_2——电焊机额定功率，kV·A；

P_3——室内照明容量，kW；

P_4——室外照明容量，kW；

$\cos\varphi$——电动机的平均功率因数（在施工现场最高为0.75～0.78，一般为0.65～0.75）；

K_1，K_2，K_3，K_4——需要系数，参考表6-9。

表6-9　按允许电压降计算时的需要系数

用电名称	数量	需要系数				备注
		K_1	K_2	K_3	K_4	
电动机	3～10台 11～30台 30台以上	0.7 0.6 0.5				如施工上需要电热时，将其用电量计算进去。公式中各动力照明用电应根据不同工作性质分类计算
加工厂动力设备		0.5				
电焊机	3～10台 10台以上		0.6 0.5			
室内照明				0.8		
室外照明					1.0	

其他机械动力设备以及工具用电可参考有关定额。

由于照明用电量远小于动力用电量，故当单班施工时，其用电总量可以不考虑照明用电。

二、电源选择的几种方案

① 完全由工地附近的电力系统供电。

② 若工地附近的电力系统不够，需增设临时电站以补充不足部分。

③ 如果工地属于新开发地区，附近没有供电系统，电力则应由工地自备临时动力设施供电。

根据实际情况确定供电方案。一般情况下是将工地附近的高压电网，引入工地的变压器进行调配。其变压器功率可由下式计算。

$$P = K\frac{\sum P_{max}}{\cos\varphi} \tag{6-10}$$

式中 P——变压器的功率，kV·A；

K——功率损失系数，取 1.05；

$\sum P_{max}$——各施工区的最大计算负荷，kW；

$\cos\varphi$——功率因数。

根据计算结果，应选取略大于该结果的变压器。

三、选择导线截面

导线的自身强度必须能防止受拉或机械性损伤而折断，导线还必须耐受因电流通过而产生的温升，导线还应使得电压损失在允许范围之内，这样，导线才能正常传输电流，保证各方用电的需要。

选择导线时应考虑如下因素。

1. 按机械强度选择

导线在各种敷设方式下，应按其强度需要，保证必需的最小截面，以防拉、折而断。可根据有关资料进行选择。

2. 按照允许电压降选择

导线满足所需要的允许电压，其本身引起的电压降必须限制在一定范围内，导线承受电流长时间通过所引起的温升，其自身电阻越小越好，使电流通畅，温度则会降低，因此，导线的截面是关键因素，可由下式计算。

$$S = \frac{\sum PL}{C\varepsilon} \tag{6-11}$$

式中 S——导线截面面积，mm^2；

P——负荷电功率或线路输送的电功率，kW；

L——输送电线路的距离，m；

C——系数，视导线材料、送电电压及调配方式而定，参考表 6-10；

ε——允许的相对电压降（即线路的电压损失），%，一般为 2.5%～5%。

其中，照明电路中允许电压降不应超过 2.5%～5%。

电动机电压降不应超过±5%，临时供电可到±8%。

表 6-10　按允许电压降计算时的 C 值

线路额定电压/V	线路系统及电流种类	系数 C 值	
		铜线	铝线
380/220	三相四线	77	46.3
220		12.8	7.75
110		3.2	1.9
36		0.34	0.21

3. 按允许电流强度选择

导线必须能承受负载电流长时间通过，而其最高温升不超过规定值。

以上三个条件选择的导线，取截面面积最大的作为现场使用的导线，通常导线的选取先根据计算负荷电流的大小来确定，而后根据其机械强度和允许电压损失值进行复核。

4. 负荷电流的计算

三相四线制线路上的电流可按下式计算。

$$I=\frac{P}{\sqrt{3}V\cos\varphi} \tag{6-12}$$

式中　I——电流值，A；

P——功率，W；

V——电压，V；

$\cos\varphi$——功率因素。

导线制造厂家根据导线的允许温升，制定了各类导线在不同敷设条件下的持续允许电流值，在选择导线时，导线中的电流不得超过此值。

任务五　季节施工准备

季节施工准备是指在冬季、雨季这些特殊季节所做的各种准备工作。

一、冬季施工的准备工作

冬季施工应做好以下准备工作。

1. 做好冬季施工项目的综合安排

由于冬季气温低、施工条件差、技术要求高，很可能增加施工费用。因此，应尽量安排增加费用少、受自然条件影响小的施工项目在冬季施工，如结构吊装、打桩、室内装修等。对有可能增加费用较多且不能保证施工质量的项目，如外装修、屋面等则应避免在冬季施工。

2. 落实各种热源的供应工作

各种热源设备和保温材料应做好必要的供应与储存，相关工种的人员（如锅炉工人）应进行必要的培训，以保证冬季施工的顺利进行。

3. 做好冬季的测温工作

冬季昼夜温差大，为了保证工程施工质量，应时常观测气温的变化，防止砂浆、混凝土等在凝结硬化前受到冰冻而被破坏。

4. 做好室内施工项目的保温工作

在冬季到来之前，应完成供热系统、安装好门窗玻璃等工作，以保证室内其他施工项目能顺利施工。

5. 做好临时设施的保温防冻工作

应做到室内外给排水管道的保温，防止管道冻裂；要防止道路积水结冰，应及时清除积雪，以保证运输顺利。

6. 做好材料的必要库存

为了节约冬季费用，在冬季到来之前，应做好材料的必要库存，储备足够数量的材料。

7. 做好完工部位的保护工作

如基础完成后，及时回填土方至基础顶面同一高度；砌完一层墙体后及时将楼板安装到位；室内装修一层一室一次完成；室外装修力求一次完成。

8. 加强安全教育，树立安全意识

在冬季应教育职工树立安全意识，要有相应的防火、防滑措施，严防火灾和其他事故发生。

二、雨季施工的准备工作

雨季施工应做好以下准备工作。

1. 做好雨季施工项目的综合安排

为了避免雨季出现窝工现象，应将一些受雨季影响大的施工项目（如土方、基础、室外及屋面）尽量安排在雨季到来之前多施工，留出受雨季影响小的项目，在雨季施工。

2. 做好防洪排涝和现场排水工作

应了解施工现场的实际情况，落实防洪排涝的有关措施；在施工现场，应修建各种排水沟渠，准备好抽水设备，防止现场积水。

3. 做好运输道路的维护

在雨季到来之前，应检查道路边坡的排水，适当提高路面，防止路面凹陷，保证运输道路的畅通。

4. 做好材料的必要库存

为了节约施工费用，在雨季到来之前，应做好材料的必要库存，储备足够数量的材料。

5. 做好机具设备的保护

对施工现场的各种机具、电气应加强检查，尤其是脚手架、塔吊、井架等地方，要采取措施，防止倒塌、雷击、漏电等现象的发生。

6. 加强安全教育，树立安全意识

在雨季要教育职工树立安全意识，防止各种事故的发生。

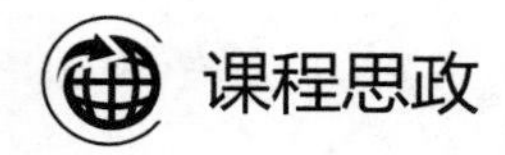

宇文恺修大兴城

宇文恺（公元555—612年），字安乐，隋代建筑家。其祖先为鲜卑人。宇文恺出身于武将世家，父兄都因军功显赫而被册封要职，他却喜好读书，擅长工艺，尤其擅长建筑。他一生主持了许多大型建筑的设计建设，长安新城（大兴城）、东都洛阳城则是其代表作。

大兴城是隋于汉长安城东南所筑的新城。在今西安城及城东、城南、城西一带，唐朝时改名为长安城。

第一，大兴城的选址比较合理。通过对周围地理环境的认真考察，宇文恺认为长安城东南龙首川一带的平原最适合兴建新城。这里三面临水，一面傍山，水陆交通便利、风景秀丽宜人，是比较理想的建城之地。这里水源丰富，对解决都城的供水问题提供了极大方便，为此宇文恺开挖三条水渠引水入城。城南有永安渠和清明渠，城东有龙首渠。这既为新城提供了水源，又使渠水迂回曲折，汇成多处池塘，给新城增添了几分景色。

第二，整座城气势宏伟、规模巨大。全城南北长8600多米，东西长9700多米，总面积约$84km^2$，当时的西安和北京城都没法与其匹敌。城周围有宽约5m、高约6m的城墙环绕，有12座城门，南面正中的明德门因处在全城中轴线上，因此开设5个门洞，而东面的春明门只有1个门洞，西面和北面的城门各开有3个门洞，这都是大兴城的独到之处。

第三，城内区划明确。全城由宫城、皇城、郭城组成，沿南北轴线将宫城、皇城置于全城的主要位置，郭城则围绕在宫城和皇城的东、西、南三面。宫城位于南北轴线的北部，城内用墙分隔成三部分，中部为大兴宫，是皇帝起居、听政的地方；东部为东宫，专供太子居住和办理政务；西部为掖庭宫，是专供宫女学习技艺的地方。宫城南面是皇城，又叫子城，是封建社会政府机关六省、九寺、一台、四监、十八卫的所在地；百官衙署行列分布，东有宗庙，西有社稷。郭城又叫罗城、京城，是城市居民和官吏的住宅区；东西两面各有一市，西为利人市，东为都令市，是京城的商业区，各占地约1万平方米，里面店铺林立、商业繁荣。这种把宫城、官署和居民区严格区分开来，划分整齐明确、布局完整对称的方式是宇文恺的一大创造，对后世都城建设有重大影响。

第四，大兴城采用了里坊制的设计原则。东西大街和南北大街纵横交错，将全城分为108个方块。每个方块在当时称为“里”，唐朝称为“坊”，因此称为“里坊”。里坊的布局沿中轴线左右对称、均匀分布，呈棋盘式；每个里坊各有名称，大小不一；里坊内官吏、居民住宅，寺庙、道观、商业店铺等应有尽有，和人们现在居住的小区很相似；里坊周围有围墙，大的里坊四面开门，中辟一字街，小的里坊开东西门，有一条横街。

第五，城里街道宽直、整齐划一。有南北大街11条、东西大街14条；通向城门的街道，宽度都在百米以上，界于宫城和皇城之间的横行街最宽，达220m，位于南北中轴线上的主干道朱雀大街宽150m，不通城门的街道宽度在42～68m之间，最窄的四周沿城墙的顺城街，其宽也有25m。每条大街的路旁都栽有树木，整齐划一，构成一条绿荫大道。路面铺有砖石，平整、坚实。大道两侧设有排水沟，以解决城里的排水问题。这些大街和里内街道以及首尾相通的巷道构成了四通八达的城市交通网。

习题

职业资格考试题

1.2016 年一级建造师考试真题

某住宅楼工程，场地占地面积约 10000m^2，建筑面积约 14000m^2。地下 2 层，地上 16 层，层高 2.8m，檐口高 47m，结构设计为筏板基础，剪力墙结构。施工总承包单位为外地企业，在本项目所在地设有分公司。

本工程项目经理组织编制了项目施工组织设计，经分公司技术部经理审核后，报分公司总工程师（公司总工程师授权）审批；由项目技术部经理主持编制外脚手架（落地式）施工方案，经项目总工程师审批；专业承包单位组织编制塔吊安装和拆卸方案，按规定经专家论证后，报施工总承包单位总工程师、总监理工程师、建设单位负责人签字批准实施。

在施工现场消防技术方案中，临时施工道路（宽 4m）与施工（消防）用主水管沿在建住宅楼环状布置，消火栓设在施工道路内侧，距路中线 5m，在建住宅楼外边线距道路中线 9m。施工用水管计算中，现场施工用水量（$q_1+q_2+q_3+q_4$）为 8.5L/s，管网水流速度 1.6m/s，漏水损失 10%，消防用水量按最小用水量计算。

问题：(1) 指出施工现场消防技术方案的不妥之处，并写出相应的正确做法。

(2) 施工总用水量是多少（单位：L/s）？施工用水主管的计算管径是多少（单位：mm，保留两位小数）？

2.2013 年一级建造师考试真题

背景资料：某教学楼工程，建筑面积 1.7 万平方米，地下 1 层，地上 6 层，檐高 25.2m，主体为框架结构，砌筑及抹灰用砂浆采用现场拌制。施工单位进场后，项目经理组织编制了“某教学楼施工组织设计”，经批准后开始施工。在施工过程中，发生了以下事件。

事件一：根据现场条件，厂区内设置了办公区、生活区、木工加工区等生产辅助设施。对施工机械需用量进行了设计与计算。

事件二：为了充分体现绿色施工在施工过程中的应用，项目部在临建施工及使用方案中提出了在节能和能源利用方面的技术要点。

问题：(1) 事件一中，“某教学楼施工组织设计”在计算临时用水总用水量时，根据用途应考虑哪些方面的用水量？

(2) 事件二的临建施工及使用方案中，在节能和能源利用方面可以提出哪些技术要点？

模块七

BIM 在建筑工程施工组织中的应用

- **思想及素质目标：**

1. 培养学生具备科学精神、安全标准、全局意识
2. 培养学生具备文明施工、绿色施工、法治意识

- **知识目标：**

1. 了解 BIM 基本概况
2. 掌握 BIM 技术在建筑工程施工组织中的具体应用

- **技能目标：**

1. 能够使用 BIM 技术进行单位工程施工组织设计
2. 能够运用 BIM 技术进行施工管理

任务一　BIM 概述

一、BIM 基本特点及其对工程的意义

BIM（building information modeling）的全称是建筑信息模型，该技术已经在世界范围的工程领域得到广泛应用，并不断发展。BIM 的技术核心是一个由计算机三维模型所形成的数据库，这些数据库信息在建筑全过程中动态变化调整，并可以及时准确地调用系统数据库中包含的相关数据，加快决策进度、提高决策质量，从而提高项目质量，降低项目成本，增加项目利润。

BIM 技术的发展是建立在建筑工程的发展和工程管理要求之上的，BIM 在不断发展完善的过程中，表现出了其基本特点和对工程的意义（表 7-1）。

表 7-1 BIM 的基本特点和意义

基本特点	意义
可视化	可视化是一种能够与构件之间形成互动性和反馈性的可视，由于整个过程都是可视化的，所以可视化不仅可以展示效果图和生产报告，项目设计、建造、运营过程中的沟通、讨论、决策都可以在可视化的状态下进行
协调性	BIM 建筑信息模型可在建筑物建造前期对各专业的碰撞问题进行协调，生成协调数据，提供出来，解决各专业间的碰撞问题
模拟性	模拟性并不是只能模拟设计出的建筑物模型，还可以模拟不能够在真实世界中进行操作的事物，在不同阶段进行相对应的模拟分析
优化性	可把项目设计和投资回报分析结合起来，设计变化对投资回报的影响可以实时计算出来，使得业主知道哪种项目设计方案更有利于自身的需求
可出图性	通过对建筑物进行可视化展示、协调、模拟、优化以后，可以帮助业主出具综合管线图（经过碰撞检查和设计修改，消除了相应错误以后）、综合结构留洞图（预埋套管图）、碰撞检查侦错报告和建议改进方案

二、BIM 技术在建筑工程施工组织中的价值

1. BIM 在前期策划中的应用

BIM 在前期策划阶段的应用内容主要包括现状建模、场地分析、成本核算、方案决策数据支撑、总体规划等。

在概念构思前期，项目场地、气候条件、规划条件等多方面信息会影响方案的决策，利用技术平台结合及相关的分析软件可以对设计条件进行判断分析，找出对项目影响最大的因素，使项目在策划阶段就朝着最有效的方向努力并做出适当的决策。

2. BIM 在设计阶段中的应用

在方案和施工图设计过程中，BIM 所形成的成果是多维的、动态的，可以较好地、充分地就设计方案与参建各方进行沟通，包括建筑效果、结构设计、机电设备系统设计以及各类经济指标的对比等。

方案阶段的模型可作为设计条件转到施工图设计阶段，同时施工图设计阶段的模型和基于模型的图纸，可以直观地指导现场施工。

BIM 的过程，是建筑、结构、设备各专业工程师协同的过程，基于一个模型进行设计，设计过程中各专业协同设计，实时进行专业之间的条件检查，更好地进行专业设计，避免了常规设计过程中大量错漏碰撞问题的出现，提高了设计质量和设计效率。

3. BIM 在施工阶段中的应用

施工阶段管理土建、机电、钢构、幕墙、精装修等分包单位应用 BIM 化技术协调项目各方信息，提高项目信息传递的有效性和准确性，提高施工技术质量，保证进度，减少图纸中“错漏碰缺”的发生，使设计图纸切实符合施工现场操作的要求，并能进一步辅助施工组织，达到管理升级、降本增效、节约时间的目的。

在施工组织方面，施工阶段利用 BIM 模型可以高效协调各参建方，通过将模型与施工

计划相结合，可以直观体现施工各阶段所需的“人、机、料、法、环”等资源，提前协调各单位进场准备，避免现场施工过程中出现的交叉作业施工“打架”带来的工期延误、投资浪费、质量安全风险隐患等。在施工过程中定期通过将模拟结果和实际进度对比，找出影响进度的因素，针对性地进行整改优化，保证工程顺利进行。

在施工技术方面，通过对施工方案中提及的工艺及环境进行模拟，在模拟过程中提前找出技术方案中的不利因素，加以分析解决，通过模拟结果得出方案实行的具体环境条件，在施工计划中合理安排施工工序。

在施工图方面，施工过程中利用模型反映图纸内容，便于找出各专业施工图中存在的问题，通过各专业之间的碰撞检测、综合排布等工作，最终得到可靠的管线定位图、结构预留预埋图等可靠的深化施工图。

4. BIM 在竣工验收阶段的应用

验收人员根据设计、施工阶段的模型，直观、可视化地掌握整个工程的情况，包括建筑、结构、水、暖、电等各专业昀设计情况，既有利于对使用功能、整体质量进行把关，又可以对局部进行细致的检查验收。

验收过程可以借助 BIM 模型对现场实际施工情况进行校核，譬如管线位置是否满足要求、是否有利于后期检修等。

5. BIM 在运营维护阶段的应用

基于可视化数据模型，对资产管理对象设施信息进行有效管理。BIM 模型中含有大量的数据信息，可以将建设项目的二维、三维信息及材料设备、价格、厂家等信息全部包含在模型中，全面与现实相匹配，避免了信息分离及丢失，全面为维护管理提供基础信息。

基于 BIM 模型的设备信息资料统计，合理安排设备维护保养计划，及时对有些设备进行更新、维护。在运维平台上，通过 BIM 信息模型与设备连接，将设备信息实时反映到模型上，根据设备的运行参数指标来了解设备的运行情况，科学、合理地进行设备维护计划。

企业或组织可以将所有资产建立起三维信息模型，通过对模型中所有资产信息的统计，及时更新，汇总出资产盘点情况表。便于对资产的统一经营与管理形成战略规划，提高资产利用率，使资产增值，创造更大效益。

任务二　BIM 技术在建筑工程施工组织中的具体应用

一、BIM 技术在施工部署时的应用

项目施工参与方众多，项目管理涉及质量、安全、经济、人工及工期等多个维度，传统的管理方式有着效率低、沟通困难等问题。利用 BIM＋互联网技术把项目多个参与单位、多个施工阶段的数据全部导入 BIM 管理平台，并把这些信息与 BIM 模型进行关联整合。管理人员通过平台进行统一资源配置，对现场质量、安全问题指定相应责任人进行管理，加强现场管理效率。

同时管理人员通过将时间计划与模型相结合，利用 FUZOR、NAVISWORKS 等模拟软

件，生成 4D 进度模拟动画，技术向各方呈现施工过程中的技术方案，使施工重点、难点部位可视化，提前预见相关问题，确保工程质量。通过 4D 模拟，可将施工资源精细划分，依照时间维度提前规划施工场地及材料计划，确保施工进度。如图 7-1 所示，采用 BIM 技术进行进度模拟控制，同时可以计算出所需的材料情况。如图 7-2 所示，采用 BIM 技术可以对施工资源进行精细划分，依照时间维度提前规划施工场地。

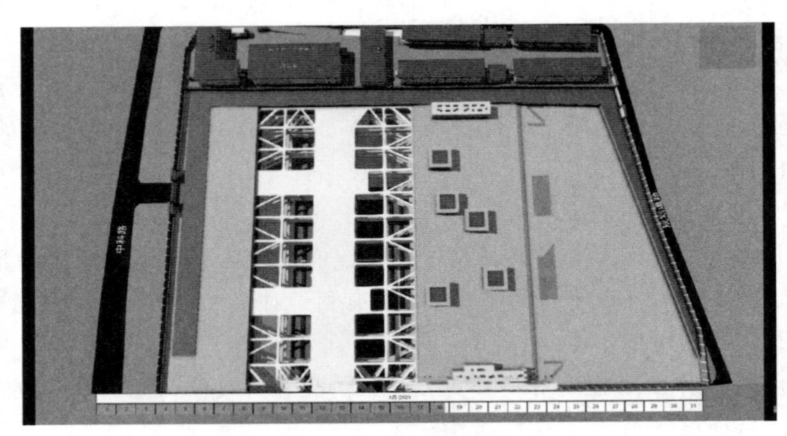

图 7-1　BIM 技术 4D 进度模拟

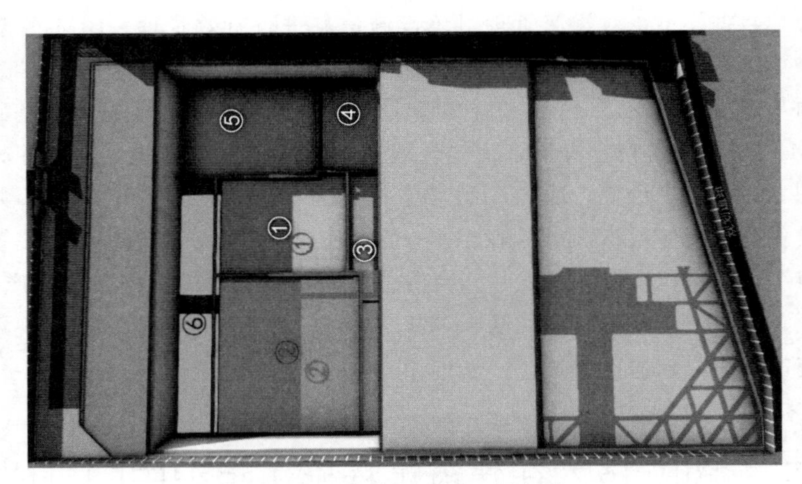

图 7-2　BIM 技术施工区域划分

二、BIM 技术在编写施工方案时的应用

1. 方案可视化模拟

通过在 BIM 模拟软件中，将施工工艺各个具体环节与 BIM 模型相结合，对施工方案进行虚拟建造，从而分析方案实施过程中可能出现的各种问题并及时优化进行规避，对于无法避免的问题，也能提前做好预防措施。如图 7-3 所示，通过 BIM 技术进行方案模拟，可以让施工管理人员更好地把握施工的每一个具体环节，确保施工质量。支撑拆除方案模拟如图 7-4 所示。

图 7-3　钢结构施工方案模拟

图 7-4　支撑拆除方案模拟

2. 各专业碰撞检测

施工过程中，包含建筑、结构、机电等多个专业，施工人员众多，各专业图纸之间可能存在矛盾冲突、互不匹配是工程一直以来存在的难题。利用 BIM 技术创建各个专业模型，在软件中进行碰撞分析，找出各专业自身或与其他专业的具体冲突位置，生成各专业碰撞报告，可在对应施工开始前将此类问题进行规避。如图 7-5 和图 7-6 所示，利用 BIM 模型进行土建与机电碰撞检测，可有效避免土建结构二次开洞、返工等问题，达到节约施工成本、保证工程质量、缩短施工工期的目的。

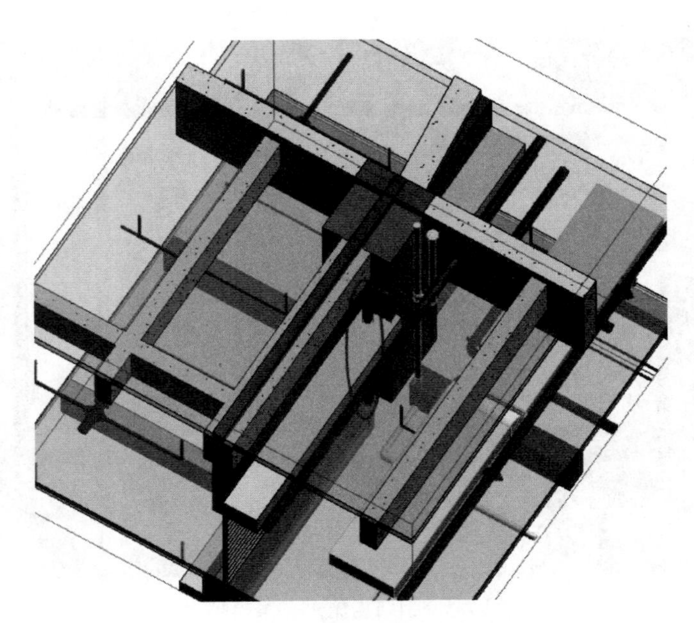

图 7-5 土建与机电碰撞报告

图 7-6 机电碰撞报告

3. 机电管线综合优化

施工机电管线综合指利用 BIM 模型整合各机电分包深化成果，考虑施工顺序、组织管理、实际设备、施工可行性、结构实际施工误差，合理排列机电设备及管线的位置走向，施工方便，节省材料及人工；再结合精装修标高图等其他图纸，对建筑物内的机电管线进行最优排布，最大限度减少管道所占空间，是 BIM 常规应用点中的重点应用。如图 7-7 所示，某建筑物的管线经过 BIM 技术进行优化处理后空间布局更加合理。

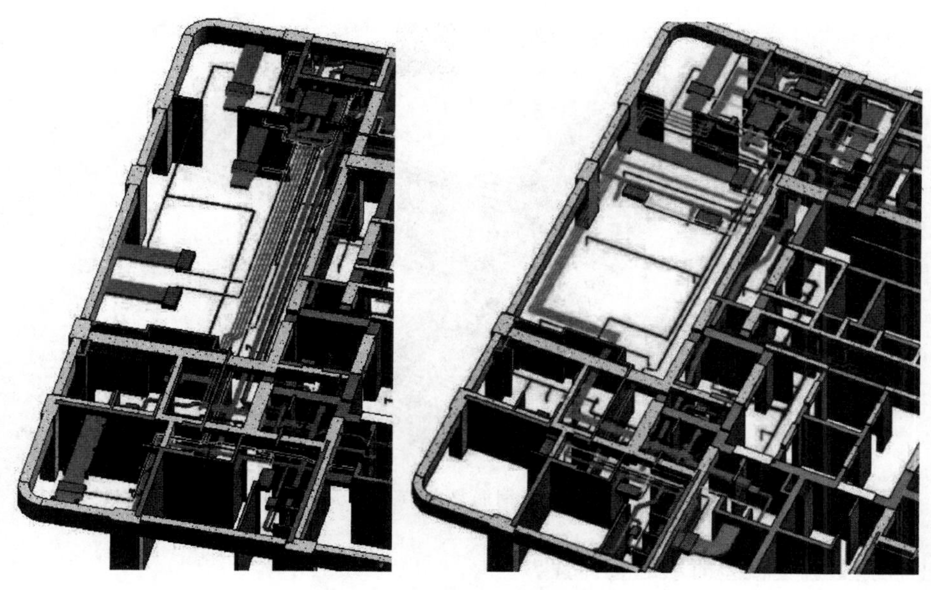

图 7-7 管线优化对比

4. 复杂部位施工模拟、重要部位表现

在项目施工中，常有规范规定所需定制专项方案的重要施工部位，或是构造复杂难、以通过二维图纸准确表达的工程节点存在。技术人员可通过 BIM 技术的可视化应用，利用动画和模型演示施工节点及方案，清晰地向施工人员和参建单位展示出施工工艺流程及施工要点，直观展示复杂节点的构造要求，保证工程施工质量，节约材料损耗，确保施工安全。如图 7-8 所示，在超限梁施工中采用 BIM 可视化模拟施工可以使施工过程清晰明了。如图 7-9 所示，对于复杂的钢筋节点也可以直观清晰地展示构造。

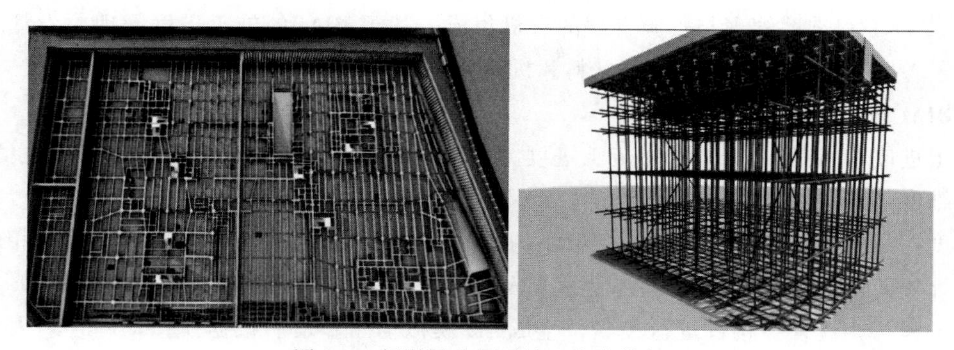

图 7-8 超限梁范围及施工方案模拟

三、BIM 技术在编写施工进度计划时的应用

1. 传统施工进度计划存在的主要问题

传统施工进度计划由项目各专业工程师分开单独编制，编制过程中只考虑自身施工需求，未充分考虑其他专业需求及本专业施工前提条件，多专业交叉施工容易引起混乱。管理人员无法依照计划有效发现施工进度计划中的潜在冲突；后期工程施工进度跟踪分析困难；

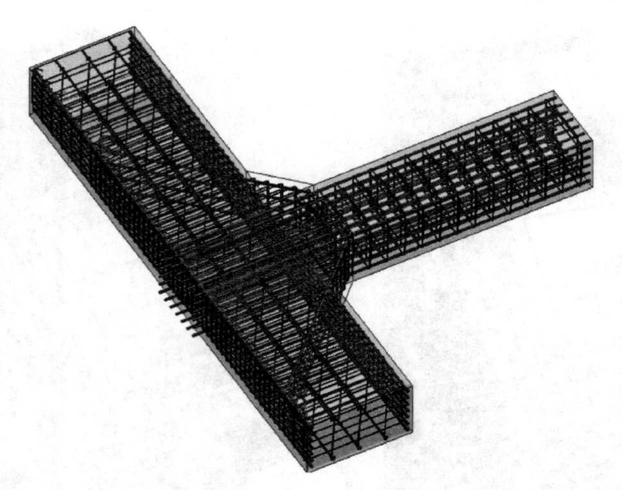

图 7-9 钢筋复杂节点展示

在处理工程施工进度偏差时缺乏整体性。

2. BIM 在施工进度计划编制中的价值

① BIM 能直观高效地表达多维空间数据，避免了用二维图纸作为信息传递媒介带来的信息损失，从而使项目参与人员在最短时间内领会复杂的勘察设计信息，减少沟通障碍和信息丢失。

② 支持施工主体实现“先试后建”，在模型中直观体现建筑施工过程，提前发现施工工序中存在的逻辑冲突和资源不利条件等问题。

③ 为工程参建主体提供有效的进度信息共享与协作环境。BIM 施工进度管理，将各专业零散的施工计划，通过模型整合为一个整体 4D 模型，这个模型能为各单位提供自身工作在项目整体中的具体定位，了解自身进退场时机。

④ 支持工程进度管理与资源管理的有机集成。基于 BIM 的施工进度管理，为管理者直观展现了各阶段施工所需的人员、材料和机械用量，保障各阶段资源分配的合理化。

3. BIM 施工进度模拟

施工进度模拟是 BIM 技术在施工进度方面的主要应用方向，通过在三维数据模型上赋予时间维度，形成 4D 模拟动画，来辅助现场进行施工计划编制及进度控制。

进度初编制时，各专业通过业主给出的总控施工节点，结合本专业施工图编制相应各专业施工计划。利用 BIM 技术将各专业模型及计划关联，在 4D 模拟软件中进行整合，并将分部分项工程与相应模型构件进行关联，生成 4D 模拟动画。最后根据模拟动画管理人员明确施工总体路线。

初步计划定制完成后，各专业通过总体路线，结合模拟动画和自身施工先决条件等因素，对自身计划进行优化调整。将调整后的计划导入模拟软件，通过模拟结果查找计划中的冲突位置，并进行协调解决。再通过 4D 模拟结果，查找作业高峰时段，考虑最不利条件是否影响施工，并加以优化。最后利用模型调取的所需工作量，结合现场条件，配置人员、材料和设备计划。如图 7-10 和图 7-11 所示是一个进度计划创建，然后进行进度模拟优化的过程，最后确定资源的配备。

	任务名称	前置任务	工期	开始日期	完成日期	分项类型
27	综合设施围护施工		388	2017-12-1	2018-12-23	
28	地墙施工		388	2017-12-1	2018-12-23	综合设施-基坑围护-地下连续墙
29	综合设施地墙3幅		10	2018-11-26	2018-12-5	
30	BQ4-5		4	2018-11-26	2018-11-29	
31	BQ8		4	2018-11-29	2018-12-2	
32	BQ10-11		4	2018-12-2	2018-12-5	
33	ZQ地下墙9幅		377	2017-12-1	2018-12-12	
34	ZQ9		6	2017-12-1	2017-12-6	
35	ZQ8		8	2017-12-6	2017-12-13	
36	ZQ13		7	2017-12-13	2017-12-19	
37	ZQ8-9		6	2017-12-21	2017-12-26	
38	ZQ2		6	2017-12-30	2018-1-4	
39	ZQ11		4	2018-1-4	2018-1-7	
40	ZQ3		3	2018-1-6	2018-1-8	
41	ZQ4		4	2018-12-9	2018-12-12	
42	ZQ2-3		14	2018-1-12	2018-1-25	
43	NQ地下墙2幅		8	2018-1-22	2018-1-29	
46	ZQ地下墙1幅		8	2018-1-28	2018-2-4	
48	NQ地下墙2幅		35	2018-2-1	2018-3-7	
51	ZQ地下墙1幅		14	2018-3-4	2018-3-17	
53	NQ地下墙2幅		5	2018-3-12	2018-3-16	
56	ZQ地下墙1幅		33	2018-3-19	2018-4-20	
58	NQ地下墙3幅		58	2018-3-21	2018-5-17	
62	ZQ地下墙3幅		15	2018-5-4	2018-5-18	
66	NQ地下墙1幅		12	2018-5-18	2018-5-29	
68	ZQ地下墙3幅		25	2018-5-18	2018-6-11	
72	NQ地下墙2幅		12	2018-6-5	2018-6-16	
75	ZQ地下墙1幅		20	2018-6-11	2018-6-30	
77	NQ地下墙1幅		7	2018-6-16	2018-6-22	
79	ZQ地下墙2幅		24	2018-6-17	2018-7-10	
82	NQ地下墙1幅		20	2018-6-23	2018-7-12	

图 7-10　BIM 进度计划的创建

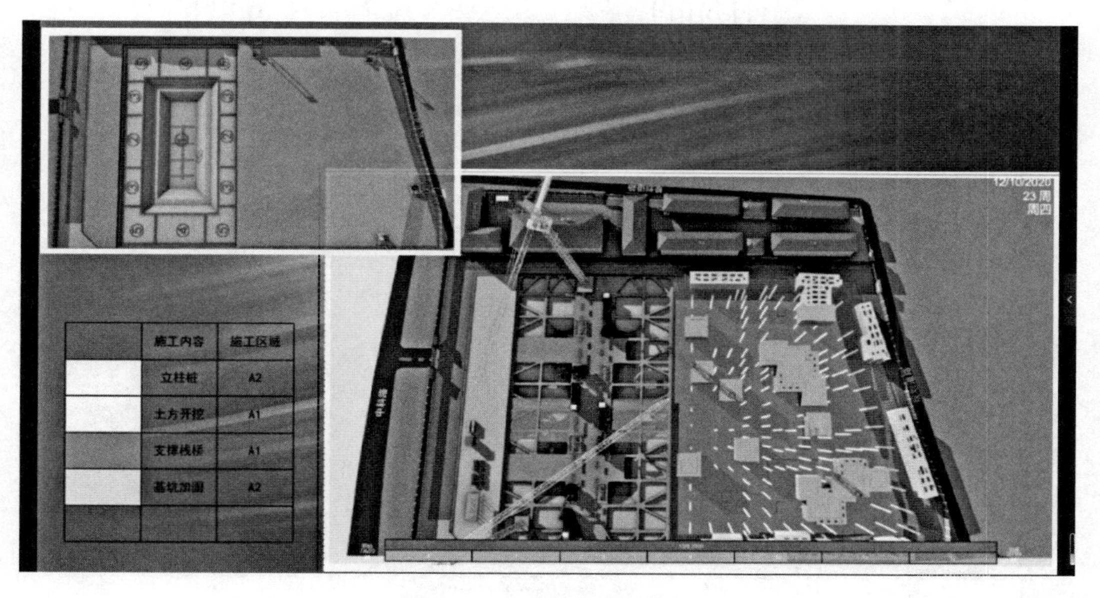

图 7-11　BIM 进度计划模拟

四、BIM 在进度管理中的应用

1. 施工进度管理

在施工过程中，以总进度计划为基础，依据年、月、周等时间维度，在相应时间节点开始前，制订好对应计划。现场可提前依照此计划，提取相应工程量，做到提前进行资源配置，实现事前做好劳动力配置、施工材料采购及机械设备进场。

在每一个时间节点完成后，现场管理人员将现场实际完成工作量反馈到 BIM 工作组，导入软件与原进度计划进行对比分析，找出延误进度的分部分项工程，在相应进度协调会上讨论具体原因，避免后续工期延误。同时对已经延误的工期，可在后续月度、年度计划中进行优化排布，争取补足进度缺口。通过 BIM 技术反映现场进度，让项目经理与项目管理团队及时掌握现场实际进度与计划进度的差异，做到根据任意时间维度调取工程量，及时把控，及时调整，及时预案。如图 7-12 所示是通过 BIM 来比较现场施工进度和原计划施工进度，可以对施工进度做到有效的监控，进而优化调整。如图 7-13 所示则是某医院医学中心施工进度模拟，可以直观地看出流水施工进展情况。

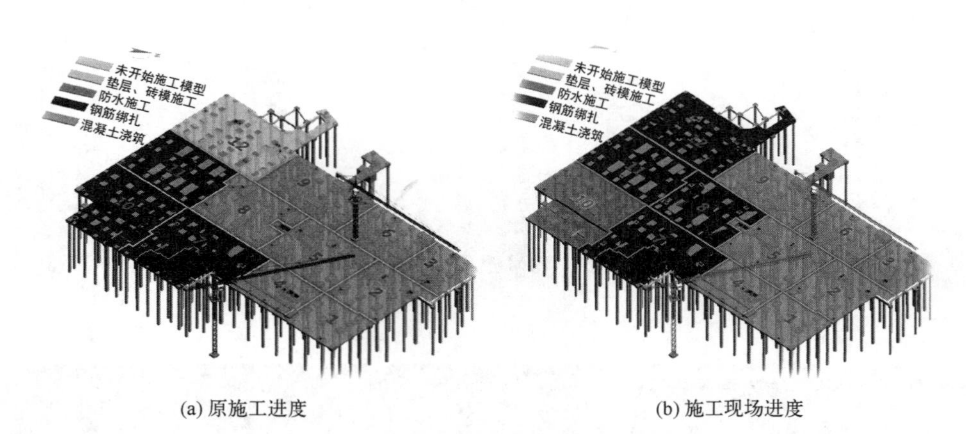

图 7-12 某建筑的施工进度比较

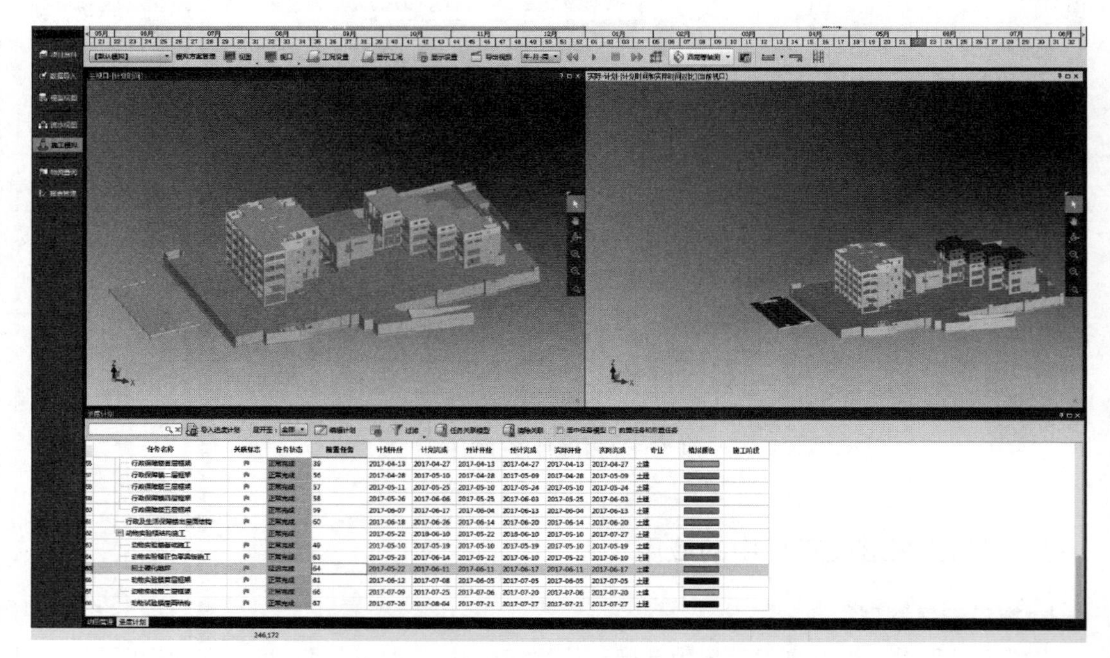

图 7-13 某医院医学中心施工进度模拟

2. 典型工况模拟

通过建立 4D 进度模拟，可以使项目经理准确把握施工关键路线，明确施工关键节点，从而准确进行现场施工组织、优化各专业施工流水节拍。针对施工过程中的关键节点，即时展现相应的施工工况、场地布置、临时设施及机械租赁情况，指定阶段性目标，使全体参建人员快速理解进度计划的重要节点，有意识地向目标节点努力。如图7-14所示是BIM对于建筑物关键施工节点结构吊装的一个模拟，从而使施工人员在具体施工中可以了解哪些是施工关键点。

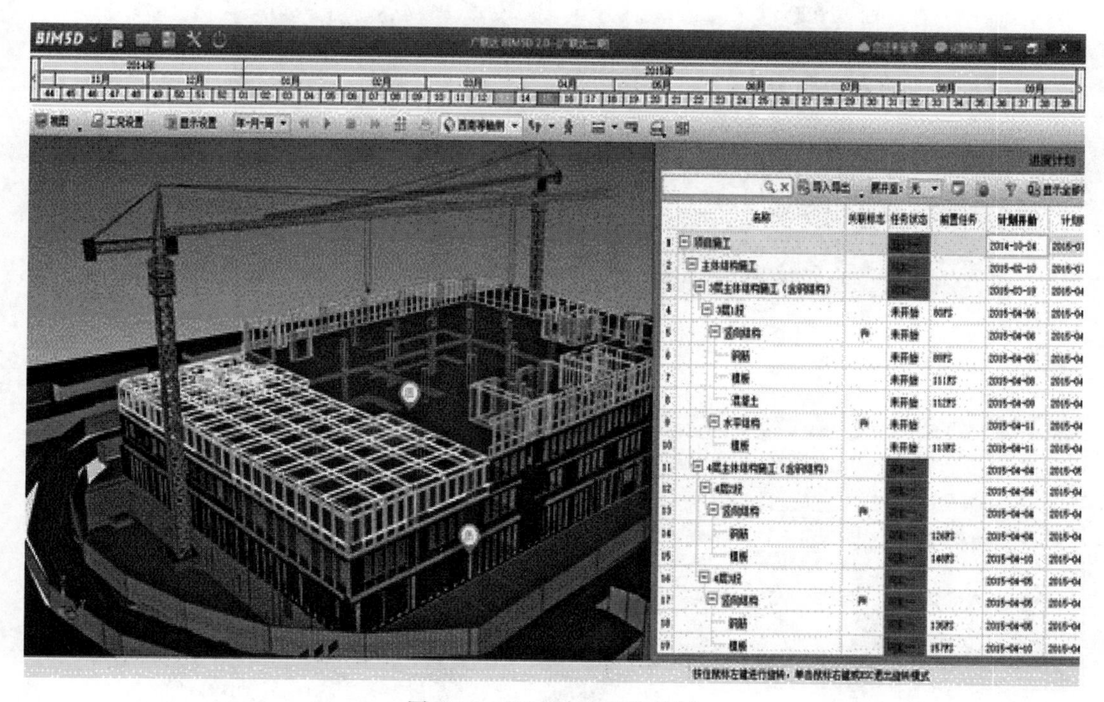

图7-14　BIM结构吊装控制

3. 移动终端现场管理

采用Web、RFID及无线移动终端，全过程与BIM信息模型关联，实现数据库化、可视化管理。如图7-15所示为某商业办公楼的局部装修效果，可以无线移动终端对装修进行实时控制。

4. 施工流水段管理

依据施工组织安排，将项目整体依照专业、楼层、分区和时间等条件划分为不同的施工流水段，按照工作面的角度，进行任务完成情况分析，展示工作面的模型工程量，在日常管理中起到指导性作用，为项目管理指明方向。

在计划安排中规避施工现场的工作面冲突是生产管理的重要内容。BIM技术通过流水段划分等方式将工程整体模型划分为可以单独管理的工作面，并且将进度计划、分包合同、甲方清单、图纸等信息按照客户工作面进行组织及管理，可以清晰地看到各个流水段的进度时间、钢筋工程量、构件工程量、图纸、清单工程量、所需的物资量、定额劳动力量等，帮助生产管理人员合理安排生产计划，提前规避工作面冲突。如图7-16所示，通过流水段管理可以一目了然地看出工程的工作面的进度情况，从而根据流水段进度调节资源的供应。

图 7-15 利用平板电脑进行项目可视化管理

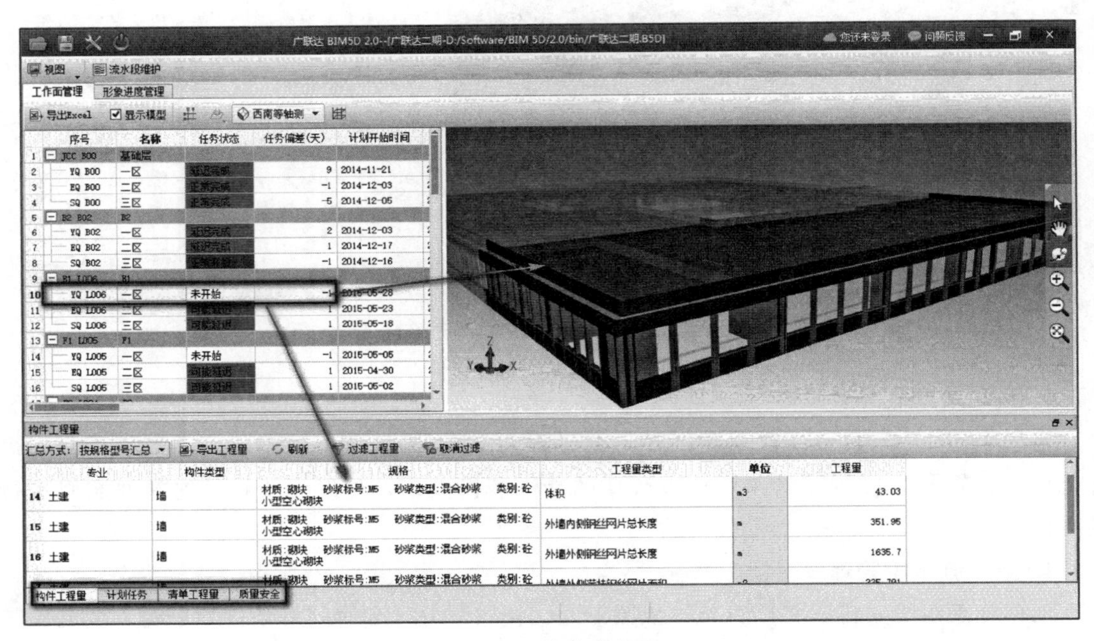

图 7-16 流水段管理

5. 进度控制和审核

通过有效的进度控制工作和具体的进度控制措施，在满足投资和质量要求的前提下，力求使工程实际工期不超过计划工期，并在条件允许、不影响施工质量的情况下缩短工期。

由于进度计划的特点，“实际工期不超过计划工期”的表现不能简单照搬投资控制目标中的表述。进度控制的目标能否实现，主要取决于处在关键线路上的工程内容能否按预定的时间完成。然而在大型、复杂建设工程的实施过程中，总会不同程度地发生局部工期延误的情况。实际施工中，局部工期延误的严重程度与其对进度目标的影响程度之间并无直接的联系，更不存在某种等值或等比例的关系，这是进度控制与投资控制的重要区别，也是在进度控制工作中要加以充分利用的特点。这些延误对进度目标的影响会直接在4D模型中体现出来。对于会造成关键路线延误的工序，管理人员应当调整后续计划来消化此延误时间。遇到无法单纯依靠调整计划消化的，管理人员需考虑投入更多资源弥补工期。如图7-17所示，从BIM平台生成的施工挣值曲线中可以清楚地看出合同、计划、支付三条曲线的对比情况，从而可以对进度进行有效监控。

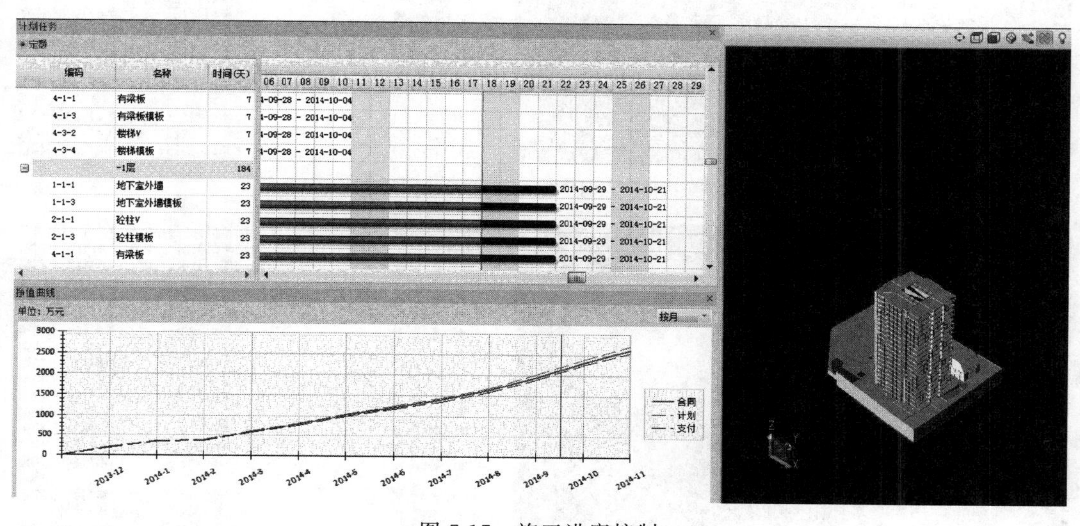

图7-17 施工进度控制

6. 进度优化

项目施工计划从项目开工第一天就在依据项目实际情况不断优化调整，相较于传统施工模式，BIM技术对进度计划的优化有着更直观、更有效、更可行的特点。其主要体现在以下方面。

（1）工序冲突排查 对于两个有明显先后顺序的工作，在发生逻辑冲突或前后错位的情况时，BIM软件会直接提示错误提示调整，调整完成后软件会自动排查，是否造成与其他工作冲突。

（2）施工安全管理 对于有重大危险源的分项工程，在施工进度中设置提示，并在BIM模型中模拟设置安全措施，在开始前通过模型对现场管理人员和作业人员进行安全交底，确保不发生事故而影响工期。

（3）资源配置管理 通过4D模型计算出各时间段所需资源情况，结合场内空间、设备功率、道路负载及工人数量，对计划进行优化，使各项指标保持在一个相对合理稳定的区间范围内。如图7-18所示，两栋建筑物通过施工进度节点调整之后，建造进度相差很大，这样就可以使施工的各项指标保持一个均衡的相对合理的区间内。

五、BIM技术在编写资源配置计划时的应用

BIM本身是一个数据库，其数据颗粒细度达到构件级，可根据时间、空间（楼层）、区域进行多维度参数设定，可拆分、统计、汇总的BIM构件提高了数据分析的精度和准确度，为进度款申请、计划产值预计、已完产值审核、材料采购、主材计划、计划成本预测、进度成

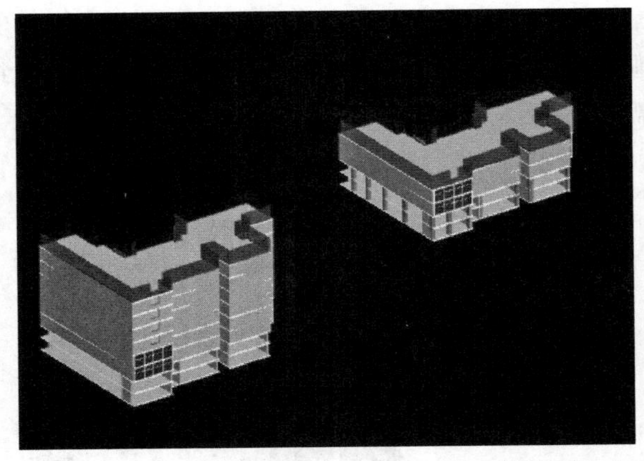

3#住宅5层板	2015年3月26日	2015年3月27日	构造
3#住宅5层柱	2015年3月28日	2015年3月29日	构造
3#住宅5层墙	2015年3月30日	2015年3月31日	构造
			构造
3#住宅6层板	2015年4月1日	2015年4月2日	构造
3#住宅6层柱	2015年4月3日	2015年4月4日	构造
3#住宅6层墙	2015年4月5日	2015年4月6日	构造
			构造
3#住宅7层板	2015年4月7日	2015年4月8日	构造
3#住宅7层柱	2015年4月9日	2015年4月10日	构造
3#住宅7层墙	2015年4月11日	2015年4月12日	构造
			构造
3#住宅8层板	2015年4月13日	2015年4月14日	构造
3#住宅8层柱	2015年4月15日	2015年4月16日	构造
3#住宅8层墙	2015年4月17日	2015年4月18日	构造
			构造
3#住宅9层板	2015年4月19日	2015年4月20日	构造
3#住宅9层柱	2015年4月21日	2015年4月22日	构造
3#住宅9层墙	2015年4月23日	2015年4月24日	构造
			构造
3#住宅10层板	2015年4月25日	2015年4月26日	构造
3#住宅10层柱	2015年4月27日	2015年4月28日	构造
3#住宅10层墙	2015年4月29日	2015年4月30日	构造

(a) 施工进度节点调整之前两栋楼几乎同时建造

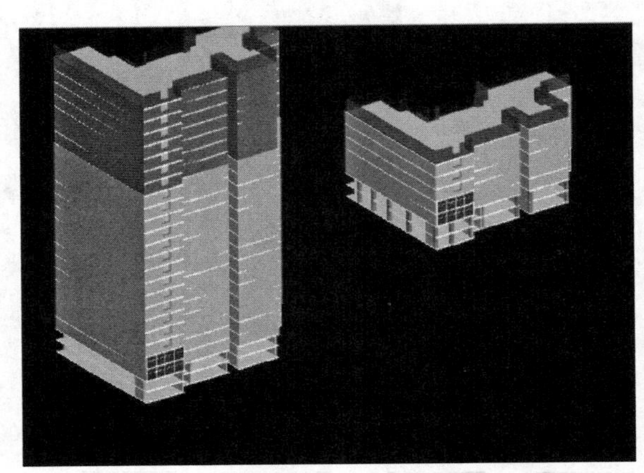

3#住宅5层板	2015年6月13日	2015年6月14日	构造
3#住宅5层柱	2015年6月15日	2015年6月15日	构造
3#住宅5层墙	2015年6月16日	2015年6月17日	构造
			构造
3#住宅6层板	2015年6月18日	2015年6月19日	构造
3#住宅6层柱	2015年6月20日	2015年6月21日	构造
3#住宅6层墙	2015年6月22日	2015年6月23日	构造
			构造
3#住宅7层板	2015年6月24日	2015年6月25日	构造
3#住宅7层柱	2015年6月26日	2015年6月27日	构造
3#住宅7层墙	2015年6月28日	2015年6月28日	构造
			构造
3#住宅8层板	2015年6月29日	2015年6月30日	构造
3#住宅8层柱	2015年7月1日	2015年7月2日	构造
3#住宅8层墙	2015年7月3日	2015年7月4日	构造
			构造
3#住宅9层板	2015年7月5日	2015年7月6日	构造
3#住宅9层柱	2015年7月7日	2015年7月8日	构造
3#住宅9层墙	2015年7月9日	2015年7月9日	构造
			构造
3#住宅10层板	2015年7月10日	2015年7月11日	构造
3#住宅10层柱	2015年7月12日	2015年7月13日	构造
3#住宅10层墙	2015年7月14日	2015年7月15日	构造
			构造

(b) 施工进度节点调整之后两栋楼建造进度相差很大

图 7-18 某两栋楼的进度调整

本审核、分包结算、供应商结算等实现多维度短周期的多算对比，真正实现项目的数据管理。

BIM 模型上记载了模型的定额资源，如混凝土、钢筋、模板等用量，管理人员可以按照楼层、流水段统计所需的资源量，作为物资需用计划、节点限额的重要参考，将项目物资管控的水平提高到楼层、流水段级别。

1. 统计工程量和确定资源量需求计划

BIM 算量软件内置计算规则，包括扣减规则、清单及定额规则等，系统可自动计算构件的实体工程量；BIM 模型记录了关联和相交构件位置信息，可自动匹配扣减规则，计算扣减工程量；对异形构件工程量的计算，通过内置的数学算法（如布尔计算和微积分），获得比较精确的计算结果。如图 7-19 所示，通过广联 BIM 5D 平台可以很容易地画出劳动力、机械需求和主要材料曲线。如图 7-20 所示，可以根据施工的具体情况，通过 BIM 统计预拌混凝土的调整情况。

2. 进行成本控制

BIM 5D 模型能从时间进度、专业、部位等多个维度统计计算工程量，从构件工程量、甲方审批量、分包保量三个方面进行工程量对比，参考模型工程量和甲方审批量控制分包工程量的审批。工程对量实现了可视化，可解决对量过程中容易漏项的问题。

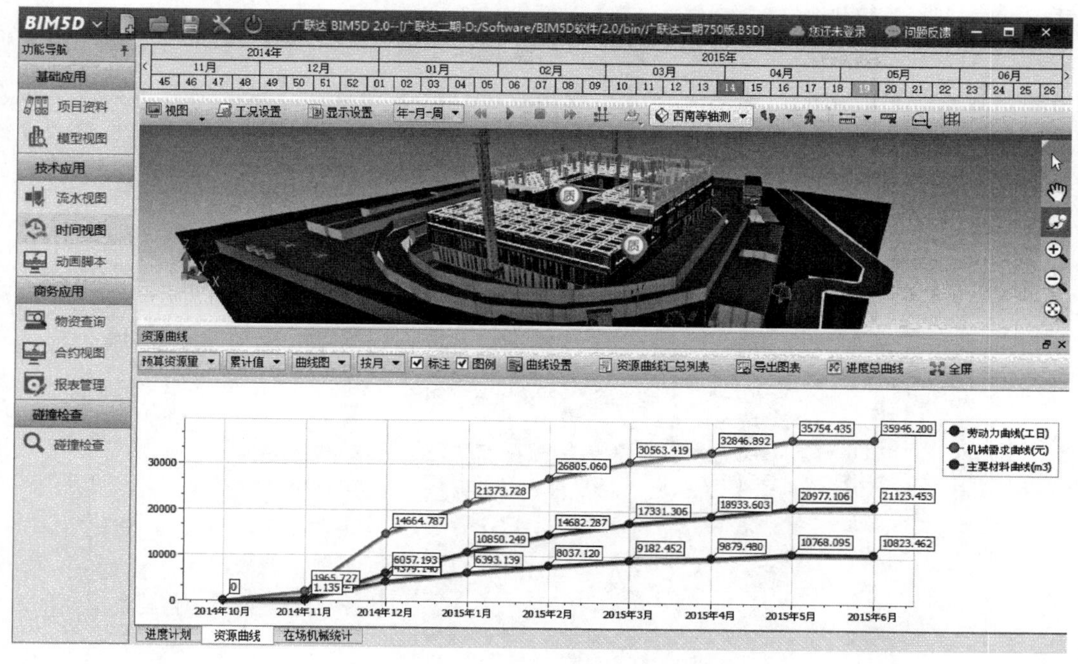

图 7-19　BIM 5D 资源需要量预算曲线

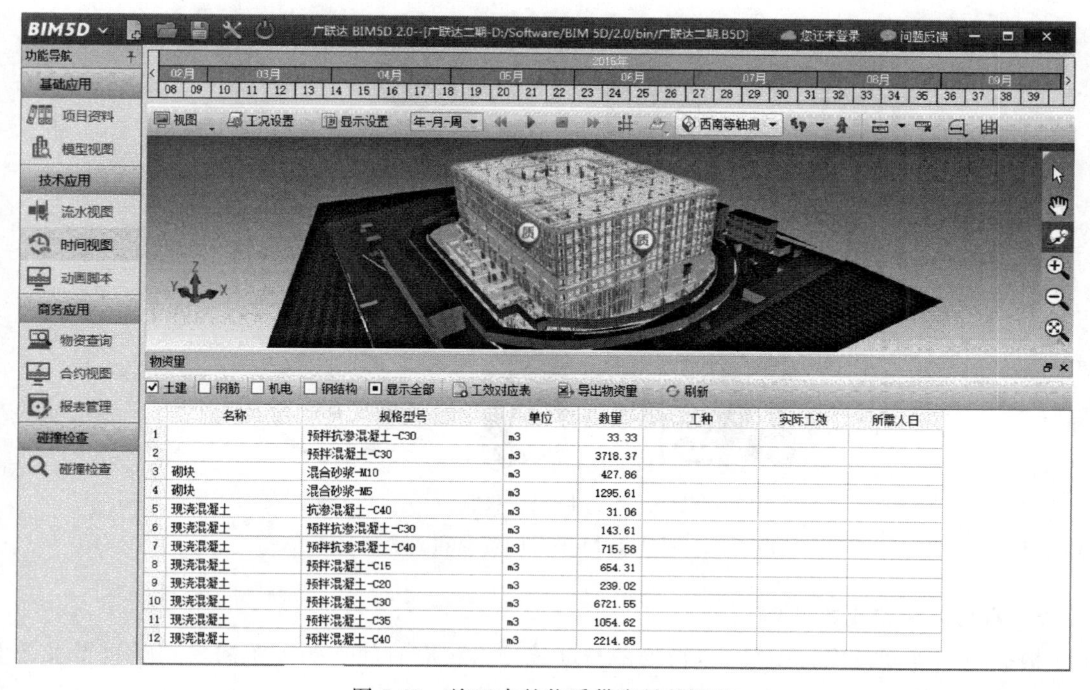

	名称	规格型号	单位	数量	工种	实际工效	所需人日
1		预拌抗渗混凝土-C30	m3	33.33			
2		预拌混凝土-C30	m3	3718.37			
3	砌块	混合砂浆-M10	m3	427.86			
4	砌块	混合砂浆-M5	m3	1295.61			
5	现浇混凝土	抗渗混凝土-C40	m3	31.06			
6	现浇混凝土	预拌抗渗混凝土-C30	m3	143.61			
7	现浇混凝土	预拌抗渗混凝土-C40	m3	715.58			
8	现浇混凝土	预拌混凝土-C15	m3	654.31			
9	现浇混凝土	预拌混凝土-C20	m3	239.02			
10	现浇混凝土	预拌混凝土-C30	m3	6721.55			
11	现浇混凝土	预拌混凝土-C35	m3	1054.62			
12	现浇混凝土	预拌混凝土-C40	m3	2214.85			

图 7-20　施工中的物质供应量的调整

基于BIM模型提取的工程量，关联项目成本、进度信息，最终形成项目现金流分析报告。

BIM平台在三维模型和进度的基础上，引入成本信息，实现工程量自动计算、成本自动分析、成本核算的功能，智能生产分析表格，进行成本预警，并且能够与Excel双向关联。如图7-21所示，一个厂房的施工BIM模型关联了成本信息以后可以很容易对成本进行模拟预测，进行成本审核、成本预警。

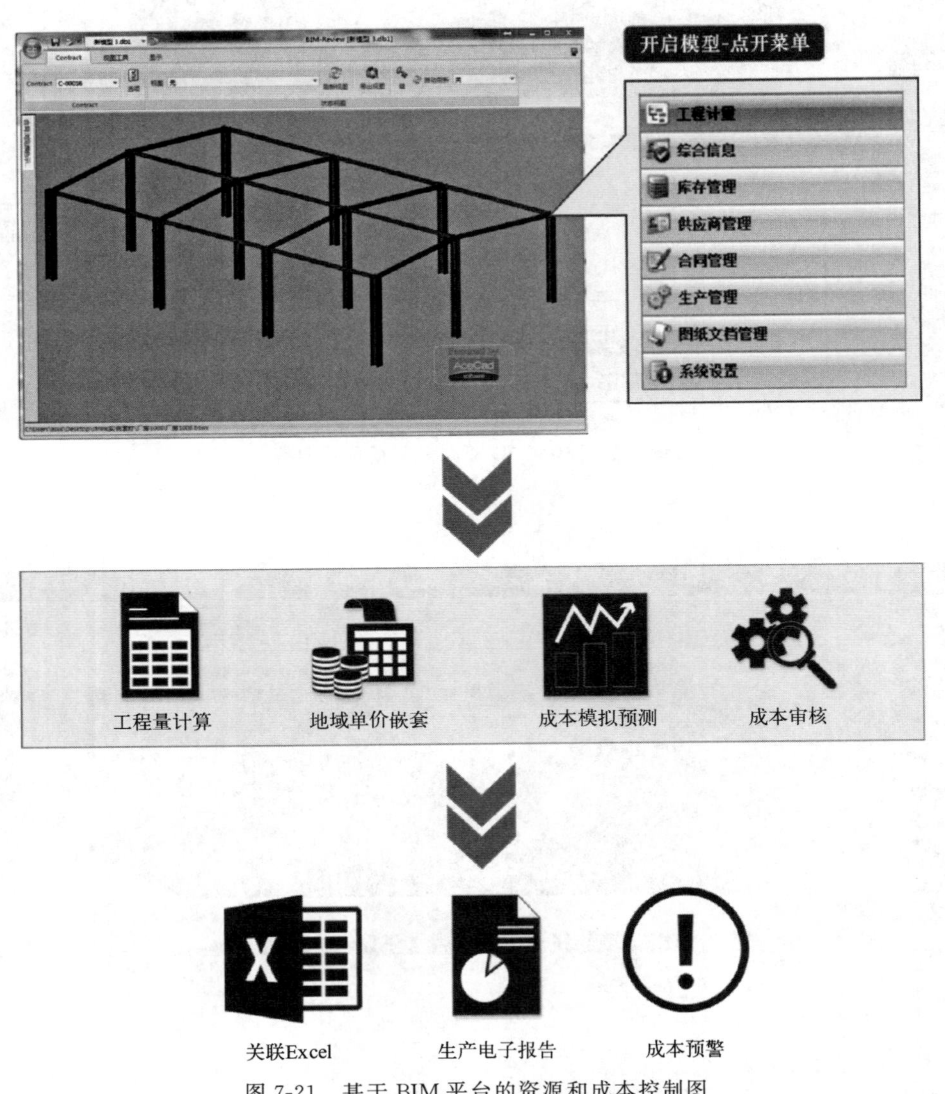

图7-21 基于BIM平台的资源和成本控制图

3. 编制资源和成本计划

根据施工进度模拟，BIM 5D模型能自动统计出相应时间点的资源需求和资金需求，生成资金需求曲线。BIM 5D模型还支持资源方案的模拟和优化，通过调整进度、工序和施工流水，使得不同施工周期的资源需求量达到平衡，据此制定各施工过程的成本目标。如图7-22所示为某医院医学中心物质需要分析，如图7-23所示为某项目资金资源优化比较。

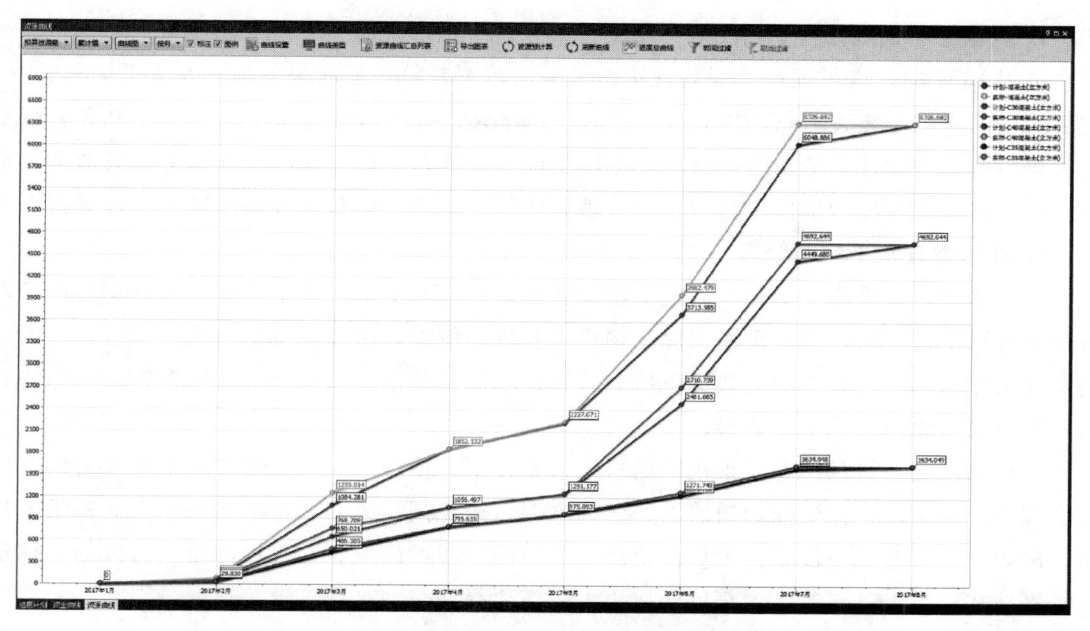

图 7-22　某医院医学中心物质需要分析

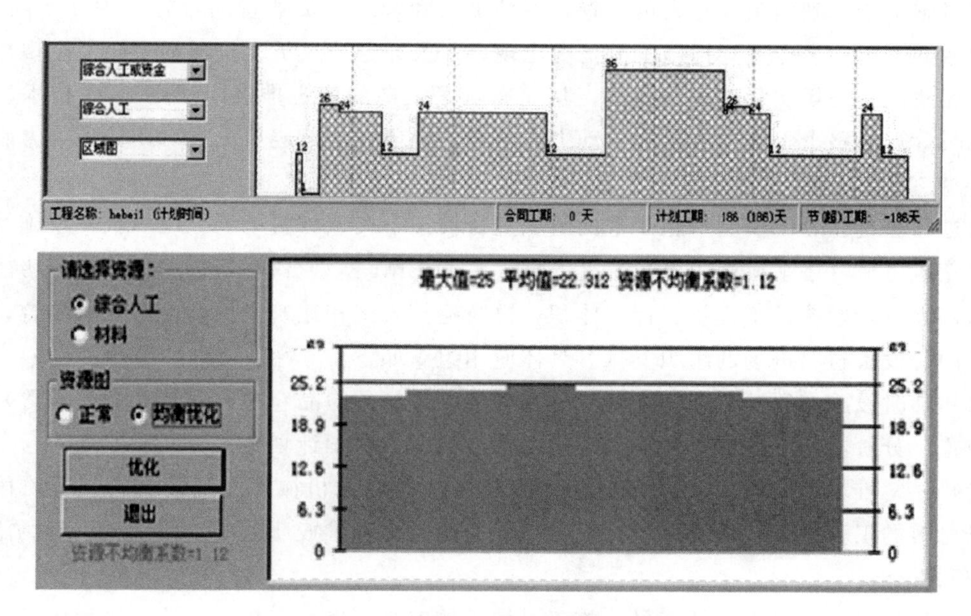

图 7-23　某项目资金资源优化比较

六、BIM 技术在施工现场布置时的应用

基于 BIM 技术在施工现场布置是指，通过对施工进度的模拟，对各施工阶段场地环境进行预测，现场管理以此为依据对现场布置进行针对性布置，保证场地布置满足不同施工阶段的要求。同时在基于 4D 模拟的动态可视化优势，不同阶段转换衔接过程的场地流转情况也被直观展现，施工方可依据模拟数据事先做出妥善布置，防止场地转换时造成混乱，影响施工秩序。

1. 现场总平面规划

利用BIM的三维可视性，规划现场施工平面，主要包括临建的布置、大型机械的安拆、施工堆场的定位、施工道路的规划等。并在Navisworks、Fuzor等4D模拟软件中将场布变化过程与施工进度计划结合进行管理，最后生成相应场布计划。在后续施工中，根据施工实际情况，将施工现场的部件进行更新和管理，使施工现场平面布置按施工进度进行更新。

2. 现场垂直水平运输管理

(1) 垂直运输管理　依据不同施工阶段场地条件，对塔吊、施工电梯等固定垂直运输设备位置进行定位建模，结合现场实际运输需求和堆场位置，保证设备型号满足单位时间内现场实际工作需求。若有未能有效覆盖所有区域需求的特殊情况，管理人员应事先准备弥补方案，避免设备原因造成工期延误。

(2) 水平交通管理　在三维视图的可视性条件下，依据不同施工阶段场地条件对道路进行合理规划和调整，保证场内道路材料装卸方便，避免同一时间大量车辆在场内流转阻塞道路。例如在基坑施工阶段，由于场内道路往往只限于栈桥区域，在浇捣混凝土时现场车辆众多，停靠在栈桥上。混凝土罐车流转压力大，需要提前规划，保证道路通畅。

3. 办公生活区规划

项目施工最基础的条件是人员配置，现场工人和管理人员数量随着施工进度不断变化。在工程后期，由于多专业穿插施工的情况出现，工人即办公人员大量增加，会发生现场住宿和办公无法满足现场实际需求的情况，从而影响了工期的稳定推进。利用BIM技术，在规划场地时计算出整个工期中的最大劳动力需求量，提前规划，避免工程后期受到人力制约。

4. 施工现场组织统合管理

通过已经建立好的模型对施工平面组织进行模拟，调整材料堆场、现场临时设施及运输通道、建筑机械（塔吊、施工电梯）等安排；利用BIM模型分阶段统计工程量的功能，按照施工进度分阶段统计工程量、计算体积，再与建筑人工和建筑机械的使用安排结合，实现施工平面、设备材料进场的组织安排。具体应用组织如下。

(1) 临时设施布置　对现场临时设施（如加工棚、危险品仓库、筒仓和泥浆池等）进行模拟布置，分阶段备工备料，计算出该建筑占地面积，科学计划施工时间和空间。

(2) 材料堆场的布置　通过BIM模型分析各建筑以及机械等之间的关系，分阶段统计出现场材料的工程量，合理安排该阶段材料堆放的位置和堆放所需的空间，利于现场施工流水段顺利进行。

(3) 建筑机械运输（包括塔吊、施工电梯）的安排　塔吊安排：在施工平面中，以塔吊半径展开，确定塔吊吊装范围。通过四维施工模拟施工进度，显示整个施工进度中塔吊的安装及拆除过程，和现场塔吊的位置及高度变化进行对比。施工电梯安排：结合施工进度，利用BIM模型分阶段备工备料，统计出该阶段材料的量，加上该阶段的人员数量，与电梯运载能力对比，科学计算每天工程量完成的值。

如图7-24和图7-25所示，采用BIM技术模拟某项目的三维场地平面布置，同时可以对现场临时设施、材料堆场进行模拟布置，统计出所需要的材料、机械数量及所需空间情况。

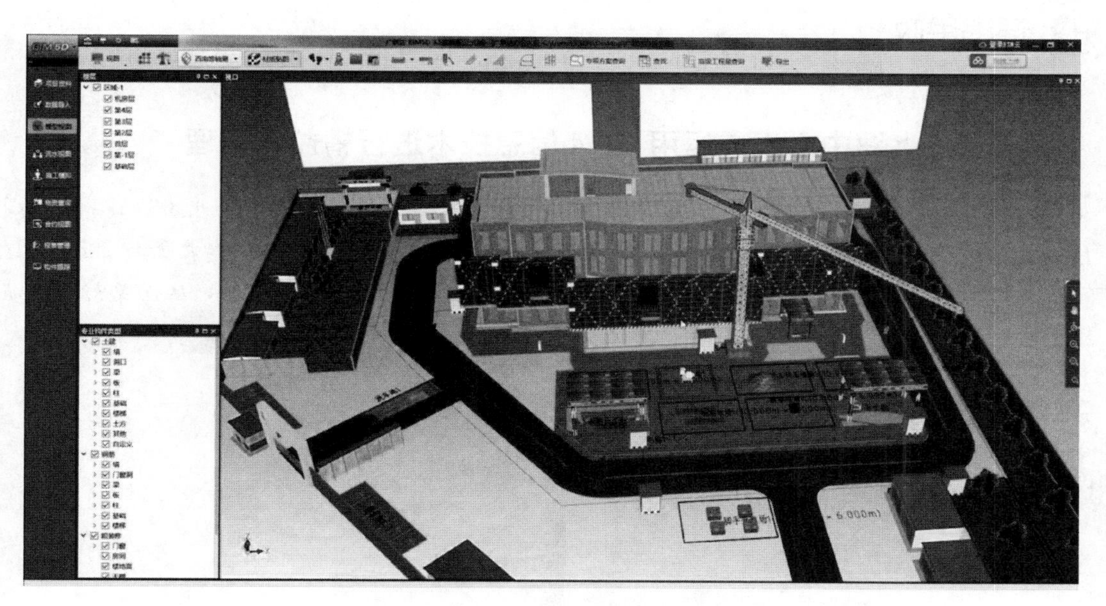

图 7-24　某项目三维场地布置平面图

查看图元工程量

	构件名称	材质	规格	工程量	单位	备注
1	工地大门	铁门	数量	1	樘	工地大门算量
2	工地大门	电动门	数量	1	樘	工地大门算量
3	围挡	密目网	围栏体积	4.078	立方米	围栏体积
4	围挡	密目网	围栏长度	163.110	米	围栏长度
5	围挡	密目网	围栏面积	489.330	平方米	围栏面积
6	混凝土罐车		台数	1	台	机械算量
7	停车场		2500*5300	18	位	停车场算量
8	停车场		9*2500*5300	238.500	平方米	停车场算量
9	施工道路		道路总体积	551.559	立方米	道路算量
10	施工道路		道路总面积	5515.593	平方米	道路算量
11	钢筋堆场		13247.219*15117.406	200.264	平方米	堆场算量
12	钢筋堆场		个数	1	个	堆场算量
13	钢筋调直机		台数	4	台	机械算量
14	模板堆场		14642.125*9233.781	135.202	平方米	堆场算量
15	模板堆场		个数	1	个	堆场算量
16	塔式起重机		型号QTZ5010	4	台	塔式起重机算量
17	挖掘机		台数	2	台	机械算量
18	围墙	铁皮	围墙体积	4.527	立方米	围墙体积
19	围墙	铁皮	围墙长度	1081.286	米	围墙长度
20	围墙	铁皮	围墙面积	3243.858	平方米	围墙面积
21	围墙	砖	围墙体积	14.948	立方米	围墙体积

导出到Excel　退出

图 7-25　某项目临建工程量统计

课程思政

上海中心大厦运用 BIM 信息技术进行精益化管理

位于中国上海市陆家嘴核心区的上海中心大厦（图 7-26），其建筑高度 632m，总建筑面积 57.8 万平方米（包括地上建筑面积 41 万平方米），建成后的上海中心大厦与金茂大厦、环球金融中心等组成和谐的超高层建筑群。从科技角度去诠释其建筑理念，从而更好地把握经典建筑的核心。在这里，BIM 的智慧优势得以充分体现。

图 7-26　上海中心大厦远眺

BIM 平台在这里起到了很大的作用，建筑的外形完全是基于数字化平台来实现的，传统的二维平台根本无法满足异形建筑各个细部的衔接，尤其是对于这种超级体量的建筑来说，更是难上加难，而 BIM 在设计阶段的参数化运用，完美地解决了这个复杂的几何问题。

在整个设计进程与协调的过程中也充分利用 BIM 解决了项目本身很多挑战性的课题。从设计角度来看，幕墙就是其中之一。旋转的形态决定其结构与幕墙玻璃必须轻盈，幕墙悬挂在整个楼体的外侧，不直接与楼板发生关联，用直面的玻璃做成双曲面的空间形态，在视觉效果实现的同时，考虑可建造性。BIM 在这里帮助设计师完成了精确的定位，并把这种定位放到 BIM 平台上，让所有专业来共享这个计算和设计带来的成果，帮助其选择一个比较好的幕墙设计方案。

上海中心大厦项目的 BIM 应用是集建模、检测、计算、模拟、数据集成等工作为一体的三维建筑信息管理工程，这项工作覆盖了工程的设计、深化设计、制造、施工管理乃至后期运营管理的建筑全生命周期。

有了一个完整的、正确的模型以后，就可以把它展开运用到很多施工的管理方面，比如施工的物流配送。通过必要的数据转换、机械设计以及归类标注、材料统计等工作，将

BIM模型转换为预制加工设计图纸，指导工厂生产加工，在保证高品质管道制作的前提下，减少现场加工的工作量。然后利用BIM模型进行工作面划分，再通过BIM的材料统计功能，对单个工作区域的材料进行归类统计，要求材料供应商按统计结果将管道、配件分装后送到材料配送中心。BIM模型的精确归类统计大幅减少了材料发放审核的管理工作，有效控制了领用的误差，减少了不必要的人员与材料的运输成本。

上海中心大厦以体现人文关怀、强化节资高效、保障职能便捷为绿色建筑技术特色，以室内环境达标率100%、非传统水源利用最大化、可再循环材料利用率超过10%、绿色施工和智能化物业管理为建设目标，旨在建筑设计和运营阶段成为国内第一个在建筑全生命周期内满足中国绿色建筑三星级和美国LEED绿色建筑体系高级别认证要求的超高层建筑。

习题

一、单项选择题

1. 以下关于BIM概念的表述，正确的是（　　）。

A. BIM是一类系统　　B. BIM是一套软件

C. BIM是一个平台　　D. BIM是一种解决方案的集合

2. BIM是以建筑工程项目的（　　）作为模型的基础，进行建筑模型的建立，通过数字信息仿真模拟建筑物所具有的真实信息。

A. 各项相关信息数据　　B. 设计模型　　C. 建筑模型　　D. 设备信息

3. 将以往的线条式的构件形成一种三维的立体实物图形展示在人们的面前，这体现了BIM的（　　）特点。

A. 可视化　　B. 协调性　　C. 优化性　　D. 可出图性

4. BIM在施工阶段应加入的信息有（　　）。

A. 空间　　B. 构件　　C. 费用　　D. 材料

5. 实现BIM全生命周期的关键在于BIM模型的（　　）。

A. 信息内容详细程度　　B. 信息传递　　C. 信息处理　　D. 信息容量

二、多项选择题

1. BIM的全生命周期应用主要包括（　　）建筑从立项、策划到规划、设计、施工，再到运维管理的全过程。

A. 项目立项　　B. 项目策划　　C. 施工　　D. 规划设计

E. 运维管理

2. 以下关于BIM标准的描述，正确的是（　　）。

A. BIM标准是一种方法和工具

B. BIM标准是对BIM建模技术、协同平台、IT工具以及系统优化方法提出一个统一的规定

C. BIM标准能够使跨阶段、跨专业的信息传递更加有效率

D. BIM标准等同于BIM技术

E. 为建筑全生命周期中BIM应用提供更有效的保证

习题答案

模块一　习题答案

一、单项选择题

1. D　2. B　3. B　4. B　5. B　6. D

二、多项选择题

1 ABC　2. ABCD　3. ABCD　4. ABC　5. BCD

模块二　习题答案

一、单项选择题

1. D　2. A　3. A　4. C　5. C　6. D

二、多项选择题

1. ACDE　2. ACD　3. ACDE　4. ABCE　5. ABCE

模块三　习题答案

一、单项选择题

1. A　2. C　3. C　4. D　5. D　6. A　7. B　8. A　9. A　10. C

二、多项选择题

1. ACD　2. AC　3. ABD　4. AB　5. BC　6. BCD

三、案例分析题

1. 答案

(1) 异节奏流水施工：流水组中作业队本身的流水节拍相等，但是不同作业队的流水节拍不一定相等。

流水参数有：时间参数、空间参数、工艺参数。

(2) 组织流水施工的主要过程：划分施工过程→划分施工段→组织施工队，确定流水节拍→作业队连续作业→各作业队工作适当搭接。

(3) 工作持续时间：一项工作从开始到完成的时间。

流水节拍：一个作业队在一个施工段上完成全部工作的时间。

按成倍节拍流水施工方式组织施工。

施工过程数目：$n=2$。

施工段数：$m=4$。

流水节拍：

顶板及墙面抹灰 $t_1=32/4=8$（d）；

楼地面石材铺设 $t_2=16/4=4$（d）。

流水步距：$k=4$d。

施工队数目：

$b_1=t_1/k=8/4=2$（个）；

$b_2=t_2/k=4/4=1$（个）；

$n'=\sum bj=2+1=3$（个）。

流水施工工期：

$t=(m+n'-1)\times k=(4+3-1)\times 4=24$(d)。

2. 答案

（1）事件一宜采用等节奏流水施工来组织。

还有异节奏流水施工（成倍节拍流水施工）和无节奏流水施工两种形式。

（2）$m=4$，$n=3$，$t=2$，$G=1$；

$K=t=2$（流水步距=流水节拍）。

流水施工工期：

$t=(m+n-1)\times k+G=(4+3-1)\times 2+1=23$（d）。

（3）事件二中

A施工单位将其中两栋单体建筑的室内精装修和幕墙工程分包给具备相应资质的B施工单位的行为合法，因为装修和幕墙工程不属于主体结构，所以可以分包。

B施工单位将其承包范围内的幕墙工程分包给C施工单位的行为不合法，因为分包工程不能再分包。

B施工单位将油漆劳务作业分包给D施工单位的行为合法，因为分包工程允许劳务再分包。

（4）事件三中

B施工单位向A施工单位提出索赔的行为合理。A施工单位认为B施工单位应直接向建设单位提出索赔的行为不合理，因为B施工单位只与A施工单位有合同关系，与建设单位没有合同关系。

B施工单位直接向建设单位提出索赔的行为不合理，B施工单位与建设单位之间没有合同关系；建设单位认为油漆在进场时已由A施工单位进行了质量验证并办理接收手续，因油漆不合格而返工的损失由A施工单位承担，建设单位拒绝受理索赔的行为不合理，A施工单位进行了验证，不能免除建设单位购买材料的质量责任。

模块四　习题答案

一、单项选择题

1. B　2. A　3. C　4. B　5. B　6. A　7. A　8. B

二、多项选择题

1. CE　2. ABE　3. ABD　4. BCD　5. ABC

三、职业资格考试题

1. 答案

(1) 施工总承包单位计划工期能满足合同工期要求。为保证工程进度目标，施工总承包单位应重点控制的施工线路是①→②→③→⑤→⑥→⑦→⑧。

(2) 事件 2 中，施工总承包单位不可索赔赶工费。

理由：由于 G 工作的总时差＝（29－27）个月＝2 个月，因设计变更原因导致 G 工作停工 1 个月，没有超过 G 工作 2 个月的总时差，不影响合同工期，总承包单位不需要赶工都能按期完成，所以总承包单位不能索赔赶工费。

(3) 事件 2 中，流水施工调整后，H 工作相邻工序的流水步距＝min[2,1,2]个月＝1 个月。H 工作的工期＝(3＋5－1)×1＝7(个月)，工期可缩短＝11－7＝4(个月)。绘制调整后 H 工作的施工横道图如下图所示。

施工过程	专业工作队	施工进度/月						
		1	2	3	4	5	6	7
P	1	Ⅰ		Ⅲ				
	2		Ⅱ					
R	3			Ⅰ	Ⅱ	Ⅲ		
Q	4				Ⅰ		Ⅲ	
	5					Ⅱ		

2. 答案

时间参数计算如下图所示。

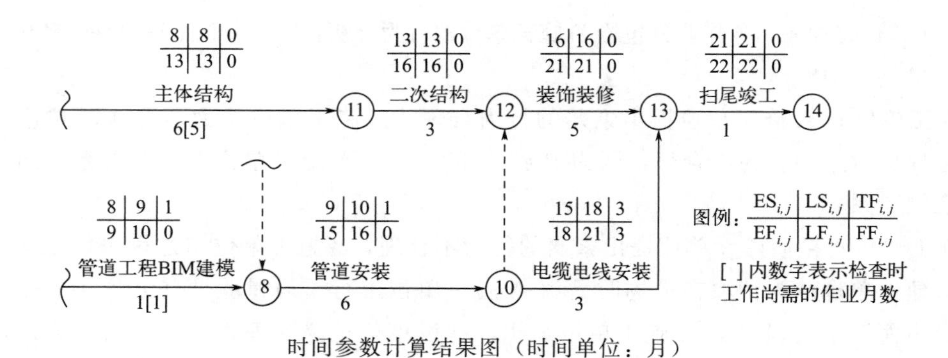

时间参数计算结果图（时间单位：月）

(1) 工程总工期 22 个月。管道安装工作的总时差为 1 个月，自由时差为 0。

优化目标还有费用优化、资源优化。

(2) 管道安装按照计划进度完成后，因甲供电缆电线未按计划进场，导致电缆电线安装工程最早开始时间推迟了 1 个月，施工单位按规定提出索赔工期 1 个月，工期索赔不成立，按照时间参数计算，虽然最早开始时间推迟 1 个月，但是本工程有总时差 3 个月，推迟 1 个月对工期没影响。

3. 答案

(1) 各施工过程的流水节拍如下。

① 垫层：3d。

② 防水：3d。

③ 钢筋：9d。

④ 模板：6d。

⑤ 混凝土：6d。

如果组织成倍节拍流水施工，流水节拍的最大公约数为 3，则上述 5 个工序各组织工作队数量如下。

① 垫层：3/3=1（个）。

② 防水：3/3=1（个）。

③ 钢筋：9/3=3（个）。

④ 模板：6/3=2（个）。

⑤ 混凝土：6/3=2（个）。

(2) 进度计划监测检查方法还有：

① 横道计划比较法；

② 网络计划法；

③ 实际进度前锋线法；

④ S 形曲线法；

⑤ 香蕉形曲线比较法。

第 33 天的实际进度检查结果：

① 钢筋-3 进度正常，对计划总工期无影响；

② 模板-2 进度提前 3d，对计划总工期无影响；

③ 混凝土-1 进度延误 3d，对计划总工期影响 3d。

模块五　习题答案

一、单项选择题

1. A　2. A　3. B　4. C　5. C　6. D　7. B　8. A　9. B　10. C　11. C　12. A　13. D　14. B　15. C

二、多项选择题

1. ABC　2. ABD　3. BCD　4. ABD　5. ABCD　6. ACD

模块六　习题答案

职业资格考试题

1. 答案：

(1) 不妥之处一：消火栓设置在施工道路内侧，距路中线 5m。

正确做法：距路中线 5m，道路宽 4m，消火栓距路边 5－2＝3(m)，消火栓距路边不应大于 2m。

不妥之处二：消火栓在拟建住宅楼外边线距道路中线 9m。

正确做法：消火栓距拟建房屋 9－5＝4(m)，消火栓距拟建房屋不小于 5m，且不大于 25m。

(2) 建筑工程消防用水量为 10L/s(估计 1 分)，且工地面积＜50000m^2，则总用水量＝10L/s，考虑漏水损失为 10％，则施工现场总用水量 10×(1＋10％)＝11(L/s)。

施工用水主管的计算管径 d＝93.58mm(取 100mm)。

2. 答案

(1) 临时用水量需要考虑：现场生产用水量、施工机械用水量、生活用水量、消防用水量。

(2) 可以提出的技术要点有：使用低耗能机具施工、使用低耗能设备施工、合理安排施工工序、采用耗能低的施工工艺、结构采用节能材料、临电采用节能电线、临电采用节能灯具、制定节能管理制度、设定用电指标、定期检查分析、制定纠正措施。

模块七　习题答案

一、单项选择题

1. C　2. A　3. A　4. C　5. B

二、多项选择题

1. ABCDE　2. BCE

参考文献

[1] 全国一级建造师执业资格考试用书编写组．全国一级建造师职业资格考试专业工程管理与实务．北京：群言出版社，2017.

[2] 肖凯成．建筑施工组织．3版．北京：化学工业出版社，2017.

[3] 蔡雪峰．建筑工程施工组织管理．3版．北京：高等教育出版社，2017.

[4] 周国恩．建筑施工组织与管理．北京：高等教育出版社，2011.

[5] 彭圣浩．建筑工程施工组织设计实例应用手册．4版，北京：中国建筑工业出版社，2016.

[6] 翟焱．工程造价辅导与案例分析．北京：化学工业出版社，2008.

[7] 潘全祥．建筑工程施工组织设计编制手册．北京：中国建筑工业出版社，1996.

[8] 蔡雪峰．建筑施工组织．3版．武汉：武汉工业大学出版社，2008.

[9] 张现林．建设工程项目管理．北京：化学工业出版社，2018.

[10] 谷洪雁．工程造价管理．北京：化学工业出版社，2018.

[11] 危道军．建筑施工组织．北京：中国建筑工业出版社，2014.

[12] 住建部．建筑施工组织设计规范（GB/T 50502—2009）．北京：中国建筑工业出版社，2009.